吉林大学"哲学—社会学一流学科"教授自选集

心理学及其形而上学基础的现象学批判

高申春 著

A Phenomenological Critique of Psychology and Its Founding Metaphysics

中国社会科学出版社

图书在版编目（CIP）数据

心理学及其形而上学基础的现象学批判/高申春著.—北京：中国社会科学出版社，2022.3

（吉林大学"哲学—社会学一流学科"教授自选集）
ISBN 978-7-5203-9069-9

Ⅰ.①心… Ⅱ.①高… Ⅲ.①心理学—文集 ②形而上学—文集 ③现象学—文集 Ⅳ.①B84-53 ②B081.1-53 ③B81-06

中国版本图书馆 CIP 数据核字（2021）第 180873 号

出 版 人	赵剑英
责任编辑	朱华彬
责任校对	谢　静
责任印制	张雪娇

出　版	中国社会科学出版社
社　址	北京鼓楼西大街甲 158 号
邮　编	100720
网　址	http：//www.csspw.cn
发行部	010-84083685
门市部	010-84029450
经　销	新华书店及其他书店
印　刷	北京明恒达印务有限公司
装　订	廊坊市广阳区广增装订厂
版　次	2022 年 3 月第 1 版
印　次	2022 年 3 月第 1 次印刷
开　本	710×1000　1/16
印　张	21.25
插　页	2
字　数	346 千字
定　价	128.00 元

凡购买中国社会科学出版社图书，如有质量问题请与本社营销中心联系调换
电话：010-84083683
版权所有　侵权必究

序　言

　　这里呈现的，是作者以心理学为主题完成并已发表的单篇论文的汇编。这些单篇论文与作者学术思想作为整体之间的关系是紧密相关、互相促进的：每一单篇论文的写作，以作者当时达到的学术观点为背景或基础，或是从不同的角度或方面对作者学术观点的表达和阐释；作者整体学术观点的形成和发展，是通过对诸如这些单篇论文所涉及主题的思考和澄清逐步实现的。因此，这些单篇论文可以看作作者学术探索历程的记录，作者本人惜之如生命；它们在这里的编排，既体现了作者学术思想的整体脉络，也暗示了作者进一步思考的方向和空间。

　　在心理学的范围内，作者以理论心理学为志业，实则关心于对心理学究竟是什么的系统追问，所以，研究工作的基调是批判的反思的。走上这条道路是一个漫长的过程，展开这种研究则更是艰难而又孤独的。作者于20世纪80年代末初入心理学，因此与多数人一样，首先接触到的是当时流行的信息加工意义上的认知心理学。只要我们不是被动地陷入这种心理学所特有的思想逻辑，我们就不难洞察到，这种心理学关于每一种心理活动建立的理论模型，虽精致、机巧，却未必能在体验中得到确证。记得当时读到潘菽先生的文章，要义是说，人的心理活动不似认知心理学理论模型描述的那般复杂，颇受启发。为了真正弄清认知心理学，就不得不对它兴起的背景和条件进行系统的考察，其中的背景因素之一就是行为主义作为心理学的衰落。同样，当我们置身于行为主义时，为了真正弄清行为主义作为心理学是什么，也必须系统地考察它兴起的背景和条件，如此逐步深入主流心理学的每一个历史形态。事实上，作者在学术生涯的早期阶段所进行的，就是这样的工作：系统地逆向追踪主流心理学的历史至它诞生的起点，意图由此获得关于心理学是什么的全面理解。这个工作的意外收获之一是在这里发现了布伦塔诺，于是又顺着布伦塔诺的思想进一步跟踪阅读胡塞尔及詹姆斯、卡西尔等人而产生强烈的认同感，虽难说这种认同感究竟是阅读他们的结果，还是阅读他们的原因。如这里呈现的这些论文将显示的，正是通过对布伦塔诺、胡塞尔、詹姆斯及卡西尔等人的阅读和钻研，作者才在肯定的意义上获得了关于心理学是什么的理解，并反过来构成批判地分析主流心理学历史脉络的立足点和参考线索。事实证明，无论是对于在肯定的意义上理解心理学是什么，还是对于在否定的意义上反思心理学的历史及其困境，由布伦塔诺、胡塞尔、詹姆斯及卡西尔等人的思想隐含地共同指向的那种关于心理学的理解，都是极具理论的生产力和实践的批判力的。

  与这样一个学术探索的经历紧密相关的，是作者如下治学态度的逐步形成，即必须打破学科之间的界限，在不同学科相互联系而构成的知识作为整体的背景中，获得对每一学科或知识体系的完全开放的视野；也只有在这样一个完全开放的视野中，才能形成关于某一科学门类或知识体系的系统把握，并反过来阐明它们各自在知识作为整体的背景中最本分的理论职责。于是，学科之间的界限是流动的而不是僵化的，在很多情况下甚至趋向于消失。特别是对于像心理学这样一门综合性学科而言，这样开放的视野更是必不可少的，其收益也将是双向的。美国的现象学家施皮格伯格曾在评述胡塞尔的现象学时指出，对于理解胡塞尔的现象学而言，阐明他的现象学与心理学之间的关系，是绝对必要的条件之一。对此，作者深有同感，并借用他的话反过来从心理学方面同样强烈地感受到，对于理解心理学而言，阐明心理学与胡塞尔的现象学之间的关系，也是一个绝对必要的条件。如果把施皮格伯格关于胡塞尔的评述当作一个哲学史任务的话，那么，事实证明，这个任务是没有心理学背景的现象学家或哲学家难以完成的；作者自己的研究体会是，从心理学的角度来研究胡塞尔的现象学，构成心理学对哲学及哲学史的一个贡献。事实上，不仅是对于胡塞尔的现象学或一般而言的现象学运动，而且对于其他更基础的问题如形而上学的思考，作者也得益于对心理学的专门研究，并构成作者目前及今后相当长时期研究的主题方向之一。这种思考的初步结果隐含在这里呈现的两篇关于卡西尔的论文中。概而言之，如果形而上学这个术语还是有效而可用的，那么就必须改变它作为物理学之后的原始含义，而赋之以作为心理学之后的新意。

  以上背景交代也是本文集汇编的组织原则，并在文集的题名中有所体现。其中第一部分总论选取的《现代心理学理论基础之现象学批判论纲》，相对于文集而言具有导言或纲领的性质，相对于作者思想发展历程而言具有承上启下的转折意义。第二部分题名心理学史专题研究，选取的是较早期的论文，主要是在心理学史的水平上展开的局部研究，其中批判的态度是明确的，但批判的根据尚未明确。第三部分题名理论心理学探索，以自然主义心理学和现象学心理学及其对峙关系为主题背景，上升到对心理学作为科学的观念的批判和论证，得以揭示出心理学按照它的内在本性必然是什么的基本结论，并由此同时达到对心理学和现象学的肯定的理解。第四部分题名心理学的形而上学基础，选取的是相对较近期的论文，既突显了要在布伦塔诺、胡塞尔、詹姆斯、卡西尔等人思想体系相互参照的比较关系中理解心理学和现象学以及二者关系的学理要求，又暗示了前面提到的在作为心理学之后意义上关于形而上学的思考方向。

目 录

第一部分　总论

现代心理学理论基础之现象学批判论纲 …………………………… 3

第二部分　心理学史专题研究

冯特心理学遗产的历史重估 …………………………………………… 19
论冯特《心理学的救亡图存》一书的历史意义 …………………… 27
19世纪下半叶德国心理学的理论性质 ……………………………… 34
机能心理学历史形态剖析 ……………………………………………… 44
进化论与心理学理论思维方式的变革 ………………………………… 52
华生及其行为主义纲领的历史意义重估 ……………………………… 60
意识实在与行为主义革命的破产 ……………………………………… 70
弗洛伊德精神分析无意识观念的理论性质 …………………………… 79
论班杜拉社会学习理论的人本主义倾向 ……………………………… 87
人本主义心理学：历史与启示 ………………………………………… 94

第三部分　理论心理学探索

范式论心理学史批判 …………………………………………………… 105

进化论心理学思想的人类学哲学批判 ·············· 114
心理进化的逻辑与达尔文的心理学陷阱 ·············· 125
文化社会传递过程的"基因学"阐释及其未来
　　——关于 memetics 的思考与批判 ·············· 137
心理学：危机的根源与革命的实质
　　——论冯特对后冯特心理学的影响关系 ·············· 150
意识范畴的否定和超越与心理学的发展道路
　　——华生与詹姆斯的比较研究 ·············· 160
心理学的困境与心理学家的出路
　　——论西格蒙·科克及其心理学道路的典范意义 ·············· 172
西方心理学若干历史发展模式的观察与思考 ·············· 182
论心理学作为科学的观念及其困境与出路 ·············· 200
自然主义心理学的困境与思考 ·············· 213
困惑与反思：关于理论心理学的理论思考 ·············· 223

第四部分　心理学的形而上学基础

科学的含义与心理学的未来 ·············· 231
科学心理学的观念及其范畴含义解析 ·············· 243
科学心理学的观念与人文科学的逻辑奠基 ·············· 255
胡塞尔时间心理学思想初探 ·············· 266
胡塞尔与心理学的现象学道路 ·············· 277
詹姆斯心理学的现象学转向及其理论意蕴 ·············· 290
卡西尔哲学思想的概念探微 ·············· 303
卡西尔与心理学的现象学道路 ·············· 318

第一部分
总论

现代心理学理论基础之现象学批判论纲

一

但凡认真地追问并系统地思考过心理学是什么这个看似简单的问题的人，大多会对这个问题感觉很棘手，甚至是一筹莫展，虽然在事实上，我们拥有几乎是数不胜数的关于心理学的"定义"。面对这种尴尬，萨哈金曾在社会心理学的水平上，以颇同情的态度援引英斯科和肖普勒关于社会心理学的一种"循环论证式的定义"，他们认为，所谓社会心理学，就是"那些自誉为社会心理学家的人倾心研究的一门学科"[①]。以类似的理解方式，我们或可以说，所谓心理学，就是那些自誉为心理学家的人从事研究，并丰富其内容的一门学科。这种以历史地给予的心理学为基础，通过经验的归纳而上升到关于心理学的一般理解或"定义"，虽然无疑构成一条据以进入心理学的颇有启发性的道路，但正是内在于这种理解或"定义"之中的"循环论证"的性质，决定了由此形成的关于心理学的一般理解或"定义"的盲目性和狭隘性。自心理学作为一门独立科学有史以来，在占绝对数量优势的关于心理学的导论性著作中，以及在占绝对数量优势的心理学家中，普遍实践的就是这样一条道路。这条道路的实践及其成就，既决定于又反过来助长或强化着心理学中普遍盛行的在基础理论问题上的无政府主义态度，因而不足以承担起揭示心理学按其本性必然是什么的理论职责，也难以实现心理学按其本性必然是什么的理论内容。

---

① ［美］萨哈金：《社会心理学的历史与体系》，周晓虹译，贵州人民出版社1991年版，第1页。

相比之下，在关于心理学是什么，特别是如何进入心理学等问题上，詹姆斯毕竟拥有更具有首要意义的发言权，因而，他的态度和实践更值得我们注意，并将能够激发我们更富有理论成效的思考。他曾利用《心理学简编》之"前言"的写作机会，就针对他的《心理学原理》的批评意见给出答复。批评意见之一，用詹姆斯自己的话说，就是"谴责"他的《心理学原理》一书"各章的排列顺序既毫无计划，又很不自然"。对这个批评意见，詹姆斯的答复是，《心理学原理》的写作"并不是毫无计划的，因为我是谨慎地按照我所认为的良好的教学顺序加以编排的：从我们最熟悉的那些更具体的心理方面开始，渐进到后面我们通过抽象的方法自然能够认识到的那些所谓的元素。与此相反的顺序，即通过心灵的'构成单位'而把它'建构'出来，虽然拥有解释得很雅致的优点，并也能给出井然有序的细分目录，但这样的编排顺序，通常是以损害现实和真理为代价而获得上述这些优点的。……总而言之，尽管有这些批评意见，我还是想坚持认为，被强加于我的那部著作的'不成体系'的形式，更主要地是一个表面特征，而不是一个根本的要害特征；而且，我们若想真实地获得关于心灵的更加鲜活的理解，就必须尽可能地将我们的注意力集中于整体的意识状态，恰如它们具体地给予我们的那样，而不是根据对它们的那些人为分解的'元素'所进行的事后研究。后面这种研究方法，乃是对人为抽象的结果，而不是对自然的事情的研究"①。在这个批评与答复的关系中，批评意见据以形成的根据，正是上述以历史地给予的心理学为基础而形成的关于心理学的理解方式，这种理解方式所把握到的心理学，如詹姆斯所指出的那样，乃是人为抽象的结果；而詹姆斯的答复据以形成的根据，则是他自己作为现实的人类个体在真诚地参与人类生活的过程中对心理的"自然的事情"的真实体验，正是在这种体验中，包含着真实的心理学，亦即心理学按照它的内在本性必然是的那种理论形态的原始胚芽。从这个意义上来说，心理学家的理论职责，不在于人为地构造"理论"，而在于将内在于人的生命体验之中的这种心理学的原始胚芽实现为它的现实形态，只有如此实现的心理学，才是内在地符合于人的本性的，并因而是真正人性化的心理学。

上述关于詹姆斯的说明尚不够清晰，还需要作进一步的解释。其中

---

① James W, *Psychology: A briefer course*, NY: Henry Holt and Company, 1892, pp. iii – iv.

涉及的根本问题，一方面是如何理解心理学的立足点问题，另一方面是如何进入心理学的切入点问题，而这两个问题在起点上又汇聚为一个点，即作为人与世界之界面的人所拥有的常识，也就是前面所说的人的生命体验的原始形态或本真状态。常识作为人与世界的界面，既是"人的最基本的概念框架"，又是"构成人的经验世界的最基本的思维方式"，①因而包含了真理的胚芽，虽然这并不意味着，对常识的任意形式的概念发挥，都将自然地是对真理的实现。詹姆斯据以形成上述答复的根据，从哲学观的意义上说，就是这样一个认识，即必须将包含着真理之胚芽的常识，作为我们据以理解心理学的立足点和据以进入心理学的切入点。对此，他在《心理学原理》第五章对"自动机"理论或关于意识的副现象论的评述中有明确的阐述。他据以批驳"自动机"理论或副现象论的根据之一，就是这种观点背离了我们的常识。在这个背景中，他指出："常识，虽然因果性的内在本质……远在她那可怜地受到局限的视域之外，但当她坚定地相信，感觉和观念构成［身体事件的］原因时，她便将真理的根基和要义握在手中。"虽然詹姆斯在这一时期的形而上学思考还远未成熟，但他毕竟有了明确的思路，所以他说，在形而上学问题上，"我们不能摇摆不定。我们必须要么是无偏见地朴素的，要么是无偏见地批判的。如果是后者，那么，理论的建构必将是彻底的，或［径直说是］'形而上学的'，并［因而才］有可能将观念是［具有原因性质的］力量这一常识的观点，以某种变换的形式保留在自身之中"；心理学在作为自然科学的意义上与物理学一样，"她必须是朴素的；而且，如果她在自己的特殊研究领域内发现，观念看起来像是原因，那么，她最好还是继续以它们是原因的方式来谈论它们。如果在这个问题上与常识相背离，那么她就将一无所获，而且，最起码地说，她将失去她的言论的全部自然性"。正因为如此，他总结说："无论如何，我（在尚未成功地完成形而上学的理论建构之前）将在本书中自始至终毫不犹豫地使用常识的语言。"②

笔者20年来专心研究理论心理学和西方心理学史，并苦心寻求心理

---

① 孙正聿：《理论思维的前提批判》，辽宁人民出版社1992年版，第31页。
② James W, *Principles of psychology*, Vol. One, Reprinted by China Social Sciences Publishing House from the English Edition by Macmillan and Co., Ltd., 1907, p. 137 and p. 144.

学的理论基础。在这个艰难的过程中,对詹姆斯的上述态度和观点深有同感,并坚信,只有常识,才不仅是心理学的任何理论建构的出发点,而且是对所建构的任何理论进行效度检验的最终基础。在这个背景中,作者把心理学界定为关于(人类)意识的(科学)研究,作为自己全部心理学思考的理论原点。这里给出关于心理学的这个界定,既无意于标新立异、故弄玄虚,更不欲在定义的水平上使心理学的局面更趋复杂化,而是试图赋予心理学思考以一种更为本真的出发点。这个出发点的本真性,是由其中"意识"概念的常识性质加以保障的;换句话说,作为理解的出发点,其中的"意识"可以被当作一个常识概念:我们在日常经验中普遍直观到的我们自己内在的精神生活及其活动过程。对心理学作如此界定,还意欲在"一切超越常识的概念框架和思维方式都要在某种程度上诉诸常识,常识是所有其他的概念框架和思维方式的基础"的意义上,为心理学通过对作为"常识"的"意识"的"批判"与"超越"而达到关于"意识"的科学,① 提供一个不受任何历史的及理论的偏见所污染的出发点。

二

上面的论述暗示了,在如何理解或对待心理学的理论问题上,存在着两种不同的态度;在如何进入或研究心理学的实践问题上,存在着两条不同的道路。这种状况还进一步决定了,由此形成的关于心理学的思维方式以及由此实现的心理学的实质内容,也必将在理论性质上是相互不同的。其中,以类似萨哈金的策略所形成的关于心理学的理解方式,在西方心理学(史)中占据着绝对优势的主导地位。由此实现的心理学的理论内容,就是所谓主流的科学心理学。我们可以把由这种理解方式所决定的心理学的理论目标以及追求实现这一目标的历史过程及其未来趋势,总体地称为心理学的科学主义传统或它的科学主义道路。而以类似詹姆斯的策略所形成的关于心理学的理解方式,虽然如前所述,它"将真理的根基和要义握在手中",但终于未能在西方心理学(史)中占

---

① 孙正聿:《理论思维的前提批判》,辽宁人民出版社1992年版,第30—34页。

据主导地位。这其中的原因错综复杂，可略述如下。第一，不难理解，实现由这种理解方式隐含的理论内容，需要的是真正创造性的，并因而是极其艰难的努力或工作。无疑，这种努力或工作，不是多数人所能胜任或完成的。第二，这种理解方式及其隐含或实现的理论内容，由于其体验的内在性质，在形式上必然表现为个性化的存在，而不是如"科学"的理论那样表现为一种公共性的存在。这个特征与上述第一点共同作用的结果是决定了，这种心理学将难以引起多数人的共鸣，并因而遭遇被抛弃或敬而远之的命运。第三，与上述两点密切相关的是，在心理学作为整体的发展史背景中，在与科学心理学的对峙关系中，相比之下，科学心理学更易于形成一个更加团结一致的学术的及利益的共同体，从而从外部弱化了这种心理学的内部一致性，并由此将它们推向心理学作为整体的边缘。

"科学心理学"这个名称是很耐人寻味的。从字面上看，它似乎既是"心理学"，又是"科学"。但是，在经过批判的眼光审视之后，我们将发现，这两者，它似乎都不是。在"科学心理学"中，就它作为"心理学"而言，关于心理学究竟是什么这样一个根本性的问题，从来不曾得到认真的追问和系统的思考。波林在考察心理学诞生的生理学背景时所获得的一个极其敏锐的理论洞察，可以作为我们这里初步分析的切入点。他指出，19世纪上半叶的生理学，多以动物实验为手段，这就决定了"运动生理学走在感觉生理学的前头"。这个时期"关于感觉的研究，多以感觉器的物理学为对象"。与此同时，虽然"生理学家不易处理感觉的问题"，因为"他没有机械的记录器可以钩住一个动物的感觉神经的中端"，但他在"自己身内却有可以接触到的直接经验。歌德、普金耶、约翰内斯·缪勒、E. H. 韦伯，以及后来的费希纳、A. W. 福尔克曼和赫尔姆霍茨都就他们自己受了刺激后的经验求出法则"；"很明显，这个研究与心理学的关系更加密切的部分就采用了一种非正式的内省法；换句话说，就是利用人类的感觉经验，经常是实验者本人的经验。这种缺乏批判的内省法若能产生任何其他科学家都易于证明的结果，我们便不必将此法精益求精，也不必予此法以一名称，更不必提出现代行为学所提出的唯我主义的问题……近代的科学家尽可能避免这种认识论的问题。……这些学者完成了这种种观察，可却没有对于其中一个因素即经验的性质作批评性的讨论"①。（引文中重点号为本书作者所加）在常识的水平上，波林所说的"经验"就是"意识"。因此，这就意味着，正趋向于心理学的生理学家，包括作为心理学创始人的冯特在内，不曾对"意识"及其"性质"作"批评性的讨论"，因而难以获得对"意识"及其"性质"的真实有效的把握。事实上，在这个过程中，他们逐步形成这样一个普遍的思想趋势，即把非物质的意识及其过程等同于物质的神经过程，把"意识"设想为是与自然科学的"物"同样性质或同一层次的存在。这个思想趋势与心理学的自然科学认同相互支持，共同塑造着心理学的科学主义传统。然而，"意识"的存在及其运动原理与"物质"的存在及其运动原理之间的差异是基本的、原则性的，而"意识"恰恰是心理学作为一门科学据以成立自身的根基，是心理学据以获得或塑造它的理论同一性的最内在的规定性因素。所以，不对"经验"或"意识"及其"性质"作"批评性的讨论"，同时也就是放弃对心理学是什么这一根本问题的追问和思考。

从另一个角度来说，就"科学心理学"作为"科学"而言，关于科学是什么、心理学究竟能否是一门科学，以及心理学在何种意义上是一门科学等，亦未曾得到认真的追问和系统的思考。特别是，"科学"这一概念的含义远不是清晰而单一的，因而更增加了这里所讨论的问题的复杂性。首先可以指出，"科学心理学"所追求的"科学"，绝不是布伦塔诺和胡塞尔追求"严格科学的哲学"及"严格科学的心理学"那种意义上的"科学"，这是毫无疑问的。其次，处于科学心理学传统之中的心理学家天真地相信，他们的心理学是一门自然科学，是自然科学意义上的"科学"。甚至批评家们大多也是在这个意义上来理解科学心理学作为"科学"的。然而，这种相信同样是一个未经审视、未经批判的盲目的信念。这是因为，心理学作为自然科学的存在，原来不是一个自然的生长过程，而是外在地模仿诸如物理学、生物学等自然科学的结果，因此，对心理学而言，物理学、生物学等自然科学之"科学"，是一个从外部强加给它的一个特征或规定，而不是它自己内在固有的。从这个意义上说，心理学不是自然科学意义上的"科学"，至少是不能如此断定的。事实上，"科学心理学"作为自然科学意义上的"科学"的观念，已经受到了

---

① ［美］波林：《实验心理学史》，高觉敷译，商务印书馆1981年版，第91、109—111页。

越来越强有力的挑战。最后，从一方面来说，作为自然科学的巨大成功及其历史成就塑造人的世界观的效果之一，在不需要如学术探讨所必需的那种逻辑之严密的日常态度中，"科学"被一般地等同于"真理"。从另一方面来说，作为这里所讨论的背景的结果，科学心理学虽然构成西方心理学的主流趋势，并在它的若干历史时期呈现出繁荣昌盛的表象，但事实证明，从长远的眼光来看，"科学心理学"作为"心理学"乃一门历史的危机的科学，因而难免持续地遭遇来自各个方面的批评与挑战，如黎黑指出的那样，不仅"在学院的范围内，心理学家的科学地位在他们的自然科学同事们之间经常是受到怀疑的"，而且"在更为世俗的水平上，心理学也不被看作一门真正的科学"。①作为应对这种处境的策略，"科学心理学"意义上的心理学家们便刻意地要把心理学与"科学"相等同，似乎只要他们与"科学"沾上边，他们便拥有了真理，成了真理的代言人，并由此将这种意义上的"科学"幻想为心理学的终极目标。科克深刻地洞察到，并无情地揭露了由这层关系掩盖着的背后的真相。他指出，对心理学家而言，"科学"这个标签"起到了一种安全毛毯的作用"，他们像"拼死抓住"一根救命稻草一样地要抓住它，作为他们用以对抗针对他们和他们的研究的合法性的怀疑和挑战的"护身符"。②从这个意义上说，心理学作为"科学"而存在的基本原理，与其说是理性的、科学的，不如说是情绪的、动机的。

正因为如此，与西方现代心理学追求"科学"的主流发展趋势密切地交织在一起的，是各种形式的对现代心理学及其理论基础的批判性反思。而且，对心理学作为心理学本身来说，对这个批判史的系统考察，必将具有其不可替代的作用，并显示出其出乎意料的应有的价值。

三

前面在与科学心理学相对峙的关系背景中，评述了典型的詹姆斯式

---

① [美]黎黑：《心理学史——心理学思想的主要趋势》，刘恩久等译，上海译文出版社1990年版，第493页。

② [美]黎黑：《心理学史——心理学思想的主要趋势》，刘恩久等译，上海译文出版社1990年版，第493页。

的心理学的历史命运。这个评述同时还暗示了这样一个悖论：这种心理学，因为它"将真理的根基和要义握在手中"，所以它本当处于心理学的中心，并构成西方心理学（史）的主流；但事实上，它不仅远没有处于这个中心并构成这个主流，而且，在心理学作为整体的背景中，却被推向了其程度堪称可怜的边缘位置。这个悖论，就它自身来说，是足以令人震惊的。但是，由于前面提到的以及这里正在继续讨论的多种背景因素及其错综复杂的关系的缘故，这个悖论却失去了它原有的震撼力，虽然如下文将揭示的那样，在不那么清晰的水平上，它无疑也是被普遍地感受到了的。

前面的评述还提到，造成这种局面的原因之一，是这种心理学的个性化的存在形式。那是从这种心理学与主流的科学心理学相对峙的关系背景说的。事实上，从某种意义上说，对这种心理学而言，或广而言之，对任何一个配称为思想体系的理论内容而言，它的个性化的存在形式并不是它的缺陷，反倒是它的生命力之所在，只要它是以个性化的形式表达了对真理的普遍理解。从这个意义上说，就詹姆斯对待心理学的态度以及这种态度所蕴含的心理学而言，他绝不是孤立的：就其思想的精神实质而言，他既有其前驱布伦塔诺，又有其后继者胡塞尔，虽然这话并不意味着，他们关于心理学的具体的思想内容及其表现形式是相同的，而是就他们的心理学思想的一般气质及其成就的内在实质而言是相同的。

如所周知，布伦塔诺是一个原创性的思想家，他将他的系统的心理学思想称之为描述心理学。这种心理学在理论内容方面所拥有的重要的历史意义，一方面表现在布伦塔诺在理论观点上对作为心理现象之区别特征的"意向性"概念的阐发，另一方面表现在他在方法论上对严格地以明证性为标准的直观描述方法的强调。虽然由于布伦塔诺一贯谨慎的思想态度，关于他所构想的心理学究竟是什么，他著述不多，并因而在我们能够具体地说布伦塔诺的心理学是什么的意义上构成一个严重的限制因素，但这同时也在我们可以设想他的心理学的可能性的意义上给我们提供了一个巨大的思想空间。

布伦塔诺的描述心理学思想的最重要的历史产物之一，是胡塞尔现象学的创立。虽然胡塞尔主要是一个哲学家，他的现象学也主要是一个哲学体系，但历史证明，其中蕴含的关于心理学的理解方式，是极富理论生产力的，包括他的现象学心理学本身。事实上，胡塞尔终身保持着与心理学的密切关系。他的第一个正式的研究成果，是利用布伦塔诺的描述心理学研究数的概念的心理起源。虽然《逻辑研究》第一卷的发表及其完成的对心理主义的系统批判，普遍被认为标志着胡塞尔对心理学的远离或抛弃，但《逻辑研究》第二卷中，以描述心理学的名义完成的对意识诸活动样式的详细的描述现象学分析，却又意味着他与心理学之间的难分难解之缘。在他趋向于并完成向先验现象学过渡的文献如《现象学的观念》，特别是《现象学的观念》第一卷中，有关心理学的思考和阐述，证明是他发展并说明先验现象学的必要的辅助手段。随着他的思想的进展，这种必要性日渐突出，甚至发展成为一种急迫性，乃至于20世纪20年代时他必须就心理学进行专门研究，如1925年的"现象学心理学"讲座、1927—1928年间为大英百科全书写的"现象学"条目，以及在此基础上补充完善的"阿姆斯特丹讲座"。在他晚年的著述，特别是《危机》一书中，胡塞尔还暗示着，他的现象学心理学与先验现象学是内在地"同一"的，它们之间的差异，取决于我们把先验现象学是当作心理学来对待还是当作哲学来对待的态度的细微变化。所以，施皮格伯格认为，在与心理学的关系上，胡塞尔走了一大圈之后"完成了一个轮回"①——虽然不是平面意义上而是螺旋式上升意义上的轮回。

詹姆斯不曾给予他的系统的心理学思想以名称，但从其人格和思想作为整体及其发展趋势来看，我们不难把握其实质。从这个角度看，就必须以詹姆斯的终身追求，并在晚年尝试加以阐述的彻底经验主义作为形而上学为背景，才能完整而有效地理解并把握他的心理学思想的实质，如麦克德默特所告诫的那样，"不管要从哪一种意义上来理解詹姆斯，若是低估了彻底经验主义在其中的重要性，都必将冒险完全不知詹姆斯为何许人物"②。正是彻底经验主义作为形而上学与布伦塔诺的形而上学追求及胡塞尔的现象学构成同一个思想空间，并因而决定了他们的心理学思想的同质性或相似性，如施皮格伯格所指出的那样，"阅读胡塞尔著作的学者们常常对于胡塞尔关于意识结构的现象学洞察与詹姆斯的《心理学原理》一书中某些主要章节之间的许多相似之处有很深刻的印象"，而

---

① Spiegelberg H, *Phenomenology in psychology and psychiatry: A historical introduction*, Evanston: Northwest University Press, 1972, p. 8.

② McDermott J J (Ed.), *The writings of William James*, Chicago, IL: University of Chicago Press, 1977, p. lvii.

且,"詹姆斯与胡塞尔之间的这许多相似之处肯定不只是一种巧合"①。正因为如此,当胡塞尔的现象学终于被世人所理解之后,很多人抑制不住要尝试对詹姆斯的思想进行现象学阐释,并认为詹姆斯通过他自己的道路独立地达到了现象学。

关于布伦塔诺、胡塞尔及詹姆斯的心理学思想的具体内容及其更丰富的理论意义,这里限于篇幅不能详述,但可以总括地指出,他们关于心理学的思想的共同气质,是最紧密地在关于心理学按照它的内在本性必然是什么的急迫追问中展开的,并因而才可能占有心理学的真理,至少是其"真理的根基和要义"。为了与上述科学心理学相对应,并结合布伦塔诺、胡塞尔、詹姆斯各自影响20世纪以后思想史进程的实际情况,这里将由蕴含在他们的思想之中的关于心理学的理解方式所决定的心理学的理论目标,以及追求实现这一目标的历史过程和未来趋势,总体地称为心理学的现象学传统或它的现象学道路。

关于心理学的这个传统或道路,首先必须公正地指出,在塑造这个传统或开拓这条道路的历史过程中,胡塞尔居功至伟。这是因为,胡塞尔毕生在他的著述中对意识的内容、结构及其活动的样式和成就所进行的那种极其细致的系统分析工作,是无与伦比的,正是他所完成的这种系统的分析工作,才赋予了"现象学"以生命,并使之在理论上走向自觉。如果没有胡塞尔的努力,人们尽可以使用"现象学"这个词,却不能产生同样的意义。但与此同时,我们也必须认识到,从某种意义上说,现象学原本不是某一个人如胡塞尔的私人拥有物,而是普遍地内在于人的生命或存在之中的一个维度,即真诚地对待人生的生活态度,亦如前述詹姆斯以他自己作为现实的人类个体真诚地参与人类生活,从而才能获得关于心理的"自然的事情"的真实体验的那种生活方式。最后要指出的是,历史地看,与心理学的科学主义传统相比,心理学的现象学传统不仅不具有前者所具有的那种形式上的统一性,而且,由这个传统所蕴含的心理学,在理论内容上亦不如前者那样得到相对充分的发展或实现。无论是布伦塔诺,还是胡塞尔或詹姆斯,他们所已完成的工作,主要地是对这个传统所蕴含的心理学的纲领性阐述,而不是对这种心理学

---

① [美]施皮格伯格:《现象学运动》,王炳文、张金言译,商务印书馆1995年版,第160页。

的理论内容的具体实现。例如，对詹姆斯而言在彻底经验主义世界观中、对胡塞尔而言在现象学方法论中加以审视的心理学是什么，二人都未能给出其丰富性程度堪与科学心理学相抗衡的具体说明。这也是造成在心理学作为整体的背景中现象学心理学处于边缘位置，以及前述那个悖论失去其原有的震撼力的客观原因之一。

四

无疑地，现实的历史过程及其发展线索，远不如这里的理性的分析所揭示出来的那么清晰、那么泾渭分明，否则，就不会有如此多的人如此盲目地信仰所谓"科学心理学"，也不会出现如詹姆斯或胡塞尔的那种心理学占有着真理却又处于心理学作为整体之边缘的那个历史的悖论。这里的理性的分析据以实行的背景，是作者在多年的研究工作中获得的这样一个既是历史的，同时也是理论的洞察：一方面，对于理解心理学及其历史而言，必须在认识上区分历史地实现了的心理学的现实形态，以及按照心理学就它的内在本性而言必然是什么的追问可以设想的心理学的可能形态，从而获得据以理解心理学及其历史的一个自由的思想空间和一个完全敞开的理论视域。从肯定的意义上说，只有在这样一个自由的思想空间中，才有可能真实地思考心理学的理论同一性，并寻求它的实现。另一方面，从否定的意义上说，也只有在这样一个完全敞开的理论视域中，才有可能看穿并超越类似萨哈金的那种理解方式所蕴含的科学心理学的盲目性和狭隘性，并重新唤起和促进关于心理学理论同一性的思考和追求，从而有可能实现心理学作为整体的理论局面的历史性转换。

关于上述这个区分，首先必须指出，它本身同时暗示了这样一个提问空间，即作为心理学主流形式的历史地实现了的科学心理学，究竟是不是心理学按照它的内在本性必然是的那种理论形态。若要有效地回应这个提问，不仅需要就心理学按照它的内在本性必然是什么拥有至少是初步的真理性洞察，而且特别需要在这个洞察的基础上，对科学心理学如何逐步实现，并成长为心理学作为整体的主流形式的历史过程进行具体的分析。这种分析工作将揭示，以冯特的名义实现的心理学，以及由此引导的主流的科学心理学在历史中所取得的诸心理学体系，原来是心理学作为科学的伪形式，而不是对心理学按照它的内在本性必然是的那种理论形态的实现。因此，这个区分在逻辑上不是根本的，相反，它依据于一个在逻辑上更深层的基础，即关于心理学按照它的内在本性必然是什么拥有一个肯定的理解。

其次，正因为如此，所以，这个区分主要地是在针对心理学的现实的历史的意义上而有意义的。这个现实的历史就是，如前所述，科学心理学原来是心理学作为科学的伪形式，却在心理学作为整体的背景中占据着绝对优势的主导地位，并因而在理论内容上得到相对充分的发展或实现，而类似詹姆斯或胡塞尔的那种现象学传统的心理学，虽然"将真理的根基和要义握在手中"，却主要地因为其纲领性的存在性质而在心理学作为整体的背景中卑微地处于边缘位置。换句话说，如果自心理学有史以来，心理学家们的努力和成就，恰好是对心理学按照它的内在本性必然是的那种理论形态的实现，或者，如果像在科学心理学内部所实际表现的那样，心理学家们（盲目地）相信，他们所主张的科学心理学就是心理学（按照它的内在本性必然是的理论形态）本身，如此等等，那么，上述区分便失去了根据和意义。在这个背景中也将不难理解，这个区分所针对的内容，不是历史上实际存在过的那些学派，而是这些学派作为思想体系赖以实现的根据或逻辑，通史意义上的学派的研究，与这个区分以及这里的全部论证的主旨无关。这个主旨就是，最紧密地在关于心理学按照它的内在本性必然是什么的追问中，探寻心理学的理论同一性，并由此为将来有可能的话进一步追求实现心理学的理论同一性奠定基础。简言之，这里的全部论证的主旨，与其说是历史的，不如说是理论的，虽然心理学的历史与现实的缘故，实现这个主旨的努力不可能是单纯的、纯粹的，而必然将要与对心理学的历史及其理论基础的批判性反思密切地交织在一起。

最后，这个区分作为思想的方法论基础，尚不具有概念的使用价值，所以还必须进一步地主题化、概念化。这就是前面分别提到的科学心理学，或者说是心理学的科学主义传统或道路，和现象学心理学，或者说是心理学的现象学传统或道路。事实上，这两个概念作为一对对立的范畴，与这个区分是相互规定、彼此赋义的，并只有在这个区分的背景中才能完全地实现它们各自的意义。在这个区分中，以一种简化的方式来理解，所谓历史地实现了的心理学，就是科学心理学，所谓按照心理学就它的内在本性而言必然是什么的追问可以设想的心理学，就是现象学心理学，或更准确地说，是现象学的思想态度所蕴含的心理学。我们将发现，这一对概念工具的使用不仅是有效的，而且是必不可少的。其一，就心理学的现象学传统而言，正因为它是最紧密地在关于心理学按照它的内在本性必然是什么的急迫追问中实现它自身的，所以，它便既把这个追问作为心理学理论思维的最内在动力，又把心理学最终实现为真正科学的希望，都包含在它自身之中。其二，只有通过这一对概念工具及其对峙关系，才能把西方现代心理学及其现实的历史和它的理论基础等全部问题，同时综合地呈现出来，并由此才能实现前面所说的据以理解心理学及其历史的一个自由的思想空间和一个完全敞开的理论视域。其三，也只有在这个对峙关系中，才能把握前述关于科学心理学的来自各个方面的批评和挑战的深层的根据和长远的意义：这个根据，究其实质，与现象学传统关于心理学的理解方式是内在相统一的，但由于这些批评家们未曾受过系统的现象学的训练或影响，我们或可以称之为朴素的现象学思想态度；它的意义不仅在于从否定的方面对科学心理学的质疑，而且更主要地在于从肯定的方面发出向现象学回归的吁求，从而以这种特殊的历史形式，显示了心理学的现象学传统的内在价值。其四，结合心理学的现实的历史来看，只有借助于这一对概念工具及其对峙关系，才能完成关于心理学的同时包含着肯定的追求和否定的批判性反思的综合分析工作，并通过这种综合分析工作，既超越心理学的科学主义传统和它的现象学传统之间互不往来的历史局面，又得以揭示心理学的理论同一性，并由此为它的实现提供希望和基础。

（该文刊于《学习与探索》2012年第4期，第二作者王栋）

第二部分
心理学史专题研究

冯特心理学遗产的历史重估

在现代心理学以及关于现代心理学的历史研究的历史中，关于冯特的传统理解，主要依据于铁钦纳和波林对其的描绘。1979年前后，以美国心理学会对实验心理学诞生一百周年纪念活动为契机，布鲁门塔尔等学者在广泛研究原始文献的基础上，发现了并试图"澄清"关于冯特的种种误解，由此形成一股研究热潮，持续至今而不减。在这一努力的过程中，他们还试图结合当代心理学的发展趋势，对冯特及其心理学体系进行重新评价，由此触及冯特心理学体系的一系列重大的基本理论问题，如它的理论性质、历史命运、对现代心理学史而言所具有的意义等。对这些问题的深入探讨，绝不是一种智力游戏的消遣；只有澄清这些问题，才有可能揭示现代心理学历史发展的内在逻辑。

一　实验心理学作为哲学诞生的一般背景

长期以来，心理学界普遍认同这样一个可理解，并因而是可接受的观点，即冯特于1879年在莱比锡大学创立心理实验室，是心理学作为一门独立的实验科学与哲学相分离而诞生的标志，并因此而忽视了一个对现代心理学史而言关系重大的问题的研究工作，即冯特意义上的实验心理学作为哲学的理论意义和历史意义。换句话说，对上述观点的认同构成了一道厚重的历史屏障：现代心理学想当然地把冯特作为自己的起点，而不进一步探讨冯特心理学与哲学之间的关系，并因而不可能挖掘出由这一关系所蕴含的丰富的理论意义和历史意义。关于冯特意义上的实验心理学作为哲学而诞生的背景，有三个层次的问题需要加以澄清。

第一，德国哲学在19世纪中叶所遭遇的深重理论危机，根源于传统哲学的"终结"。传统哲学的全部发展的根本旨趣，是要解决由笛卡儿的

"我思主体"所造成的世界的二元分裂,并逐步孕育着关于"绝对理念"自我运动、自我发展、自我认识的黑格尔哲学。黑格尔哲学体系的完成同时也就意味着整个传统哲学的"终结",因为他的哲学"以最宏伟的方式概括了哲学的全部发展"[①]。所以,黑格尔之后,如果不抛弃黑格尔哲学由之孕育而成的、由笛卡儿的"我思主体"所确立的近代哲学的"第一原理",如果不抛弃传统哲学的思维方式,那么哲学要想还有所作为是不可能的。

第二,德国哲学的这种发展状况决定了当时的哲学家们的首要任务,是以各种不同的方式寻求和探索哲学的出路。其中,"纯"哲学家们的努力终于导致了整个哲学思维方式的转换,从而开创了哲学的现代局面。从近代哲学向现代哲学的转换,是哲学自身内在逻辑的历史展开。就19世纪中叶的德国哲学而言,只有实现并完成这一转换,才能真正解决并摆脱它所面临的危机。事实上,这构成了当时德国哲学发展的历史趋势;正是这个趋势"注定了"冯特实验心理学体系作为哲学最终被哲学自身的历史所否定的命运。

从近代哲学向现代哲学的转换不是一蹴而就的,而是经历了半个多世纪的过渡期。其间,实证自然科学在德国的充分发展,至少在社会生活的意义上更加恶化了德国哲学事业的"衰败"景象。实证自然科学的基本特征,是研究对象的素朴客观性、理论体系的感性精确性和社会实践的直接可感性;它的充分发展,一方面使它自身受到人们的普遍青睐,另一方面又普遍地使人们对任何形式的思辨的哲学形而上学体系发生怀疑,并也导致曾经令世人叹服的、在逻辑上极为精致的古典哲学体系在德国理智生活界的地位和声誉日渐衰微,进而使整个哲学事业面临"消亡"的危险。迫于自然科学的发展所造成的外部压力并受到它的成功的启发,有一大批学者,包括某些哲学家自身,采取了自然科学的实证态度,并试图利用自然科学的经验方法来研究或"治疗"哲学,以把哲学建设成一门像自然科学那样精密的知识体系。其中,此时兴起的实验心理学,特别是科学心理学思潮,既是这种理论冲动的表现,又是这种理论努力或尝试在学术实践上的主要形式,并被它的倡导者们认为是为所

---

① 《马克思恩格斯选集》第4卷,人民出版社2012年版,第226页。

有的哲学问题提供基础的"一项真正的哲学事业"①。这就是哲学思维中的对后世哲学产生深远影响的"自然主义"态度和"心理主义"思潮兴起的历史根源。

第三，虽然冯特多年来一直声称要建立"科学的一个新领域"，但与上述哲学史背景相一致，并受到他不能得到"心理学的任命"的当时德国高等教育体制背景的制约，②在他的理解中，由他所建立的这个"科学的新领域"就是哲学，因而是对哲学史的延续，而不像后人在一般意义上所理解的那样直接地就是一个独立的新学科的起始；虽然历史证明，他的"建立"在事实上起到了使心理学作为一门独立科学而诞生的作用。

冯特对实验心理学的哲学理解，早在1858—1862年间就已明确表现出来。在回顾以往的"心理学家们"和以往的"心理学"之所以不能有所"进展"的原因时，他指的是传统的哲学家及其哲学事业；当他展望"今天的心理学有着极大的进展的可能性"时，他是试图以他所构想的"实验心理学"来取代传统哲学，因此他才能够合乎逻辑地进一步论证道："（今天的心理学的）这种进展是同我们关于一般哲学的性质和任务的观点的根本改革联系在一起的。"我们可以认为，冯特是在词句上表现为倡导心理学作为一门独立的实证科学的建立，实质上是在论证哲学作为心理学的进展。所以他指出："只要形而上学作了多少退却，心理学就取得多少进步。我们几乎可以说，在现在，我们整个的哲学就是心理学。"③而且，这里需强调指出的是，冯特对实验心理学的哲学理解，不是他的某一特定历史时期的偶然特征，而是贯穿于他的全部学术生涯的一个理论信念。波林也中肯地指出："冯特不仅是哲学教授，他还相信哲学应得为心理学的。"④

---

① M Kusch, *Psychologism*, London: Routledge, 1995, p.122.
② ［美］波林：《实验心理学史》，高觉敷译，商务印书馆1981年版，第521页。
③ ［德］冯特：《对于感官知觉的理论的贡献》，《西方心理学家文选》，张述祖等审校，人民教育出版社1983年版，第3页。
④ ［美］波林：《实验心理学史》，高觉敷译，商务印书馆1981年版，第366页。

二　冯特心理学体系的理论性质

传统的心理学史研究偏重于从冯特"创立"实验心理学的意义上来理解冯特，而忽视了对冯特心理学体系自身的历史命运的探讨；或者是脱离冯特心理学体系成立并发展于其中的19世纪末20世纪初德国宏观社会文化背景，而从实验心理学转移至美国，并因而得以摆脱如波林所指出的那种德国式的"束缚"后的发展史，亦即从行为主义之兴起的角度来理解冯特心理学体系的历史命运。这严重地限制或阻碍了我们对冯特心理学体系的理论性质的把握，并因而间接影响到我们对整个西方心理学史的理解。事实上，冯特心理学体系的历史命运与它的理论性质是密切相联、彼此观照的两个问题：要理解冯特心理学体系的历史命运，就必须揭示它的理论性质；反之亦然。

在德国，冯特意义上的实验心理学是作为哲学而诞生的。从这个意义上讲，它是（德国）哲学对它自身由其传统形式的终结而造成的理论危机所做出的一个反应，并因而构成（德国）哲学史的一个环节或插曲。具体说来，它的诞生是由冯特将生理学的方法引入哲学问题的研究之中以对传统哲学进行"改造"并拯救哲学事业的结果。然而，作为"当时主要的实验心理学家中唯一缺乏正规哲学训练"的心理学家的哲学家（thepsychologist－philosopher）①，与"纯"哲学家以及布伦塔诺、斯图姆夫、屈尔佩等受过正规哲学训练的心理学家的哲学家相比，冯特无论是对哲学本身的理解还是对哲学"改造"的措施，都带有某种不可救药的素朴性：他不可能真正洞察到这种哲学危机的理论实质。因此不难理解，一方面，无论是他对传统哲学的批判，还是对他的新哲学的建设，他都是从方法论意义上加以论证的；另一方面，与"纯"哲学家从哲学的问题及其性质着手对传统哲学加以改造从而导致整个哲学思维方式的转换不同，冯特仅仅是从研究方式上而不是从问题及其性质出发来改造传统哲学的。这就决定了，冯特的新哲学亦即他的实验心理学，就其哲学理念而言，亦即就其理论性质而言，依然属于传统哲学或近代哲学的范畴，

---

① M Kusch, *Psychologism*, London: Routledge, 1995, p. 129.

虽然他也（不可能是自觉地）接受当时新流行起来的各种哲学思潮的影响。它的这种理论性质的一个直接的表现，就是以冯特关于"直接经验"的经验批判主义阐释而表现出来的心—身二元论。这就是我们为什么能够发现"在他的理论体系中，既有贝克莱和休谟的唯心主义经验论，又有莱布尼兹和康德先验的统觉论；既有叔本华和尼采的神秘主义的意志论，又有马赫和阿万那留斯的经验批判论；既有斯宾诺莎和莱布尼兹的身心平行论，又有奥古斯丁教父的内省论；既有孔德所谓'中立性'和'无党派性'哲学的实证论，又有舒佩信仰主义的内在论"[①]的理论根源，也是列宁称他为抱着"混乱的唯心主义观点"的理论实质。

由此，我们可以将冯特心理学体系的基本特征概括为以下两个方面：其一，他的心理学在理论上是对传统哲学心理学思想的直接继承；其二，他是通过给传统哲学心理学思想穿上一套近代自然科学外衣而使之转变为"科学"的——因此，它的"科学"，主要是方法论的科学，而不是理论的科学。波林亦正确地指出，对冯特及费希纳等人而言，"科学之意即为实验的"[②]。由此进一步，我们可以认为，冯特的哲学（或心理学）企图，是想在现代哲学背景下，以自然科学的实证方法为依托，以它的"科学"形式为理想，建立一个以近代哲学精神为基础的理论体系——这个体系，在它正在被筹划的时候，在哲学尚未探明由于其传统形式的终结而造成的它自身的危机的理论实质时，由于它的形式的科学化而颇为令人耳目一新、颇具吸引力，于是乘势兴起；但是，当哲学终于探明它的理论危机的实质并因而得以确立它的现代旨趣之后，这个体系便成了空中楼阁、成了稻草人，它不需要被攻击便会自然而急速地走向消亡。这就是传统心理学史研究之所以忽视对冯特心理学体系自身历史命运加以考察的客观原因：现代心理学只是从它那里承袭了它的科学形式；至于它的理论内容，则是与现代心理学格格不入的，因而现代心理学可以不必理会它。

---

① 车文博：《意识与无意识》，辽宁人民出版社1987年版，第181页。
② [美] 波林：《实验心理学史》，高觉敷译，商务印书馆1981年版，第362页。

三 冯特心理学体系的历史命运及其遗产的重估

冯特心理学体系作为哲学而产生的特定的哲学史背景,以及由这一背景所决定的它的理论性质,决定了它自身的历史命运。或许我们也可以认为,冯特意义上的实验心理学,构成了德国学术思想发展的一个相对独立的历史:它是在哲学尚未探明由其传统形式的终结而造成的理论危机的实质时与自然科学相妥协,并以某种不得要领的新颖形式而兴起;当哲学终于探明它的危机的实质并因而得以确立它的现代旨趣之后,它便自然地趋于消亡。铁钦纳在美国坚持冯特意义上的德国式"纯科学"的心理学研究方案,作为对它的一个历史的回响在心理学史中的命运,可以被认为是对这一论断的一个历史的印证。

关于冯特心理学体系的理论性质及其历史命运,黎黑曾正确而不带任何偏见,并且也并非过于尖刻地指出,冯特的实验心理学体系"在它刚刚诞生时就已经过时,因为它是一个濒于绝境的文化的产物";作为一种观念,它所代表的是"一个已经逝去了的时代"[①];它是"19世纪德国思想的一个时代错误的产物,并因而既未能移植国外,亦未能幸免纳粹政体和第二次世界大战对它的理智生态的摧毁"[②]。然而,由于黎黑没有能够把握到冯特心理学体系作为哲学与它产生于其中的哲学史背景之间的关系,亦即他没有能够从本文所论证的由近代哲学向现代哲学转换的历史趋势来理解冯特心理学体系,所以,他的上述论断是以理论直觉的形式而不是以论证的形式出现的。也正因为如此,比较他的《心理学史》的不同版本可以发现,他对冯特心理学体系的批判精神表现出了不断衰退的趋势。

正是以对冯特心理学体系作为哲学与它产生于其中的哲学史背景之间的关系的理解为基础,笔者认为,布鲁门塔尔在试图澄清关于冯特的种种历史的误解的同时,又在制造着关于冯特的新的误解。他认为,冯

---

① T H Leahey, *A history of psychology*, NJ: Prentice–Hall, 1980, p. 211.
② T H Leahey, *A history of psychology*, NJ: Prentice–Hall, 1980, p. 245.

特心理学体系之所以"消亡"的根本原因不在于它自身，而在于行为主义的兴起证明了它的研究对象的"非科学性"；他在揭示铁钦纳和波林关于冯特的元素主义误解的同时，又完全倒向冯特的意志主义①。而冯特的意志主义，一方面如前所述，是他的体系的理论性质决定的；另一方面，根据英国学者库什的研究，或许更主要地，既决定于又反映了当时德国的宏观社会文化背景，即强调德意志作为统一整体的它的社会意识形态。与此同时，布鲁门塔尔还试图从不同方面论证，现代认知心理学的兴起是对冯特心理学的"回归"②。尽管现代认知心理学尚未阐明它的意识观，因而还难以把握它的理论性质，但从冯特心理学的历史背景及其理论性质来看，就其理论逻辑而言，现代认知心理学不可能"回归"到冯特意义上的心理学。从历史发展的总趋势来看，这种"回归"说只会是一种将会对心理学未来发展产生误导效应的原则性错误。

美国心理学史家华生曾用库恩的范式理论来概括当代心理学的发展趋势，并在他的研究中也批驳了以布鲁门塔尔为代表的（向冯特的）"回归"说。他认为，认知主义的兴起是历史的发展而绝不是向冯特的"回归"，并明确指出，"这一发展趋势的历史根源，不存在于构造主义之中，而存在于其他思想潮流，特别是现象学和存在主义之中"③。华生论证的背景和根据与本文不同，但结论却可以与本文相互印证。

如此说来，冯特的实验心理学体系作为一种哲学尝试乃哲学史的一个错误，并最终被哲学自身的历史所否定。那么，作为心理学，它又给历史留下了什么呢？黎黑极为中肯地评述说："历史证明，冯特对心理学的长远重要性在于对社会习俗的影响，因为正是他开创了一个为社会所承认的独立学科，也为从事这一学科的人们创造了一种社会角色。"④ 所以，一旦心理学摆脱了波林所指出的那种德国式的束缚之后，就有可能走向繁荣昌盛的独立发展道路；虽然历史同样证明，心理学由于没有能

---

① A Blumenthal and Leipzig, "WilhelmWundt, and psychology'sgildedage", in GAKimber, MWei - theimer, eds. *Portraits of pioneers in psychology* (vol. 3), Mahwah, NJ: Lawrence Erlbaum, 1998, pp. 31 - 48.

② A Blumenthal, "A reappraisal of Wilhelm Wundt", in L T Benjamin, ed. *A history of psychology*, McGraw - Hill, 1988, pp. 195 - 204.

③ R I Watson, "History and systems of psychology", in M E Meyer, ed. *Foundations of contemporary psychology*, New York: Oxford University Press, 1979, pp. 32 - 60.

④ T H Leahey, *A history of psychology*, NJ: Prentice - Hall, 1980, p. 182.

够澄清冯特心理学体系的理论性质而确立它自身的理论同一性，因而在美国的发展亦摆脱不了种种形式的理论危机。

（该文刊于《心理学探新》2002 年第 1 期）

论冯特《心理学的救亡图存》一书的历史意义

关于冯特和他的实验心理学体系,传统的心理学史研究表现出两个基本特征。一方面,我们通常满足于在肯定的意义上把冯特确立为"实验心理学之父"。就心理学作为一门独立科学的历史发展的一般趋势而言,这种肯定当然具有充分的合理性,因为,不管冯特本人对心理学的理论态度以及他自己的实验心理学体系的理论性质如何,无可置疑的是,正是他树立起了实验心理学的旗帜,他的后继者们也正是在他所树立起的这面旗帜之下,展开一系列心理学问题的研究工作,从而推动了心理学的发展。但与此同时,在另一个方面,心理学史研究几乎从来不在否定的意义上深究冯特心理学体系的理论性质及其历史命运。事实上,就其在与他开创心理学事业的宏观学术条件之间的关系背景中的状况而言,冯特的实验心理学体系从来没有构成德国学术发展的主流。而且,至20世纪初,冯特心理学体系已退化为一具活的僵尸:人们不仅不再讨论他的体系,而且"甚至还不屑于自找麻烦地批判"他的体系——他的实验心理学体系确乎已经"彻底地过时了"[①]。

在否定的意义上探讨冯特心理学体系的理论性质,并由此揭示其历史命运的内在必然性,这绝不是一项可有可无的智力游戏,而涉及对西方心理学的历史逻辑和理论逻辑的理解问题,并因而具有历史的及理论的双重意义。在不同场合下表达并强调过这样两个相互关联的看法,即心理学最初在德国首先是作为哲学而诞生的;冯特的实验心理学体系作为一种哲学尝试乃哲学史的一个错误,并因而注定将被哲学自身的历史所否定[②]。本文试图通过对冯特《心理学的救亡图存》一书进行历史的案例分析,为上述论点作进一步的补充论证。

---

① Kusch M, *Psychologism*, London: Routledge, 1995, p. 249.
② 高申春:《十九世纪下半叶德国心理学的理论性质》,《长春市委党校学报》2001年第5期。

1913年，冯特出版了一本小册子，取名为《心理学的救亡图存》。书名很恰当地反映了冯特的写作动机，即试图捍卫心理学的某种生存权利。那么，冯特所要捍卫的，究竟是心理学的何种生存权利呢？

　　冯特写作《心理学的救亡图存》一书，其直接背景是1913年107位"纯"哲学家联名上书德、奥、瑞（士）三国教育部及其所属德语大学校方，反对实验心理学家占有哲学教授席位的请愿活动，其间接背景是19世纪中叶以来德国学术界关于实验心理学在哲学学科中的学术地位问题的争论。正是在这一争论的过程中，冯特形成了并表现出对实验心理学的哲学理解，即在他看来，实验心理学就是哲学，因而是对哲学史的延续，而不像后人在一般意义上所理解的那样直接地就是一个独立的新学科的起始，虽然历史证明，他"创立"实验心理学在事实上起到了使心理学作为一门独立科学而"诞生"的作用。19世纪中叶以后，实验心理学（或广而言之，科学心理学思潮）普遍地兴起于德国哲学学术界，其深层动机是要对哲学在那个时代的发展所经历的理论危机加以反应。德国哲学在19世纪中叶以后所经历的深重的理论危机，其直接的内部原因，是黑格尔哲学体系及其完成对近代哲学的"终结"。从这个背景来看，德国哲学事业的继续，依赖于它的思维方式的转换，即实现从近代哲学向现代哲学的转换；也只有实现这一转换，德国哲学才能够合乎逻辑地真正"摆脱"它在那个时代的发展所面临的危机。但是，从近代哲学向现代哲学的转换不是一蹴而就的，而是经历了半个多世纪的过渡期。其间，实证自然科学持续而稳健地发展与进步，在否定的意义上对整个哲学事业构成挑战，在肯定的意义上则为哲学家们重构哲学事业提供了一种启示。例如，布伦塔诺在那个时代就强有力地论证着，要想改变哲学的"衰败"景象，唯一的出路就是将它与更加受人敬重的自然科学紧密"结合"起来。① 实验的或"科学"的心理学正是作为这一"结合"的产物而诞生的。

　　因此，不难理解，在19世纪下半叶至20世纪初，德国哲学所表现出的主要发展趋势之一，是实验的或"科学"的心理学作为哲学在德国哲学学术界的广泛兴起及其在哲学研究（教学）机构内的不断扩张。据当

---

① Gilson L, "Franz Brentano of science and philosophy", in L. L. Mcalister, ed. *The philosophy of Brentano*, London: Gerald Duckworth, 1976, pp. 68–79.

时一位见证人的统计,在1873年,只有一个身为"心理学家"的人(即斯图姆夫)在德国大学中占据哲学教授的席位;在1892年全德39个哲学教授席位中,"心理学家"占据其中3个;在1900年全德42个哲学教授席位中,"心理学家"占据其中6个;至1913年时,"心理学家"已占据其中10个①。

伴随着实验心理学作为哲学的兴起及其在哲学研究(教学)机构内的扩张,关于实验心理学在哲学学科中的学术地位问题,在当时德国学术界构成一个激烈争论的焦点。其中,心理学的倡导者们如冯特、布伦塔诺等人认为,实验(或科学)心理学就是哲学,或至少是哲学的基础学科,因此构成哲学学术及其机构的不可缺少的组成部分之一。而"纯"哲学家们则认为,心理学不是哲学而是一门新兴学术,心理学家不应占据哲学讲席,而应努力争取创设他们自己的教授席位。不仅如此,他们还将心理学在哲学中的扩张看成是对哲学事业的挑战与威胁。事实上,与传统哲学的"终结"所造成的哲学发展的理论危机相比,实验心理学在德国哲学界的上述扩张趋势,真正引起了"纯"哲学家们如狄尔泰、文德尔班、李凯尔特、(后期)胡塞尔等对哲学命运的担忧。这些"纯"哲学家虽然因各自学术观点的不同而经常发生争论,但在反对"实验心理学家"充任"哲学教授"这一问题上的态度是完全一致的。因此,他们各自都尽可能地阻止或抑制实验心理学家在哲学系担任哲学教授职位。例如,在1894年,斯图姆夫"受到了德国的最出色的任命",即转任柏林大学哲学教授。波林曾暗示过,由斯图姆夫就任的这个教授席位本应属于艾宾浩斯,但艾宾浩斯"不知为了什么原因,不能升任,乃即于斯图姆夫就任之后,改就布雷斯劳大学"②。波林所"不知"的这个原因,正是狄尔泰的"干预作用",因为在狄尔泰看来,艾宾浩斯是一个典型的实验心理学家,而斯图姆夫作为心理学家则较富哲学家的气质,所以倾向于让"斯图姆夫而不是艾宾浩斯或冯特"来就任这个教授席位,以"阻止"柏林大学的"哲学事业被彻底地自然科学化"③。

关于实验心理学的学术地位问题,"纯"哲学家与心理学家之间的争

---

① Kusch M, *Psychologism*, London: Routledge, 1995, pp. 123 – 126.
② [美]波林:《实验心理学史》,高觉敷译,商务印书馆1981年版,第410页。
③ Kusch M, *Psychologism*, London: Routledge, 1995, p. 162.

论在1913年达到了顶点，那就是上述107位"纯"哲学家的请愿活动，以及由这一请愿活动所引起的心理学家的反应，包括我们这里所要重点讨论的冯特的这部著作的产生。激起这次请愿活动的直接原因集中在马堡大学。1908年4月，马堡大学哲学系新设立一个特聘教授席位。就马堡大学哲学系方面来说，这个教授席位原本是为了适应心理学作为哲学学术的发展而为心理学家设立的，他们为此提供的两个人选是李普斯（G. F. Lipps）和詹恩希（E. Jaensch）。但在三年的时间内，这个席位及其任命却迟迟不能得到教育部的批准，教育部方面提出的理由是，这个新设立的教授席位原本是为历史哲学或系统哲学而不是为心理学设立的。与此同时，在马堡大学哲学系内部，系方的上述提议与新康德主义马堡学派的两个主要代表人物柯亨和那托普的观点亦形成尖锐对立，后二者坚持要由卡西尔来就任这个席位。特别是柯亨于1912年6月退休后，在系方的坚持下，最终由詹恩希补缺就任了柯亨的教授席位。对此，那托普气愤不已，便公开在《法兰克福时报》上刊发一篇文章痛斥事态的这种发展趋势，并指出以下两点：又一个哲学教授席位被心理学这门与哲学无关的具体学科抢占了；马堡学派也因此而被彻底地破坏了。于是，那托普便会同胡塞尔、李凯尔特、文德尔班、黎尔（Alois Riehl）、奥伊肯（Rudolf Eucken）等人共同起草了上述请愿活动的请愿书，并在各大学征集了包括他们自己在内共107名"纯"哲学教授的签名。

那托普等人起草的请愿书的基本内容是：实验心理学是一门已经充分发展了的与哲学无关的独立学科，虽然由于历史的原因，它曾是借哲学的名义而被发展起来的；有鉴于此，为了同时促进这两门学科的共同繁荣和发展，教育行政当局应当考虑为实验心理学家们设置心理学教授席位，并考虑让已经占有哲学教授席位的实验心理学家们将他们的教授席位退还给哲学家。① 事实上，"纯"哲学家们真正关心的当然是哲学事业及其完整性；他们之所以在请愿书中提到"促进"实验心理学的"繁荣与发展"，并建议为实验心理学家们设置"教授席位"，更主要的是为达到他们的目的而采取的政治策略。作为后人，我们当然知晓这个请愿

---

① Ash M, "Wilhelm Wundt and Oswald Kulpe on the institutional state of psychology: an academic controversy in historical context", in Bringmann W G and Tweney R D, eds. *Wundt studies*: *Acentennial collection*, Toronto: Hogrefe, pp. 396 – 421.

活动的结果：它并未促成教育行政当局考虑心理学教授席位的设置问题，但确实在德国大学中造成了一个普遍的氛围，使得实验心理学家们很难再在"哲学教授"的名义下从事心理学研究活动了，或反过来说也一样。所以"纯"哲学家们的这次请愿活动，将心理学推到了生死存亡的关头。正是在这样的背景下，为了捍卫心理学作为哲学学术及其机构的组成部分，冯特写作并出版了《心理学的救亡图存》。《心理学的救亡图存》一书的基本内容大体上包括三个部分：第一，驳斥哲学家企图"将心理学驱逐出哲学"；第二，驳斥某些心理学家（特别暗指屈尔佩）企图"将哲学驱逐出心理学"；第三，表达冯特自己对心理学与哲学之间关系的理解。

关于第一个方面，冯特首先详细分析了"实验心理学"与"心理学"之间的差异。在冯特看来，心理学不仅仅是"实验心理学"，同时也还包括比如说他自己的民族心理学。但上述哲学家在其请愿书中只提到"实验心理学"，并强调将它从哲学学术及其机构分离出去。冯特这一分析的论证意旨是，即使"实验心理学"像"纯"哲学家们所理解的那样不是哲学，作为整体的心理学作为哲学及其机构的组成部分是不能被驳倒的。事实上，冯特还进一步指出，哲学家们反对实验心理学，源于他们对"实验"的这样一种偏见，即"实验乃是雕虫小技，所以实验心理学家再怎么样也不过是一个科学工匠而已，而科学工匠是决不能算入哲学家行列的"，并反驳说，"一个自己不进行实验研究的人是没有资格对实验评头论足的"[①]。

关于第二个方面，冯特将批判的矛头指向了屈尔佩。屈尔佩曾于1912年撰文指出，"实验心理学应与哲学心理学（意指当时特定背景下的哲学）相分离，前者由于其经验的和实验的性质应朝向自然科学方向发展（实质上是要求心理学与哲学相脱离而独立）；两者的合而不分不仅使实验心理学的研究工作无法展开，因而也就不能取得进展，而且还会导致哲学研究的浅尝辄止的学风。因此不难理解，屈尔佩甚至在文中还流露出对哲学家们反对实验心理学这门具体科学向哲学渗透的同情态度"[②]。冯特对屈尔佩的批判，主要出于这样一种担忧，即心理学与哲学在机构

---

① Wundt W, *Die Psychologie im Kampfums Dasein*, Leipzig: En-gelmann, 1913, p.9.
② M Kusch, *Psychologism*, London: Routledge, 1995, p.195.

上的分离，必将会使实验心理学家蜕化为工匠意义上的学者。在冯特看来，不仅在事实上就已有的心理学文献而言，其中大多数的研究主题都触及形而上学和认识论，而且从理论上讲，"由于心理学中最主要的问题都与认识论的及形而上学的问题密切相关，我们无法想象这些认识论的及形而上学的问题如何能够从心理学中被排除出去"①。与此同时，冯特也拒绝美国大学制度的那种设置独立的心理学系的做法，因为这样会使心理学家只关心应用研究，而这与德国大学的典型特征即关注基本理论问题研究的学风是不相适宜的。

关于第三个方面，冯特认为，心理学既是"哲学这门科学的一个组成部分，也是一门经验人文科学；它对哲学以及其他具体经验科学的价值在于它构成了后二者之间的联系的桥梁"②。因此冯特认为，对于那些规模较大的大学来说，应设置三个"哲学教授"席位：其一为系统哲学教授，其二为哲学史教授，其三为心理学教授。而且，由于心理学研究要求研究者具备相当的哲学背景，所以一个只会做实验而未同时拥有心理学的和哲学的教育背景，并对哲学怀有兴趣的人，是不能充任这个"心理学教授"席位的。③

对心理学史而言，如果说冯特于19世纪中叶倡导实验心理学的建立是一种历史的进步的话，那么他在20世纪初对屈尔佩的"驳斥"就是一种历史的退步了。事实上，潜藏在体现于冯特身上的这种"进步"和"退步"背后的，是同一个深层的理论动机，这个动机也是他写作《心理学的救亡图存》一书的全部论证的基础，即他的这样一个学术理念：（实验）心理学乃本来意义上的哲学，传统的思辨哲学必须接受改造，并被改造成（实验）心理学才能成为科学，才能取得进展。波林也正确地指出，"冯特不仅是哲学教授，他还相信哲学应得为心理学的"④。

由此，我们可以将冯特心理学体系的基本特征概括为以下两个方面：其一，他的心理学在理论上是对传统哲学心理学思想的直接继承；其二，他是通过给传统哲学心理学思想穿上一套近代自然科学的外衣而使之转变为"科学"的。因此，它的"科学"，主要是方法论的科学，而不是理

---

① Wundt W, *Die Psychologie im Kampfums Dasein*, Leipzig: En‐gelmann, 1913, p. 24.
② Wundt W, *Die Psychologie im Kampfums Dasein*, Leipzig: En‐gelmann, 1913, p. 32.
③ Wundt W, *Die Psychologie im Kampfums Dasein*, Leipzig: En‐gelmann, 1913, p. 38.
④ ［美］波林：《实验心理学史》，高觉敷译，商务印书馆1981年版，第366页。

论的科学，正如波林所指出的那样，对冯特（及费希纳等人）而言，"科学之意即为实验的"①。作为一种哲学理念，或就其理论性质而言，他的实验心理学属于近代哲学的范畴。由此进一步，我们可以认为，冯特的哲学（或心理学）企图，是想在现代哲学背景下，以自然科学的实证方法为依托，以它的"科学"形式为理想，建立一个以近代哲学精神为基础的理论体系。这个体系，在它正在被筹划的时候，当哲学尚未探明由于它的传统形式的终结而造成的它自身的危机的理论实质时，由于它的形式的科学化而颇为令人耳目一新、颇具吸引力，于是乘势兴起；但是，当哲学终于探明了它的危机的实质并因而得以确立它的现代旨趣之后，这个体系便成了空中楼阁，它不需要被攻击便会自然而急速地走向消亡或崩溃。这也是传统的心理学史研究之所以忽视对冯特心理学体系自身历史命运的考察的客观原因：现代心理学只是从它那里承袭了它的科学形式；至于它的理论内容，则是与现代心理学格格不入的，因而现代心理学可以不必理会它。

由此可见，尽管冯特写作《心理学的救亡图存》一书的态度是严肃的，但这部著作并没有产生任何积极的历史结果，而只是在否定的意义上反映了冯特对心理学的理论态度，并印证了笔者对冯特心理学体系的理论性质及其历史命运的判定。事实上，随着第一次世界大战的爆发、纳粹政权的形成以及随后的第二次世界大战的爆发，冯特意义上的作为哲学的实验心理学已不存在了，而实验心理学家们则纷纷转入教育、工业、军事（或战争）、医疗等社会服务领域，并在一些小规模的工程、技术院校任职。在德国，冯特意义上的理论形态的实验心理学彻底瓦解了。②

（该文刊于《内蒙古民族大学学报》2003 年第 3 期）

---

① ［美］波林：《实验心理学史》，高觉敷译，商务印书馆 1981 年版，第 362 页。
② M Kusch, *Psychologism*, London: Routledge, 1995, pp. 219–224.

19世纪下半叶德国心理学的理论性质

科学意义上的现代心理学诞生于19世纪下半叶的德国，其主要代表是冯特的实验心理学。与冯特相对立的有布伦塔诺的经验心理学。这是两个在理论性质上相互不同，并且也决定了不同学术发展道路的心理学体系。仅就心理学史而言，前者占据了主流的地位；但从理论学术的宏观来看，二者具有同等的重要性。本文主要在与布伦塔诺相对照的关系中考察冯特心理学体系的理论性质及其历史命运，并揭示作为理论科学的德国心理学的发展道路。

一 实验心理学诞生的知识社会学背景

1. 传统哲学的终结和实证自然科学的发展及其对哲学的冲击

从某种意义上讲，冯特所创立的实验心理学，或广而言之，19世纪下半叶兴起于德国的科学心理学思潮，既是对传统哲学心理学思想的直接继承，又是对当时德国哲学状况的一种富有建设性意义的积极反应。因此，冯特心理学的理论性质，不可避免地或直接或间接地决定于当时的德国哲学状况。

冯特作为心理学家和哲学家，成长于19世纪中叶，成就于19世纪末和20世纪初。而19世纪中叶，正值西方哲学从它的近代形式转向它的现代形式的过渡期，因而在理论上处于极度的贫乏和混乱的状态。（虽然马克思主义哲学已于19世纪中叶产生，但由于它的革命性质，它不可能在德国官方哲学界被承认和宣传。）这就决定了当时哲学家们的首要任务，是以各种不同的方式寻求和探索哲学的出路。冯特的心理学事业，就是这种探索的特殊形式之一，虽然历史证明，这种探索作为哲学事业是失败的。

德国哲学在 19 世纪中叶所面临的这种状况,与黑格尔 1831 年的去世直接相关。黑格尔的去世同时也就意味着整个传统哲学的"终结",因为他的哲学体系"以最宏伟的形式概括了哲学的全部发展"①;在他的"博大体系中,以往哲学的全部雏鸡都终于到家栖息了"②。所以,如果不抛弃黑格尔哲学由之孕育而成的、由笛卡儿的"我思主体"所确立的"第一原理",如果不突破传统哲学的思维方式,那么哲学要想还有所作为是不可能的,就像在古代条件下唯物主义思想要想超越德谟克利特的原子论哲学是不可能的一样。这是问题的一个方面。

从另一方面看,到 19 世纪中叶,实证自然科学已经得到充分发展。实证自然科学的充分发展,在双重意义上对传统哲学产生着强烈的冲击。首先,在"自然哲学"最终被清除的意义上,实证自然科学的发展使传统哲学不断丧失它的"世袭领地";其次,就哲学和自然科学作为知识体系而言,实证自然科学的发展,使二者无论是在世俗生活世界还是在理智生活世界的地位,以及人们对它们的社会情感都发生了倒转:自然科学的基本特征,是研究对象的素朴客观性、理论体系的感性精确性和社会实践的直接可感性,因此,它的充分发展,一方面使它自身受到人们的普遍青睐,另一方面又普遍地使人们对任何形式的思辨的哲学形而上学体系发生怀疑,并也导致曾经令世人叹服的、在逻辑上极为精致的古典哲学体系在德国理智生活界的地位和声誉日渐衰微,进而使整个哲学事业面临"消亡"的危险。

于是,为了适应历史条件的这种变更并拯救哲学的命运,有一大批学者,包括某些哲学家自身,采取了自然科学的实证态度,并试图利用自然科学的经验方法来研究或"治疗"哲学,把哲学建设成一门像自然科学那样精密的知识体系。其中,此时兴起的实验心理学,特别是科学心理学思潮,既是这种理论冲动的表现,又是这种理论努力或尝试在学术实践上的主要形式,并被它的倡导者们认为是为所有的哲学问题提供基础的"一项真正的哲学事业"③。这正是哲学思维中对后世哲学产生了深远影响的"自然主义"态度和"心理主义"思潮兴起的历史根源。

---

① 《马克思恩格斯选集》第 4 卷,人民出版社 1972 年版,第 216 页。
② [美] 阿金:《思想体系的时代》,王国良等译,光明日报出版社 1989 年版,第 64 页。
③ M Kusch, *Psychologism*, London: Routledge, 1995, p. 122.

2. 生理学的发展及其哲学意蕴

生理学本身是纯粹自然科学的一个分支，属于生物学范畴，试图在解剖学的基础上理解只能以物质形态而存在的人类有机体及其结构的功能活动。它注定要与哲学发生"联姻"关系，并"生出"一个新的"产儿"即实验心理学。这是因为，在传统上，人的意识或人类精神活动现象属于哲学的问题领域。但是，意识作为人类社会实践活动的历史产物，最终只能在必然地作为个体的肉体组织而存在的人身上才得到实现；狭义而言，它的实现的必要条件，是作为个体的肉体组织而存在的人类有机体的神经系统。因此，在这里，一旦生理学可行，那么，只要稍不留神，就会在理论上陷入这样一个素朴的信念之中，即将人的各种心理活动或精神活动如感觉、思维等，理解为就是人的物质的肉体组织的功能活动，从而将意识或精神纳入生理学的研究领域。这就是无论历史上还是现实中，在接受过严格的自然科学传统训练的生理学家之间普遍流行并被盲目坚持的一个"理论偏见"。这一"偏见"在理论上的成熟化，至少就意识或精神这一论题（这一论题实质上构成了哲学的前提）而言，必将否定哲学的权威性并取而代之。生理学的这一理论"野心"，终于在19世纪中叶获得了其实现的条件。

19世纪三四十年代，生理学已发展成为一门较为成熟的实验科学，德国在这个领域一跃而处于世界领先地位。从某种意义上说，实验生理学的渐趋成熟，特别是有关神经生理学、脑的机能和感官生理学的研究及其发展，直接导致了实验心理学的诞生。但是，二者之间的这种关系，需要在理论上加以深入地探讨和阐明，而不像通行的教科书所理解的那样似乎自在地具有某种必然性。波林曾就此指出了一个隐含着重大理论意义，而且需要进一步探讨，但在理论研究和历史研究中却一直被忽视了的历史事实，即生理学家们在意识问题上的理论素朴性。他指出，19世纪上半叶的生理学，多以动物实验为手段，这就决定了"运动生理学走在感觉生理学的前头"，这个时期"关于感觉的研究，多以感觉器的物理学为对象"；与此同时，虽然"生理学家不易处理感觉的问题"，因为"他没有机械的记录器可以钩住一个动物的感觉神经的中端"，但他在"自己身内却有可以接触到的直接经验。歌德……和赫尔姆霍茨都就他们自己受了刺激后的经验求出法则"；"很明显，这个研究与心理学的关系更加密切的部分就采用了一种非正式的内省法；换句话说，就是利用人类的感觉经验，经常是实验者本人的经验。这种缺乏批判的内省法若能产生任何其他科学家都易于证明的结果，我们便不必将此法精益求精。……近代的科学家尽可能避免这种认识论的问题。……这些学者完成了这种种观察，可却没有对于其中一个因素即经验的性质作批评性的讨论"①。正因为当时的生理学家们没有"批评［判］性地讨论"他们在"自己身内"可以"接触到的直接经验"的"性质"，他们才得以僭越自己的研究领域而进入（心理学和）哲学领域，从而"直接推动"了实验心理学的诞生。后来的"纯"哲学家们，特别是现象学传统的哲学家们，坚定而强有力地掀起一场运动，以驱逐哲学思维中的"心理主义"并取得成功，正是以对我们每个人所拥有的这种"直接经验的'性质'进行自觉的批判性反思为基础的"。

就其逻辑的可能性而言，我们可以相信，生理学，特别是神经生理学，最终将彻底揭示作为意识实现之必要条件的肉体组织的全部运动规律。事实上，我们"可以认为"，到目前为止，关于这种运动的"最一般原理已经得到阐明"②。然而，这种"原理"终究是关于物质的肉体组织的物理运动原理，而不是关于"经验"、意识或精神的运动原理，这两者之间存在着一个巨大的理论鸿沟。但19世纪中叶的生理学家们"已经认为心灵主要等同于脑"③。正是借助于这一"等同"的理论素朴性，19世纪的生理学家们极其轻易，但同时也是错误地跨越了这一鸿沟。一旦这一理论鸿沟被跨越，那么生理学家就将大有可为了。这是因为，两千多年来，关于"心灵"或精神的运动原理，哲学家们已经提供了近乎详尽的阐明；如果"心灵等同于脑"，那么，哲学家们关于"心灵"的运动原理，就应当同时也是"脑"的运动原理；但哲学家的工作方式是思辨的而非科学的，而生理学家的工作方式则是正统的科学的。因此，哲学家关于"心灵"的运动原理，必须接受生理学的改造才能成为科学的原理；也只有如此，哲学才能成为科学的哲学（scientificphilosophy）。就历史发展趋势而言，这种被改造过的、"科学的哲学"，实质上就是冯特的实验心理学或生理心理学。所以，史家得出结论认为，"心理学是生理学与哲

---

① ［美］波林：《实验心理学史》，高觉敷译，商务印书馆1981年版，第109—111页。
② 周衍椒、张镜如：《生理学》，人民卫生出版社1978年版，第30页。
③ ［美］波林：《实验心理学史》，高觉敷译，商务印书馆1981年版，第47页。

学的混血儿";"冯特是心理学的创建者,因为他把生理学嫁接于哲学并使两者的产儿独立"①。

3. 冯特的个人抱负与当时德国高等教育体制之间的张力

关于冯特最终成就心理学事业的个人的"动机模式",波林曾作过详细的考察。② 若从宏观社会背景出发来考察冯特成就心理学事业的社会的"动机模式",将更有助于对冯特心理学事业的理论性质的把握。如前所述,到19世纪三四十年代,实验生理学作为一门科学渐趋成熟并迅速发展起来。这一新兴学术的发展使德国大学纷纷增设生理学讲席,从而为个人成功提供了许多新的机会,并造就了一批世界著名的生理学家。冯特正是在生理学蓬勃发展的时期步入生理学大门的。但是,至冯特成年时,亦即到19世纪六七十年代,生理学的发展明显减缓了,从而加剧了对现有讲席职位的激烈竞争。然而,在这同一个时期内,哲学的发展态势却恰好与生理学相反,即在黑格尔之后的19世纪上半叶,要想在哲学领域有所突破是非常困难的;但到60年代,哲学又重新活跃起来,并构成一个新的发展阶段的开端。于是,对一个怀有强烈的学术兴趣同时又雄心勃勃的年轻学者来说,19世纪60年代的哲学变成了一个颇具吸引力的学术领域。正因为如此,在冯特于海德堡大学担任赫尔姆霍茨的助手11年之久至1871年后者往任柏林大学,而他又未能继任赫尔姆霍茨在海德堡大学的生理学讲席职位之后,当苏黎世大学和莱比锡大学分别于1874年和1875年任命他为哲学教授时,他便欣然前往。但与此同时,在欣慰之余,冯特又不免在内心感到有些失望,因为在当时德国学术界,哲学讲席终究不如生理学讲席的威望那么高。在这种欣慰与失望的矛盾中,冯特采取了一个重大的步骤:模仿生理学的方式创立一个"哲学"的实验室,将传统的哲学问题从思辨的哲学家的安乐椅中带入被改造过的生理学的实验室进行实验研究。这就是实验心理学的诞生。③

---

① T H Leahey, A history of psychology, Englewood Cliffs, NJ: Prentice–Hall, 1980, p. 188.

② [美]波林:《实验心理学史》,高觉敷译,商务印书馆1981年版,第358页。

③ J Ben–David and R Collins, "Social factors in the origins of a new science: the case of psychology", *American Sociological Review*, vol. 31, 1966, pp. 451–465.

二 德国心理学的理论性质及其发展道路

冯特心理学体系的理论性质,直接决定于它产生于其中的当时德国宏观理智文化背景。这个背景的核心要素,是由于传统哲学的终结所造成的(德国)哲学发展的深重的理论危机。面对这一危机,(德国)哲学家们采取种种措施,以图拯救哲学事业。其中,"纯"哲学家们的努力终于导致了整个哲学思维方式的转换,从而开创了(西方)哲学的现代局面。冯特创立实验心理学或广而言之,科学心理学思潮于19世纪下半叶兴起于德国学术界,其深层理论动机,是对哲学发展危机的回应,并在拯救哲学事业的意义上构成对当时德国哲学状况的一种富有建设性意义的积极反应;生理学的发展和德国高等教育体制,则是塑造(冯特意义上的)实验心理学的具体表现形式的外部条件。从这个背景出发,理解冯特心理学体系及其历史命运的关键,在于把握冯特对实验心理学的哲学理解。

早在1858—1862年间,冯特对实验心理学的哲学态度就已明确表现出来。在回顾以往的"心理学家们"和以往的"心理学"之所以不能有所"进展"的原因时,他指的是传统的哲学家及其哲学事业;当他展望"今天的心理学有着极大的进展的可能性"时,他是试图以他所构想的"实验心理学"来取代传统哲学,因此他才能够合乎逻辑地进一步论证道:心理学的"这种进展是同我们关于一般哲学的性质和任务的观点的根本改革联系在一起的"[①]。我们可以认为,冯特虽在词句上倡导心理学作为一门独立的实证科学的建立,实质上是在论证哲学作为心理学的进展,所以他指出,"只要形而上学(指传统的思辨哲学——引者注)作了多少退却,心理学就取得多少进步。我们几乎可以说,在现在,我们整个的哲学就是心理学"[②]。波林也中肯地指出,"冯特不仅是哲学教授,他

[①] [德]冯特:《对于感官知觉的理论的贡献》,《西方心理学家文选》,张述祖等审校,人民教育出版社1983年版,第3页。
[②] [德]冯特:《对于感官知觉的理论的贡献》,《西方心理学家文选》,张述祖等审校,人民教育出版社1983年版,第3页。

还相信哲学应得为心理学的"①。冯特对实验心理学的这种哲学态度，以及波林对冯特的评价，是与19世纪下半叶德国哲学状况的历史性质相一致的。也正是以当时对哲学的这种心理学理解及其发展趋势为根据，美国哲学家怀特在回顾哲学发展的历史时指出，"到那一个世纪（指19世纪——引者注）的末期，心理学大有主宰哲学研究的希望"②。

如果说由于冯特是作为一个生理学家而进入（心理学和）哲学领域的，因而哲学的上述发展趋势在他身上的体现多少带有某种"素朴"性的话，那么它在布伦塔诺身上就体现为一种自觉的"运动"。与被称为"生理学家的哲学家"的冯特等人相比，布伦塔诺是一个经受过传统的、严格的哲学训练的哲学家。他在那个时代强有力地论证着：要想改变哲学的衰败景象，唯一的出路就是将它与更加受人敬重的自然科学紧密结合起来；而且和冯特一样，他也明确地将这一"结合"的产物理解为科学的，亦即实验的心理学，并在与传统哲学心理学思想相对立的意义上称之为"新心理学"。不仅如此，与铁钦纳和波林对布伦塔诺的误解相反，布伦塔诺也（和冯特等人同样）强烈地主张，这种"新心理学"必须以自然科学方法为基础，并因而强调建立心理学实验室的理论重要性。在布伦塔诺看来，由他所倡导的这种科学心理学，不仅是"真正的哲学事业"，而且正是这一事业为所有的哲学问题（包括认识论的、逻辑学的、伦理学的、美学的等）以及文化、教育、政治、法律等人类事业提供了"基础"。③ 事实上，19世纪下半叶在德国出现的将实验心理学（或科学心理学）理解为就是哲学，或者说这种心理学是哲学乃至整个世界观的基础的这种思想倾向，并不是冯特和布伦塔诺以及与他们具有学术继承关系的少数人包括屈尔佩、克鲁格、斯图姆夫、麦农、（早期）胡塞尔等的一种"意见"，而是当时的一个普遍的思想潮流，不仅为与冯特和布伦塔诺同时代的其他心理学家如G. E. 缪勒、陆宰等所持有，而且也为与心理学没有直接关系的其他学者如早期新康德主义者朗格、柯恩、文德尔班、李凯尔特（均就19世纪70年代以前而言）、经验批判主义者阿

---

① ［美］波林：《实验心理学史》，高觉敷译，商务印书馆1981年版，第366页。
② ［美］怀特：《分析的时代》，杜任之译，商务印书馆1981年版，第242页。
③ F Brentano, Psychology from an empirical standpoint, London: Routledge, 1995, pp. 19 – 27.

芬那留斯以及历史学家兰普莱希特等所持有或同情。①

冯特对实验心理学的哲学理解，不是他的某一特定历史时期的偶然特征，而是贯穿于他的全部学术生涯的一个理论信念。而且，虽然冯特多年来一直声称要建立"科学的一个新领域"，但这个"新领域"却得不到德国官方学术的承认，而只能以"哲学"的名义存在着。冯特作为实验心理学家却又得不到"心理学的任命"，而只能以"哲学家"的名义在德国大学拥有哲学讲席并从事研究工作，这在客观上决定了他将自己的事业与哲学相认同，从而更加强化了他对实验心理学的哲学理解：由他所建立的这个"科学的新领域"就是哲学，因而是对哲学史的延续，而不像后人在一般意义上所理解的那样直接地就是一个独立的新学科的起始，虽然历史证明，这在事实上起到了使心理学作为一门独立科学而诞生的作用。所以，实验心理学最初在德国是作为哲学而诞生的，是哲学对它自身由其传统形式的终结而造成的理论危机所做出的一个反应，并因而构成（德国）哲学史的一个环节或插曲。就冯特意义上的实验心理学而言，它的诞生是冯特将生理学的科学方法引入哲学问题的研究之中以对传统哲学进行"科学改造"的结果。

然而，与"纯"哲学家对当时哲学危机的理论反思以及布伦塔诺自觉地"论证"哲学的科学化不同，冯特作为"当时主要的实验心理学家中唯一缺乏正规哲学训练"的心理学家的哲学家（the psychologist–philosopher）②，无论是对哲学及其危机本身的理解还是对哲学"改造"的措施，都带有某种不可救药的素朴性：他不可能真正洞察到这种危机的理论实质。因此不难理解，一方面，无论是他对传统哲学的批判，还是对他的新哲学的建设，他都是从方法论意义上加以论证的；另一方面，与"纯"哲学家从哲学的问题及其性质着手对传统哲学加以改造从而导致整个哲学思维方式的转换不同，冯特仅仅是从研究方式上而不是从问题及其性质出发来改造传统哲学的。这就决定了，冯特的新哲学亦即他的实验心理学，就其哲学理念而言，依然属于传统哲学或近代哲学的范畴，虽然他也（不可能是自觉地）接受当时新流行起来的各种哲学思潮的影响。由此，我们可以将冯特心理学体系的基本特征概括为以下两个方面：

---

① M Kusch, *Psychologism*, London: Routledge, 1995, pp. 122–159.
② M Kusch, *Psychologism*, London: Routledge, 1995, pp. 122–159.

其一，他的心理学在理论上是对传统哲学心理学思想的直接继承；其二，他是通过给传统哲学心理学思想穿上一套近代自然科学的外衣而使之转变为"科学"的——因此，它的"科学"，主要是方法论的科学，而不是理论的科学。波林正确地指出，对冯特及费希纳等人而言，"科学之意即为实验的"①。由此进一步，我们可以认为，冯特的哲学（或心理学）企图，是想在现代哲学背景下或氛围中，以自然科学的实证方法为依托，以它的"科学"形式为理想，建立一个以近代哲学精神为基础的理论体系——这个体系，在它正在被筹划的时候，当哲学尚未探明由它的传统形式的终结而造成的它自身的危机的理论实质时，由于它的形式的科学化而颇令人耳目一新、颇具吸引力，于是乘势兴起；但是，当哲学终于探明了它的危机的实质并因而得以确立它的现代旨趣之后，这个体系便成了空中楼阁。这就是传统的心理学史研究之所以忽视对冯特心理学体系自身历史命运的考察的客观原因：现代心理学只是从它那里承袭了它的科学形式；至于它的理论内容，则是与现代心理学格格不入的，因而现代心理学可以不必理会它。

冯特心理学体系作为哲学的这一特定历史背景，以及由这一背景所决定的它的理论性质，决定了它自身的历史命运。黎黑正确而不带任何偏见地，并且也并非过于尖刻地指出，冯特的实验心理学体系"在它刚刚诞生时就已经过时，因为它是一个濒于绝境的文化的产物"②；作为一种观念，它所代表的是"一个已经逝去了的时代"③；它是"19世纪德国思想的一个时代错误的产物，并因而既未能移植国外，亦未能幸免纳粹政体和第二次世界大战对它的理智生态的摧毁"④。我们可以认为，冯特意义上的德国实验心理学，构成了心理学的一个相对独立的历史：它是在哲学尚未探明由其传统形式的终结而造成的理论危机的实质时，以某种不得要领的新颖形式而兴起的；当哲学终于探明它的危机的实质并因而得以确立它的现代旨趣之后，它便自然地趋于消亡。铁钦纳在美国坚持冯特意义上的德国式"纯科学"的心理学研究方案，作为对它的一个历史的回响在心理学中的命运，可以被认为是对这一论断的一个历史的

---

① [美]波林：《实验心理学史》，高觉敷译，商务印书馆1981年版，第362页。
② T H Leahey, *A history of psychology*, NJ: Prentice-Hall, 1980, p. 211.
③ T H Leahey, *A history of psychology*, NJ: Prentice-Hall, 1980, p. 211.
④ T H Leahey, *A history of psychology*, NJ: Prentice-Hall, 1980, p. 245.

印证。从这样一个历史背景出发，我们可以推定，即使冯特等实验心理学家在德国大学得到"心理学的任命"，他们也不可能像后来的美国人那样把心理学变成一门独立的实证科学，而要把它发展成为一种哲学的替代形式。在这个意义上，冯特意义上的实验心理学（作为哲学）注定要被哲学的历史所否定；也是在这个意义上，在德国，作为理论科学的心理学，只有采取从布伦塔诺的经验心理学到胡塞尔的现象学的发展道路，才能既符合它的理智文化传统，又顺应它的历史发展潮流，从而得以生存下来。

（该文刊于《长春市委党校学报》2001 年第 5 期）

机能心理学历史形态剖析

机能心理学是一个含义不明确的概念，可以包括历史上多种不同的理论体系。学界往往对此作狭义和广义的区分。狭义机能心理学专指芝加哥学派。广义机能主义学有两层含义：一是指作为美国心理学一般特征和总体倾向的美国心理学的机能主义精神；二是除美国外，还包括欧洲机能主义。欧洲机能主义主要指布伦塔诺、斯图姆夫的意动心理学，虽然也可兼括克拉巴莱德、皮亚杰等强调生物适应的心理学思想于其内。从学术演化的概念背景看，机能心理学包含着两种起源于完全不同的思想传统的观念形态，它们分别代表着西方心理机能观历史发展的两个逻辑阶段。唯有从观念的历史形态澄清机能心理学的概念和内涵，才能深刻把握西方心理学发展的历史脉络。

一　机能概念辨析

机能一词具有双重含义，既可以指某一事物存在的活动或过程，也可以指某一事物的存在对它事物存在所起的作用或具有的意义，因此在一定程度上引起了在心理学中用法的混乱。对作为一个旗帜鲜明的学派的狭义机能心理学而言，这种混乱构成了构造主义者对机能主义者进行反批判的重要论据之一。[①] 历史上，不同心理学家正是在不同意义上使用机能概念，从而形成了不同观念形态的机能心理学体系。

事实上，机能概念的双重含义起源于人们对单一事物进行孤立考察的思想方法。但是，任一事物的存在都是在他种事物之间的联系的发展过程中形成的，并构成他种事物之间的联系的现实方式。因此，就该事

---

① ［美］舒尔茨：《现代心理学史》，杨立能等译，人民教育出版社1981年版，第185页。

物自身而言，它的存在是一个活动或过程；就事物的联系的整体而言，该事物存在的活动或过程，构成了以此为联系的中介的他事物存在的基础的一个方面，并表现为对他事物存在所起的作用或具有的意义。所以，在事物联系的整体中，机能概念的双重含义得到了消解。

对机能心理学而言，不可解决的混乱或矛盾并不是由机能概念的双重含义引起的，而是由当从特定的思想背景来理解心理学的对象并使用机能概念时，在逻辑上得出的理论结果与机能概念本身之间的对立所引起的。从最广泛的意义上讲，机能是某一主体存在的表现方式。因此，要真正理解机能概念，首先必须明确机能的主体承担者是什么，并考察主体承担者如何获得其机能表现方式的历史。

一切机能心理学家都主张，心理学应研究心理的机能活动。这是一个高度综合的规定，因为心理的机能活动究竟是什么，在不同的历史条件下和不同的学术背景中可以有完全不同的理解方式，从而使机能心理学获得完全不同的理论意义和表现形式。这就是所谓机能心理学的历史形态。在"心理的机能活动"这一提法中，"心理的（psychical 或 mental）"一词对"机能活动"的修饰关系不是从机能活动的主体意义上，而是从机能活动的性质，即与物理的机能活动相对立的意义上加以限定的。因此，在机能心理学家的研究主张中，关于心理机能活动的主体承担者是什么并没有得到澄清。事实上，不同历史时代的心理学家对此有不同的看法。正是这种对心理活动主体的不同理解，构成了我们划分并批判机能心理学不同历史形态的理论根据。

远古时代的人们由于完全不知道自己身体的结构而不可能理解人类精神活动现象的本质，便根据梦及生、死现象在人自身之外设定一个灵魂，以作为人类精神活动现象的主体承担者。这个灵魂概念被古代和中世纪的思想家们接受，他们对灵魂的各种官能进行了大量的分析研究。所谓灵魂的官能，实质上不过是人类心理活动的种种机能表现而已，因而从学术的真理性看，灵魂的设定是多余的。但正是这个外在于人，又具有自身独立的主体地位的灵魂的设定，对后世心理学产生了巨大的影响，甚至在近当代，它仍以心身关系的形式制约着心理学的发展。

伴随着近代哲学的认识论转向，近代心理学思想对人类心理活动现象的本质的理解比古代进了一步。由于古代思想家执着于本体论研究，又不理解心理现象的本质，必然赋予灵魂以绝对的实体性质。近代思想家更注重认识论研究，探讨心灵如何获得知识经验。至于心灵的性质，虽然有笛卡儿等不同形式的二元论，但心灵的本体论色彩显然不如灵魂那么浓厚。而且，心灵似乎不是外在于人，而是人自身存在的一个方面。近代科学心理学就是从对这个心灵的研究开始的。

对心理学具有重大理论意义的，是达尔文在生物学领域对生物进化所作的科学的历史考察。它为我们理解心理活动的主体以及这一主体如何获得心理的机能表现方式提供了历史上前所未有的新的思想方法。进化论的基本假设是，有机体及其一切部分是在进化过程中由自然选择作用而历史地形成的，历史地形成的有机体的一切方面都对维护有机体的存在具有积极意义；进化过程表现为有机体与其环境之间的历史同一性的形成过程。[1] 这一假设在逻辑上隐含的结论是，心理现象作为有机体生命运动表现形式的一个方面，是有机体在其环境要求的压力作用下实现的某种与环境要求相对应的存在方式，它的实现是以有机体的某种身体结构即神经系统与脑的实现为前提的，并表现为这一身体结构的存在方式。作为脑及神经系统存在的表现方式，心理的机能活动可以理解为有机体与环境之间相互作用关系在有机体一方的活动过程、作用特征或具体的表现形式。

由是观之，进化论的心理学理论意义表现在：（一）它否定了历史上为理解人类心理活动现象而在人自身内外设定的灵魂实体和心灵实体，心理的机能活动可以从有机体的结构（脑及神经系统）本身得到说明。（二）它有可能弥补心理学内部基础研究与体系研究之间巨大而惊人的裂隙，因为生理心理学的基础研究已牢固建立起来的理论信念，即脑或神经系统是心理的物质载体，或反过来说，心理是脑或神经系统的机能表现，在任何系统的体系建立的心理学研究中都未能得到认真的贯彻。（三）它为这一理论信念提供了科学的论证，因为这一理论信念只是对性质不同的心理现实和有机体现实之间的空间关系的逻辑把握。进化论则通过考察有机自然物史前时代的各个发展阶段，阐明了这种空间关系的时间逻辑的本质。如果没有这个史前时代，那么能够思维的人脑的存在就仍然是一个奇迹。

---

[1] 高申春：《论美国心理学的机能主义精神》，《吉林大学社会科学学报》1996 年第 3 期。

二 意动心理学

近代科学心理学是19世纪后期由那些对哲学怀有坚定的热忱，同时又具有精深的自然科学素养的思想家"为了要寻求哲学问题的科学答案的愿望"① 而建立起来的。布伦塔诺建立意动心理学的初衷亦如此，因为他认为，研究真理问题，"首先需要就心理的东西的总体进行研究"②。

对心理现象的研究可以有两种方式进行。首先可以从分析心灵的诸现象开始，以发现构成整个意识的最终要素。这就是冯特的内容心理学。布伦塔诺坚定地反对这种研究方案，认为心理学应研究意动（psychical act）而不是内容。在他看来，意动必指向一定对象，而且，意动与意动对象是同一现象，即人的意识经验。因此，心理现象以具有"内在的对象性"或意向性为根本特征，意识总是关于某物的意识，自身封闭的心理现象是不存在的。所以，"布伦塔诺把意向性强调为意识的特征，便使对意识内容的理解发生了决定性的转变"③，意动心理学与内容心理学的对立，实为传统哲学唯理论与经验论之间的对立在新的学术条件下的一种表现。

布伦塔诺所谓意动，其实质就是心理活动的种种机能表现如表象、判断、爱憎等。正是在这个意义上，意动心理学才构成机能心理学的一种。布伦塔诺对心理学的这种机能观，在他的学生斯图姆夫那里得到进一步发挥和更清晰的表述。斯图姆夫甚至还提出"心理机能"的概念，认为"所谓心理机能是指包括着作用、状态、体验的名称"④。他不满于布伦塔诺将意动和意动对象当作浑然一体的意识经验而将二者分开，并分别称为"心理机能"和"现象"。其中前者构成心理学的对象，后者构成现象学的对象，虽然他的现象学与后来流行的胡塞尔现象学完全

---

① T H Leahey, *Ahistory of psychology: main currents in psychological thought*, NJ: Prentice-Hall, 1980, p. 177.
② ［德］施太格缪勒：《当代哲学主流》上卷，王炳文等译，商务印书馆1986年版，第42页。
③ ［德］施太格缪勒：《当代哲学主流》上卷，王炳文等译，商务印书馆1986年版，第44页。
④ 高觉敷：《西方近代心理学史》，人民教育出版社1982年版，第153页。

不同。①

由于布伦塔诺和斯图姆夫将心理活动或意动看作心理机能,并将心理机能与"现象"区分开,这在心理机能观的历史上具有重大的进步意义。他们对意动的强调,一方面将灵魂的实体性质连同灵魂本身一起否定了,其中布伦塔诺还否定了心灵,认为"我们不能从意识的统一性这样一个事实直接得出结论说,存在着一个作为基础的不灭的心灵实体"②,从而使心理学的注意焦点从人为设定的、不必要的灵魂和心灵实体回到心理,即人类精神活动现象本身;另一方面又突出了人类心理的意向性和活动性,从而对于从有机体与环境的相互作用关系来研究心理的新的机能观具有重要的启发意义。所以,意动心理学是心理机能观历史上的转折点。

但是,布伦塔诺是通过研究亚里士多德和经院哲学,作为一位杰出的形而上学家开始其学术生涯的,他建立意动心理学的理论动机是想回避近代以来由主体与客体的对立所导致的哲学危机,试图在主体意识域内寻求真理的所在,并为哲学及其他一切学术奠定一个终极的可靠基础。这一思想背景使他以及他的学生将心理学研究局限于主体内部的经验之中。所以,尽管他们将"机能"与"现象"区分开,他们也不可能意识到经验与经验者的环境之间的关系,并因而不能从有机体与其环境之间的相互作用关系中把握心理机能的适应本质。活动一方面指向一定对象,另一方面又必须以一定的主体作为承担者,无主体的纯粹活动同样是不存在的。在意识域内部寻求活动的主体所导致的理论建构,在性质上必然是哲学而不是心理学,这就是胡塞尔现象学的建立。虽然胡塞尔通过现象学还原法最终将纯粹意识领域描绘为"自我""我思""我思对象"的逻辑结构,但不管胡塞尔对"自我"作何种现象学解释,它都是对意动在逻辑上设定的精神性主体。在本质上,自我概念是古代人类神话性质的灵魂设定这一原始思维方式遗产在当代西方文化中的一种表现。所以,意动心理学作为一种机能心理学,始终不能摆脱二元论阴影的笼罩,并表现出其心理机能观的不彻底性。

---

① [美] 波林:《实验心理学史》,高觉敷译,商务印书馆1981年版,第413页。
② [德] 施太格缪勒:《当代哲学主流》上卷,王炳文等译,商务印书馆1986年版,第55页。

意动思想的核心是强调经验主体对经验的建构性。作为一种理论体系，它既是哲学的，也是心理学的，因而在学术上的理论结果是多方面的。在哲学方面，它直接导致了胡塞尔研究纯粹意识的现象学，间接导致强调人的主体性的存在主义。在心理学方面，它直接导致形质学派并通过形质学派导致格式塔心理学。英国的系统心理学通过沃德深受意动心理学的影响其结果之一便是麦独孤策动心理学的产生。在社会心理学领域，勒温和海德传统的认知社会心理学也可以看成是意动心理学的间接产物。作为第三思潮的人本主义心理学，因后来接受现象学和存在主义哲学的影响而间接受惠于意动心理学。此外，意动心理学还可能因弗洛伊德与布伦塔诺的师生关系而成为精神分析理论动力心理学观点的思想来源之一。

三　适应心理学

进化论的建立使心理学的提问方式和研究方式发生了根本性的转变，因为进化论的本质特征在于把有机体视为环境的一个因素，并在有机体与环境之间双向的动态关系中把握有机体，有机体存在的一切事实都在这种动态关系中被理解。心理现象作为有机体存在的一个方面，对有机体的存在具有什么功用？即心理活动如何有助于有机体的生存？这就是适应心理学的研究主题。因此，适应心理学作为机能心理学，是从不同事物的关系的意义上使用机能概念的。同时，进化思想不仅要求心理学从现实性方面追问心理现实对有机体现实的功用关系，而且要从历史方面追问这种功用关系的历史逻辑，从而要求心理学对统一的有机体作分析的综合把握，即考察作为统一整体的有机体在其进化过程中由于保证与环境相同一的必要性而分化出脑与神经系统的历史过程，并在此基础上研究作为脑与神经系统存在方式的心理的机能活动对有机体适应环境的功用价值。所以，在原本意义上，适应心理学是彻底的、最广泛意义的机能心理学。在这种心理学中，机能概念的双重含义消解为不同事物存在之间的关系。

然而，这种理论形态的机能心理学在西方心理学史上并未实现，原因有多种，究其实质，乃在于西方心理学一直不能摆脱传统上对作为心理机能活动主体承担者的心灵实体的设定。对此，我们且从两个主要方面加以说明。

以作为有机体在其进化过程中分化出来的脑及神经系统这一身体结构存在方式的心理的机能活动为中介的有机体及其环境之间的历史同一性的形成过程，构成了种系发生心理学的研究领域。它试图考察心理现实的历史演进过程，即追溯心理现实如何在进化的历史中形成与发展。但这种研究却存在着极大的实际困难，因为我们很难恢复某一特定物种的进化历史，所以就人类而言，我们很难具体而真实地把握人类心理如何在人类作为一个物种，其进化的历史演进过程中逐步形成、发展而演化至目前的现实。实际上，这种研究是以间接的方式即通过比较心理学而大量展开的。比较心理学以动物心理和人类心理的连续性假设为理论基础。虽然这一假设在逻辑上成立，但运用和推论时却非常危险而易于造成失误。当我们说人类心理是由动物心理演化而来时，我们只能理解为人类心理是由当人类处于前人类的动物状态时所具有的心理（动物心理）演化来的，在时间上具有连续性。但比较心理学却试图通过现存的、空间上的不同物种的心理的比较研究来推测人类心理在时间上的进化过程。① 这种研究的潜在前提是认为心理在空间上具有连续性，而且空间上的连续性与时间上的连续性具有同一性。（关于心理在空间上是否具有连续性以及这两种连续性的关系问题很复杂，这里不可能展开论述，但无论如何，这种推论在逻辑上是武断的，而且在理论上与进化思想相冲突。）比较心理学最终导致了否定普遍存在的心理事实的行为主义，从而未能完成揭示进化论所隐含的心理活动是有机体的脑与神经系统的机能表现这一逻辑结论的历史任务，并由此将作为彻底机能观的适应心理学扼杀于胚胎之中。

适应心理学以某种变化了的形式在美国得到了较为充分的发展，并相继表现为在表面上具有革命性质，但实质上又相互连贯的若干理论形态，这就是美国主流心理学从机能心理学到行为主义再到认知心理学的发展线索。② 虽然美国心理学深受进化论影响，乃至于可以说没有进化论

---

① ［美］波林：《实验心理学史》，高觉敷译，商务印书馆1981年版，第717页。
② T H Leahey, *A history of psychology*: *main currents in psychological thought*, NJ: Prentice - Hall, 1980, p. 375.

就没有美国心理学，但美国心理学产生的历史背景决定了它不可能全面贯彻进化论思想，并因而不能实现原本意义上的、彻底机能观的适应心理学。因为它的产生是从美国实用主义文化特质出发，并接受了德国实验心理学的形式及其对意识本质的说明。德国心理学的意识概念实为传统哲学的心灵概念在新的学术条件下的变换形式。这一概念与进化论的适应概念在逻辑上是相互对立的。正是这一对立构成了机能心理学危机和行为主义革命的理论根源，[1] 并导致美国心理学机能主义精神的历史衰退过程。[2]

彻底机能观的适应心理学虽然未能在理论形态上实现，但随着进化论的建立，它便以思想的逻辑形态产生了，并构成机能心理学的一种新的历史形态。虽然适应心理学研究的对有机体生存具有适应价值的心理活动，与意动心理学研究的意动是同一对象，即心理的机能活动，但在不同的学术传统和思想背景中，心理的机能活动具有不同的意义，并因而使机能心理学获得完全不同的理论表现形态。与意动心理学相比，适应心理学是在心理学研究中贯彻进化思想的理论结果。因此，它在真正意义上是近代科学的产物而与任何形态的哲学没有直接的关系。

（该文刊于《吉林大学社会科学学报》1998 年第 5 期）

---

[1] T H Leahey, *A history of psychology: main currents in psychological thought*, NJ: Prentice - Hall, 1980, p.375.

[2] 高申春：《论美国心理学的机能主义精神》，《吉林大学社会科学学报》1996 年第 3 期。

进化论与心理学理论思维方式的变革

进化论思想和心理学思想在西方文化中各有其古老的传统。19世纪下半叶，科学形态的生物进化论和作为一门独立科学的心理学相继诞生。科学形态的生物进化论一经创立，就预示着必将对心理学产生深远的影响，正如达尔文自己曾指出："我看到了将来更为重要的广阔的研究领域。心理学将稳固地建立在斯宾塞先生已充分奠定的基础上，即每一智力和智能必由阶递途径获得。"① 今天的心理学，几乎在每一个研究领域内都渗透着进化论的精神："达尔文主义在19世纪最后的25年对心理学的影响……大大促进了这门科学塑造成今天的形态。"② 如果没有进化论，我们很难想象心理学会呈现出怎样的一幅画面来。

然而进化论与心理学之间的历史关系却显得十分微妙。至心理学诞生时，进化论已流行于世20年，但却没有对作为心理学诞生标志的冯特的心理学体系产生影响。而当心理学传入美国后，它又热情地接受了生物进化论，从而走向机能主义，使进化论成为心理学的"灵魂"或"精神"。但心理学在美国发展的历史的实质，则是它的机能主义精神的不断衰退过程，从而使自觉接受进化论指导的心理学在一系列基本论题上的结论，与进化论本身直接相对立。③ 这种矛盾的历史表象，要求我们对心理学的性质及其与进化论的关系的历史作深刻的理论反省。唯其如此，才能准确而真实地把握西方心理学发展的历史逻辑。

---

① ［英］达尔文：《物种起源》，谢蕴贞译，科学出版社1955年版，第320页。
② ［美］墨菲、柯瓦奇：《近代心理学历史导引》，林方、王景和译，商务印书馆1987年版，第186页。
③ 高申春：《论美国心理学的机能主义精神》，《吉林大学社会科学学报》1996年第3期。

一　科学心理学诞生的知识社会学背景

　　心理学史家一般强调冯特是科学心理学的创始人,却忽视了冯特创立科学心理学的学术动机和知识社会学背景,而这个动机和背景,对于我们把握作为概念辩证运动过程的西方心理学史的内在逻辑,具有重大意义。近代科学心理学在19世纪下半叶产生于德国,是对当时德国哲学状况的一种富有建设性的积极反应。当黑格尔于1831年去世后,随着精确的自然科学知识体系的发展与成熟,思辨的哲学形而上学体系在德国理智生活界的地位日益衰微。于是,为了适应这种历史变更并拯救哲学的命运,一大批哲学家采取了自然科学的实证态度和经验方法来研究哲学问题,试图将哲学建构成一门像自然科学那样精密的知识体系。其中,冯特创立实验心理学就是这种努力或尝试的主要形式之一,并认为由他所建立的这种实验心理学,是为所有的哲学问题(包括认识论的、逻辑学的及伦理学的等)提供基础的"一项真正的哲学事业"[1]。

　　假若冯特的尝试是成功的,那么哲学的历史将变成心理学的历史。但实验心理学在德国哲学界的日益扩张,却更进一步引起了"纯"哲学家们对哲学命运的担忧。于是,以狄尔泰、文德尔班以及后来的胡塞尔等人为代表的"纯"哲学家坚定地掀起了一场反心理主义运动,竭力抑制或排挤实验心理学在德国哲学界的地位,并在反心理主义运动中重新确立哲学的基础,从而保持了"哲学本身"的历史的连续性。[2] 从这个角度说,使心理学从哲学中分化出来而独立的历史功绩,从负面应归于"纯"哲学家们,因为冯特虽然从正面建立了实验心理学,但他将他的心理学视为哲学,因而是对哲学史的延续,而不是个独立的新学科的起始。

　　科学心理学诞生的这一特定背景决定了它在"诞生"时的独特性质:它的形式是科学的,但它的问题却是哲学的;或者说,科学心理学在冯特时代的"诞生",只是作为一门新的知识形态诞生了,并因而使从事这门科学研究的职业角色即"心理学家"诞生了,但它的问题却没有诞生,

---

[1] M Kusch, *Psychologism*, London: Routledge, 1995, p. 122.
[2] M Kusch, *Psychologism*, London: Routledge, 1995, pp. 169–171.

或者说它还没有对它所要研究的问题形成自己的独立看法。因此我们可以认为，促成西方实验心理学产生的人格动力，是当时的一些对哲学怀有坚定的热忱，同时又具有精深的科学素养的思想家"为了要寻求哲学问题的科学答案的愿望"[1]，表现为冯特等人采用科学方法对作为哲学范畴的意识进行实验分析的"哲学企图"[2]。

德国意识心理学是对17世纪以来的哲学心理学思想的直接继承，它对它所研究的意识的理解方式是传统哲学的，那就是自笛卡儿以来的、无论是经验论的还是唯理论的思辨哲学家，参照现实的人的精神活动现象，对作为"无人身的理性"的非物质的心灵实体的设定。这一设定不具有心理学在它的历史上一直想跻身于其中的科学的性质。作为人类把握世界的理智活动的特殊形式，科学在性质上与哲学不同，二者不能实现概念的直接通用。

这就使德国意识心理学陷入一个难以自拔的困境，即它所追求的科学形式与它所研究的问题的哲学性质之间的矛盾。这一矛盾不仅决定了德国意识心理学的命运，而且在心理学传入美国后，也深刻地影响了在美国繁荣起来的心理学的历史轨迹。美国心理学家在接受德国意识心理学的科学形式的同时，也承袭了它对意识的本质的说明。他们对作为德国意识心理学理论前提的意识观的承认，与他们在实践上奉行的生物进化论的科学思想方法之间的对立，构成美国机能主义心理学思想的基本矛盾。美国主流心理学的发展及其历史上的各种（次）危机与革命，都是这一基本矛盾的历史的逻辑展开过程。[3]

二 进化论的心理学意义

进化论的基本假设有两条，即：有机体（自然及其一切部分）是在进化过程中由于自然选择的作用而历史地形成的；历史地形成的有机体

---

[1] T H Leahey, *Ahistoryofpsychology: main currents in psychological thought*, NJ: Prentice-Hall, 1980, p.177.

[2] T H Leahey, *Ahistoryofpsychology: main currents in psychological thought*, NJ: Prentice-Hall, 1980, p.182.

[3] 高申春：《论美国心理学的机能主义精神》，《吉林大学社会科学学报》1996年第3期。

的一切方面，都对维持有机体的存在具有积极意义。这两条假设逻辑地密切不可分离，二者的统一构成了对有机体的各个方面及其与有机体、环境之间在进化过程中所形成的历史同一性的说明。

进化论的本质特征在于把有机体视为环境的一个因素，并在有机体与环境之间双向的动态关系中把握有机体：有机实在的一切事实都应该在这种动态关系中被理解。心理实在作为有机实在的一个方面，对有机体的存在具有什么功用？即心理活动如何有助于有机体的生存？这是进化论向心理学提出的最直接的问题，由此形成了以美国心理学为代表的形形色色的适应心理学体系。与此同时，进化论不仅要求心理学从现实性方面追问心理实在对有机体实在的功用关系，而且还要从历史方面追问这种功用关系的历史逻辑，从而要求心理学对统一的有机体作分析的综合把握，即考察统一的有机体在其进化过程中由于保证与环境相同一的必要性而分化出脑与神经系统的历史过程，并在此基础上理解作为脑与神经系统存在方式的心理活动对有机体适应环境的功用价值。

就对心理学理论思维方式的影响而言，这后一方面的追问隐含着比前一方面的追问更大的理论价值，并拥有对前一方面的追问的逻辑先在性。它构成了进化论的心理学理论意义的核心之所在，因为它直接指向对作为传统心理学思想的理论前提的关于心灵实体的存在这一理论信仰的否定。

在哲学认识论意义上，对心灵实体的理论信仰的逻辑必要性，在于它为人类精神活动现象确立一个主体承担者。这条认识路线同全部人类思想史同样久远，正如恩格斯指出的那样，"在远古时代，人们还完全不知道自己身体的构造，并且受梦中景象的影响，于是就产生了一种观念：他们的思想和感觉不是他们身体的活动，而是一种独特的、寓于这个身体之中而在人死亡时就离开身体的灵魂的活动"①。近代伊始，笛卡儿通过在哲学史上影响深远的怀疑方法，最终以理论体系的形式论证了心灵实体的存在，由此确立了心—身二元对立的思维方式。历史表明，对作为一门科学的心理学而言，二元论构成了它发展的一个沉重的思想桎梏。

关于灵魂或心灵在身体内的住所，历史上曾有过不同的猜测。这些猜测多为哲学的臆想而非科学的经验观察结果。"19 世纪以前，还没有哪

---

① 《马克思恩格斯选集》第 4 卷，人民出版社 2012 年版，第 229 页。

一种有力的运动,将脑视为心灵的器官。"① 但作为19世纪时代精神的象征的颅相学的盛行,则标志着心理学思想正经历着从非物质性的"笛卡儿的灵魂概念走向较为物质的神经机能的概念",从而为"脑的生理学和感觉的心理物理学准备了条件"②。19世纪的生理学,特别是有关脑、神经系统及感觉器官的生理学的发展,以大量经验观察结果牢固确立了一个科学信念,即人的非物质的心理活动,是人的物质的身体(脑与神经系统)的某种机能表现,乃至于这个科学信念在今天已成为我们的一个常识。

认为心理活动是有机体的某种机能表现,这当然是全部心理学思想史上的一个带有革命性质的重大进步。但是,心理实在与有机体实在毕竟是两种不同的现象,若要问二者之间何以有此关系,则是心理学必须回答的问题。在进化论之前或之外,人们惯于在"现在"这历史断面上看问题,因而只能看到作为既成事实的这两种现象,而很难看出二者之间的历史同一性,往往不可避免地陷入各种形式的,特别是平行论的二元论之中。进化论则提示了心理实在与有机体实在二者在进化过程中所形成的历史同一性,从而为心理学澄清由二元论思维方式所造成的理论混乱带来了希望。

由是观之,进化论对心理学的理论意义表现在:(1)它否定了历史上为理解人类精神活动现象而在人自身内外设定的灵魂实体和心灵实体,心理活动可以从有机体的结构(脑及神经系统)本身得到说明。(2)它有可能弥补心理学内部基础研究与体系研究之间巨大而惊人的裂隙,因为生理心理学的基础研究所已建立起来的理论信念,即脑或神经系统是心理活动的物质载体,或反过来说,心理活动是脑或神经系统的机能表现,在任何系统的体系建立的心理学研究中都未能得到认真的贯彻。(3)它为这一信念提供了科学的论证方式,因为这一信念是对性质不同的心理实在和有机体实在之间的空间关系的逻辑把握,进化论则预示着通过考察有机自然物史前时代的各个发展阶段,来阐明这种空间关系的时间逻辑的本质。如果没有这个史前时代,那么能够思维的人脑的存在就仍然是一个奇迹。"

---

① [美]波林:《实验心理学史》,高觉敷译,商务印书馆1981年版,第58页。
② [美]波林:《实验心理学史》,高觉敷译,商务印书馆1981年版,第65页。

三　心理学理论思维方式的变革

在进化论思维方式以外，心理学的研究主题基本上是认识论的：它关心的是普遍的人类心灵如何产生具有普遍意义的知识，与此相应的是研究心灵的构成。对于心灵的存在本身，心理学从来不进行追问。从柏拉图到冯特的实验心理学，就是沿着这条路线发展下来的。

进化论则以它关于心理实在与有机体实在之间的功用关系的历史逻辑的追问，隐含着对心理学理论思维方式的重大变革：心理学作为一门科学，既不是关于心理内容与作为其对象的世界之间的关系（思维与存在的关系）的研究，也不是关于封闭的意识本身的思考（虽然这两个方面构成心理学的必要组成部分），而是关于心理实在与有机体实在之间的关系的阐明，即考察在物质的身体的基础上如何突显出非物质的意识现象的可能性和必要性。历史表明，这是全部心理学的带有根本性的基本问题。

由进化论所引发的最深层的心理学理论研究动机，是试图考察心理实在的历史演进过程，即追溯心理实在如何在进化过程中形成与发展的历史，并在此基础上理解心理实在对有机体实在的意义。这就是种系发生心理学研究领域。这种研究必将揭示有机体的身体结构和作为它适应环境的手段的心理活动形态，在其进化历史的每一阶段上所发生的变化以及这两种变化之间的对应关系，进而揭示心理实在与有机体实在之间的历史同一性，为心理实在作为有机体实在的机能表现这一理论信念提供具体的科学论证，同时否定关于心灵实体的存在的哲学信念及其对心理学的影响。

然而在实践上，这种研究方案却存在着极大的困难，因为我们很难恢复某一特定物种的进化历史，所以就人类而言，我们很难具体而真实地把握人类心理如何在人类作为一个物种，其进化的历史演进过程中逐步形成、发展而演化至目前的现实的。事实上，这种研究工作主要是以间接的方式即通过比较心理学而大量展开的。比较心理学以动物心理和人类心理的连续性假设为前提。这假设在逻辑上成立，但运用和推论时却非常危险而易于造成失误。当我们说人类心理是由动物心理演化而来时，我们只能理解为人类心理是由当人类处于前人类的动物状态时所具有的心理（动物心理）演化而来的，这种演化在时间上具有连续性。但比较心理学却试图通过对现存的、空间上不同的物种的心理的比较研究，来推测人类心理在时间上的进化过程。关于心理在空间上是否具有连续性以及这两种连续性的关系问题极为复杂，需另加阐述，但无论如何，这种推论在逻辑上是武断的，而且与进化论本身相冲突。比较心理学最终导致了否定普遍存在的心理实在的行为主义，因而未能实现其理论研究的初衷。

如前所述，如果心理学不能阐明心理实在与有机体实在之间的历史同一性关系，那么对心灵实体的设定便在逻辑上成为必要的。实际上，这两个方面的问题互为因果，二者处于此消彼长的关系中。因此，如果心理学不能在理论思维的高度上把握种系发生心理学研究的实际困难的逻辑意义，那么，它就既不能揭示进化论对它所隐含的结论，也不能摆脱二元论思维方式的束缚，从而盲目地在二元论思维框架内接受进化论的影响，由此导致它的理论思维及其产物的混乱。历史正是这样。所以，黎黑在批判西方心理学史时尖锐地指出，在很长一段时间内，"进化论所暗示的一个逻辑上必然的问题却很少有人指出。如果脑是心灵的器官，那么若要问进化的压力如何形成这个器官应是合乎情理的"；而"当这样的问题最终在20世纪中叶被提出来时，它们便构成了行为主义的严重灾难"，从而使全部心理学的基础趋于崩溃。①

进化论内在地隐含着一个具有自身逻辑完备性的心理学理论思维方式，虽然主要由于上述原因，这一理论思维方式未能以完成的形式在历史上得到实现。正因为如此，进化论与心理学的结合，使心理学的提问方式和研究方式发生了根本性的转变，并因而深刻地影响了心理学的历史。西方心理学百余年来的发展主线历史地表明：它所取得的每一步重大进展，都是贯彻进化论理论思维方式的结果；它的发展所导致的各种形式的危机，则根源于它对进化论的不同形式的曲解。② 如果说进化论已被证明是一种关于地球上的生命形态的现实与历史的有效说明，而心理

---

① T H Leahey, *A history of psychology: main currents in psychological thought*, NJ: Prentice - Hall, 1980, p.178.

② 高申春：《论美国心理学的机能主义精神》，《吉林大学社会科学学报》1996年第3期。

学正是关于人类生命现象的一种科学研究,那么它应该对心理学具有某种有效性。于是,进化论与心理学之间的上述错综复杂的历史关系,要求心理学史家和理论家对进化论及其与心理学之间的理论关系作深刻反省。只有这样,心理学才有可能发展成为一门逻辑上完备、实践上可行、理论上成熟的科学体系。

[该文刊于《南京师大学报》(社会科学版) 2000 年第 2 期]

华生及其行为主义纲领的历史意义重估

一般认为，心理学中的行为主义革命，发端于华生于1913年在《心理学评论》杂志上发表的一篇文章，即《行为主义者所理解的心理学》，这篇文章也因此被普遍地认为是行为主义的革命宣言。这个历史的事实似乎是无疑的。然而，在传统的关于心理学的历史研究和理论研究中，人们普遍地在为行为主义辩护的意义上，对行为主义的历史背景给予过度的理论解释。这种过度的理论解释不仅为行为主义革命赋予了某种理论的合理性，还极富隐蔽性和欺骗性地把心理学的理论思维引导并局限于狭隘的机械唯物主义的思想之中，从而让人很难看清楚并批判地理解行为主义作为心理学的一个历史环节的全部意义。对此，只有以忠于历史的方式，细究华生此文的写作动机及其基本主题，并以此为背景在历史背景中考察它所引起的反应，才能既从华生的方面澄清他究竟做了些什么，又从历史的方面理解给予华生过度解释的动机或者根据，从而批判地把握行为主义作为历史的趋势和意义。

一　华生时代的心理学的一般背景

行为主义作为心理学的产生，本身是极其错综复杂的背景因素共同作用的结果。就其心理学史的一般背景而言，在肯定的方面包括机能心理学以及与机能心理学密切相关的动物心理学的发展，在否定的方面涉及包括机能心理学和构造心理学在内的传统意识心理学在意识观问题上的困境，同时也与心理学追求科学的地位，亦即心理学的客观化趋势密切相关。

关于机能心理学的发展过程及其基本矛盾的暴露，同样也是若干复杂的思想趋势相互作用的结果,对此,笔者曾展开过系统的专门考察。①在此限于篇幅,只能就其主导趋势而概括地说,机能心理学是由以冯特为代表的实验心理学所蕴含的那种关于心理学作为一门独立科学的观念,在美国与达尔文所提供的生物进化论,特别是其中蕴含的关于事物的思维方式相结合的产物。以冯特为代表的实验心理学作为一门独立科学的理论基础,亦即它关于心理学研究对象的"经验"或"意识"及其性质的理解,归根究底,乃作为近代哲学思维方式的前提的那种关于意识的笛卡儿式的理解方式,即把"意识"解释成为与身体或"物质"相分离、相对峙的精神实体。而进化论作为思维方式向心理学的渗透,则必然在逻辑上暗示着这样一个结论,即心理实在(意识或心灵)与有机体实在(身体或物质)之间的历史同一性关系。这两个思想前提,一旦被分别地揭示出来之后,在逻辑上的直接的对立性和不相容性是显而易见的。然而,决定于美国文化的反理智主义特质及其对意识之有用性的情有独钟的关注与强调,这样两个在逻辑上直接对立的思想前提,居然同时被机能主义接受下来!这样的思想,其"体系"性在逻辑上必然是虚假的。因此,随着它的内容的不断扩展和丰富,最终必然如心理学的历史所显示的那样,造成了机能主义作为心理学的理论局面的混乱,从而将心理学推进到一个生死存亡、性命攸关的十字路口。正是在这个混乱的局面中,其他的一些思想趋势得以兴起,并共同合谋,最终孕育了作为心理学历史发展趋势的行为主义。

达尔文的生物进化论对心理学的另一个重要影响,是为心理学确立了关于人与动物心理连续性的独断论信条,因此使得动物心理学成为可能。在动物心理学中,隐藏着关于心理学的两个方向相反的思想逻辑:其一是自上而下的思想逻辑,即参照人类心理来理解动物心理。在这个思想逻辑中,行为资料本身是没有科学价值的;只有当行为资料被当作"意识"及其状态的指标,并因而有助于理解"意识"及其状态时,关于动物行为的研究才属于心理学的范畴。其二是自下而上的思想逻辑,即以动物行为研究为心理学的根本,并参照动物行为的研究结论来理解人类行为。在这个思想逻辑中,行为资料本身不仅是富有科学价值的,而且对心理学而言是唯一具有头等重要性意义的,因为只有以行为资料为

---

① 高申春:《心灵的适应——机能心理学》,山东教育出版社2009年版,第28—31页。

根本,才能建立起对一切物种普遍有效的统一的心理学体系。这正是华生进行动物心理学研究时所采取的思想逻辑。这两个思想逻辑的对峙关系构成了华生思考心理学及其作为行为主义的历史背景:一方面,在这一对峙关系中,自上而下的思想逻辑构成心理学的正统和主流,以华生为代表的自下而上的思想逻辑及其学术实践,是经常受到蔑视和质疑的。因此,为了论证他自己作为心理学家存在的合法性,必须要改变心理学的性质以包容自己的研究——这构成了华生构想行为主义作为心理学的个人动机。另一方面,自下而上的思想逻辑的立足点是动物行为,因而内在地蕴含着对动物心理的怀疑和否定;由此形成的思维定式,必将倾向于把人降低为动物的一个种,进而导致对人类意识的怀疑和否定——这一思想路线在理论上的实现,就是行为主义。

另外,由以冯特为代表的实验心理学所蕴含的那种关于心理学作为一门独立科学的观念,在美国逐步演化为一种坚定的关于心理学作为自然科学意义上的"科学"的信念,并以美国人特有的方式把这个观念具体地实现为它的社会的存在。心理学在美国发展的这一特殊的历史过程,逐渐塑造了今天通行的我们关于心理学作为自然科学的理解方式,也塑造了心理学作为自然科学而存在的学术性格。这种对自然科学的追求,构成了主流心理学思想发展的几乎可以说是支配一切的、最高的历史动机。通过下文的论证我们将会发现,这一历史背景正是我们批判地理解华生的行为主义及其历史意义的关键所在。

二 华生对行为主义纲领的论证

华生对行为主义纲领的论证,包含了否定的方面和肯定的方面。他所要否定的,就是包括构造心理学和机能心理学在内的传统的意识心理学。关于这种心理学的性质及其理论基础,我们在讨论华生时代心理学的一般背景时已经有所揭示。但这并不意味着,这些背景因素的哲学史内涵及其在哲学史背景中的错综复杂的关系,是华生所明了的。恰恰相反,可以说,华生一方面亲身经历了由机能心理学基本矛盾所造成的心理学理论局面之混乱的结果,并遭受着由此引起的迷惘和困苦,但另一方面却不能理解造成这一切的原因,因而不能超越而是倒退回二元论的思维方式，并在其中倒向唯物主义的立场，所以才能够或敢于否定"意识"范畴，并且认为"行为主义才是唯一彻底而合乎逻辑的机能主义"①。这正是华生在哲学上无知的体现。从某种意义上说，正是"意识"这个范畴以哲学史的形式承载了全部人类历史发展的丰富内涵。因此，反过来说，对哲学及其历史的无知，也就是对"意识"及其内涵的无知，正是这种无知，局限了华生的思想空间，使他将作为传统意识心理学理论基础的那个"意识"范畴的认识论内涵，误以为就是"意识"范畴的本体论内涵，因而在否定传统意识心理学的"意识"范畴的认识论内涵的同时，连同"意识"范畴的本体论内涵一起加以否定。

华生对行为主义纲领的论证，在肯定的方面，就是倡导以"行为"为基础范畴的唯物主义的心理学，即行为主义。在这个意义上，华生确信，我们可以像皮尔斯伯里那样把心理学定义为并建设成"行为的科学"。在这种心理学中，我们将"永远不使用诸如意识、心理状态、心灵、内容、内省地可证实的、表象的等术语"；这种心理学"可以按照刺激与反应的术语、按照诸如习惯形成及习惯整合等术语加以说明"。② 这一纲领，就其直接的含义而言，似乎是明确的，即坚持自然科学意义上的唯物主义的一元论。他的文章开篇便肯定地指出，"按照行为主义者的理解，心理学是自然科学的一个纯粹客观的实验分支。它的理论目标是对行为的预测和控制"；而且，他还深信，"在一个完善地建立起来的心理学体系（意指行为主义——引者注）中，给定刺激便可以预测反应"，或反之亦然。③ 然而，稍进行深入的反思便可以洞察到，即使在动物心理学的水平上，这种以对经典物理学研究对象及其运动规律的理解方式为参照来理解"动物行为"的概念，并构想它符合"给定刺激便可以预测反应"或反之亦然的那种理想的科学性，是极隐蔽地富有欺骗性的；如此理解的"行为"概念，与华生所批判的、作为传统意识心理学基础范畴的"意识"概念一样，亦是一个"鬼火"一样的东西。对此，必须参照另一

---

① Watson J. B, "Psychology as the behaviorist views it", in W. Dennis, Ed. *Readings in the history of psychology*, New York, N. Y.: Appleton – Century – Crofts, Inc., 1948, pp. 457 – 471.

② Watson J. B, "Psychology as the behaviorist views it", in W. Dennis, Ed. *Readings in the history of psychology*, New York, N. Y.: Appleton – Century – Crofts, Inc., 1948, pp. 457 – 471.

③ Watson J. B, "Psychology as the behaviorist views it", in W. Dennis, Ed. *Readings in the history of psychology*, New York, N. Y.: Appleton – Century – Crofts, Inc., 1948, pp. 457 – 471.

个方面,即华生所主张的科学唯物主义一元论与它必须被放置其中才有意义的二元论的思维方式之间的关系,才能合理而透彻地加以理解。

在这个关系背景中,明确地指出以下主题是批判地理解华生以及行为主义作为心理学及其历史的全部秘密的关键所在。第一,在二元论的思维方式中,关于"意识"或"心灵"的唯心主义,与关于"物质"或"身体"的唯物主义,虽然它们本身是彼此对立的,但只有它们相加而成的和,才构成世界图景的整体。因此,在世界观的意义上,无论是坚持唯心主义的一元论,还是坚持唯物主义的一元论,都是对世界图景作为整体的破坏,由此把握到的世界,都是残缺不全的。第二,在二元论思维方式中,"心理学"作为关于"意识"或"心灵"、"灵魂"的存在逻辑的揭示,与自然科学意义上的"科学"作为关于"物质"或"身体"的存在逻辑的揭示,必然是彼此分离、相互外在的。因此,一方面既不能用"心理学"所揭示的关于"意识"或"心灵"的存在逻辑,来取消"科学"所揭示的关于"物质"或"身体"的存在逻辑,也不能相反地用"科学"所揭示的关于"物质"或"身体"的存在逻辑,来取消"心理学"所揭示的关于"意识"或"心灵"的存在逻辑;另一方面,既不能用"心理学"所揭示的关于"意识"或"心灵"的存在逻辑,来说明"物质"或"身体"的存在,也不能相反地用"科学"所揭示的关于"物质"或"身体"的存在逻辑,来说明"意识"或"心灵"的存在。第三,在二元论的思维方式中,正是"行为"范畴给二元论的思想逻辑带来困难,并使之陷入困境,因为"行为"这个范畴,从肯定的意义上说,它既是"意识"的或"心理"的,又是"物质"的或"身体"的;从否定的意义上说,它既不是纯粹主观的"意识"或"心灵",也不是纯粹客观的"物质"或"身体"。第四,要获得对"行为"范畴的合乎逻辑的理解,就必须整体地超越二元论的思想逻辑,并重新确立一种崭新的整体论意义上的一元论的思想逻辑,如詹姆斯彻底经验主义作为形而上学之基础范畴的"纯粹经验"概念,或如作为现象学历史发展之当代趋势的具身性主题等所追求的那样。

以上述分析框架为背景,我们便可以较清晰地把握华生的工作及其纲领的意义。首先可以指出,上述第四个主题背景与华生无关,因为他的狭隘的科学观不可能洞察到如此广阔的历史背景及其发展趋势。所以,虽然他亲身经历了,且不能容忍由"行为"范畴在机能主义背景中所造成的心理学理论局面的混乱，并尝试对这种局面加以变革，但他无论如何不能洞察到造成这种局面的原因，并因而决定了：他的变革的方向，不是适应上文分析所揭示的人类思维及其历史的普遍趋势，从而给予"行为"范畴以具身的解释，而是倒退同二元论的思维方式及其思想逻辑，不难理解，在二元论的思维框架中，拥有类似华生的教养背景的人，只能走向唯物主义一元论，其结果是，就对"行为"范畴的理解和解释而言，必然要否定其中主观的、意识的方面或成分，同时把"行为"强行规定为一元论背景中的"物质"意义上的客观存在，从而将心理学作为关于"行为"的科学纳入自然科学体系。然而，这种唯物主义一元论，在逻辑上是以近代哲学的二元论为背景的，并因而在追根究底的根本的意义上说是二元论的。只是作为心理学及心理学家远离哲学的历史趋势的结果，这个二元论的思想逻辑，已逐步隐退为极遥远的背景而不为华生及其后的美国心理学家们所能意识到，似乎华生所主张的这种唯物主义一元论，是自立的真理，并构成世界的全景，而与二元论的思维方式无关。正是在对这个背景的无知或对它的无意识的黑暗中，华生的主张才得以隐蔽地把心理学的理论思维引导到狭隘的机械唯物主义的思想道路。反过来说，也只有自觉这个背景并以之为背景，才能批判地理解并揭穿华生的主张及其影响心理学的历史的隐蔽性和欺骗性。

三　行为主义纲领的接受

通过上文论证，我们发现，华生没有能够在逻辑上彻底的意义上完成关于行为主义作为心理学，特别是关于行为主义作为自然科学意义上的"科学的"心理学的论证。然而，心理学的历史却证明，它以一种几乎是不可抗拒的形势普遍地走向了华生所倡导的行为主义，并是在这个过程中暴露了它在理论理性方面所特有的轻率。这个历史的事实是极其耐人寻味的，它意味着，心理学是在尚未对华生所倡导的行为主义及其意义进行深思熟虑的考究之前的盲目性中，外在地将它自己认同于华生所倡导的行为主义，并通过这个自我认同，塑造或规定了它自己存在的性质，即行为主义意义上的"客观的""科学的"心理学。

因此，主流心理学对华生的行为主义纲领的接受，只有从心理学追求"科学"的历史动机出发,才能获得在某种特定意义上可以说"合理"的解释。因为,这种对实现为自然科学的存在的理想的追求,构成了科学主义传统的心理学的思想发展的几乎可以说是支配一切的、最高的历史动机:心理学可以不关心自己是什么,亦即不关心关于它按照它自己的内在本性必然是什么的追问,但它一定要实现为自然科学的存在,而不管如此实现的它作为自然科学的存在是否还是它自身。事实上,自然科学意义上的"科学"作为近代思维的产物,正是在二元论的思维方式中以非此即彼的排他的方式专门针对其中的"物质"实体及其世界图景而建立起来,并是在这个范围内有效的人类思维的历史成就。与此相对应,在二元论的思维方式中,"心理学"恰恰是针对其中的"心灵"实体及其世界图景而建立起来,并是在这个范围内有效的人类思维的历史成就。从这个意义上说,"科学"和"心理学"必然构成人类思维所拥有的两种不同性质的知识体系,二者之间即使不说是彼此对立的,也必然是相互无关的,正是它们彼此外在的相互对峙,共同构成了二元论思维方式的世界图景的整体。然而,在对这个背景及其错综复杂的逻辑关系不甚明确的盲目性中,现代心理学追求实现自身的最内在的动机,恰恰是这种自然科学意义上的"科学"的存在。因此,对心理学追求"科学"的存在而言,它只能,而且必须在从本体论意义上否定"意识"或"心灵"的同时,又在认识论意义上将"科学"所揭示的关于"物质"或"身体"的存在逻辑当作世界图景的整体,并在其中只能把它自己的研究对象如"意识"或"行为"等人为地强行规定为"物质"意义上的客观存在。换句话说,心理学若要追求这种意义上的"科学",那么,这种追求在逻辑上要求它必须否定"意识"或"心灵",从而走向一种异己的存在;只有否定"意识"或"心灵"的范畴,并把"行为"规定为"物质"意义上的客观存在,它才能成为"科学"的。这就是隐藏在华生的全部论证背后的,但他自己却自觉不到的动机和主旨,也正是心理学普遍地走同华生的行为主义的根本原因之所在。

由此,我们可以理解,为什么华生的文章发表之后,科学主义传统的心理学普遍地走向了行为主义:在华生之前,虽然已有很多人提出并构想关于心理学作为自然科学意义上的科学的存在,但由于它们都是在二元论思维框架内以"心灵"或"意识"为心理学的基础范畴,因而与同样只有在二元论思维框架内才能成立、才有意义的关于"物质"或

"身体"作为客观存在的"自然科学"或"科学",即使不是相互对立的,也是彼此无关的。所以,在符合于"自然科学"的内在本性或它的思想逻辑的意义上,他们的构想或主张,在逻辑上都是不彻底的;相反,只有华生在否定"意识"范畴的同时,把"行为"范畴强行规定为作为自然科学研究对象意义上的"物质"的客观存在,并以这个"行为"范畴为基础构想行为主义作为心理学,只有如此构想的心理学,才符合于"自然科学"的内在本性或它的思想逻辑,并在这个特殊的意义上说,他关于行为主义或心理学作为自然科学的"论证",才是在逻辑上"彻底"的,是关于心理学作为科学的科学主义传统的最恰当的理论的实现形式。从这个意义上来说,与其说是华生通过他的文章发动了行为主义革命,并由此把心理学实现为"科学",不如说是心理学因为屈服于它自己追求"科学"的历史动机而昧着良心地放弃自己的存在,转而不顾一切地奔向由华生给它提供的关于它作为"科学"的"鬼火"一样遥不可及的"希望"的幻影,并因而在对华生的文章及其论证进行严格审查之前,就急切地、不顾一切地要抓住这篇文章作为机遇,似乎它能够由此一跃而实现为"科学"。

四　行为主义作为心理学的理论产物

上文的分析表明,关于行为主义作为心理学或心理学作为行为主义,只有从心理学追求"科学"的历史动机出发,才能获得在某种意义上"合理"的解释。这种"合理"性及其意义就在于:一方面,正是华生关于行为主义作为心理学的构想,才是符合于心理学的科学主义传统的内在精神的;另一方面,心理学的科学主义传统的内在精神,只有通过认同于行为主义,才能获得它的理论形式的自我实现,并因而最终明确或澄清了它自己所追求的"科学"理想是什么。上文的分析同样暗示了,任何在逻辑上彻底的意义上系统地尝试关于心理学作为它的科学主义传统所追求的那种"科学"的论证,都必将走向自己的反面;反过来说,正因为关于心理学作为科学的科学主义传统不曾系统而认真地论证它所追求的"科学"是什么,所以它不可能洞察到它所追求的这种"科学"与心理学本身之间的异己的、对立的性质,并因而在盲目性中坚持不懈地追求这种"科学",由此塑造了主流的科学心理学的充满理论盲路的历史。

行为主义作为心理学或心理学作为行为主义的实现,还特别造成了一个历史的假象,这个历史的假象更加强化了心理学存在动机的异化的性质和作用。这个历史的假象就是,通过普遍地走向行为主义这个步骤,科学主义传统的心理学似乎证明了,或是想当然地认为,华生已经为我们完成了关于心理学作为自然科学的论证。从此,关于心理学能否是自然科学这样一个对心理学的科学主义传统而言,最具基础意义的问题也就被束之高阁而无人问津。在这个背景中,不管心理学的主题(亦即它的真理)是什么,心理学关于这个主题的理论解释,都必须要满足自然科学的形式要求,而当这个主题不能满足自然科学的形式要求时,便对这个主题加以调整、加以裁制,以使之满足自然科学的形式要求。换句话说,对科学主义传统的心理学而言,它宁愿放弃自己的根基和真理,也要实现为自然科学的存在。

可以说,心理学普遍地走向行为主义,是关于心理学作为自然科学意义上的科学这一思想的强制逻辑的产物。相反地,对于那些不曾受制约于这一思想的强制力的思想家而言,行为主义作为心理学或心理学作为行为主义的谬误是显而易见的。例如,在胡塞尔看来,意识作为一个实在领域,是一个"无疑"的、"不具有超越之谜"的、"明证"的、"绝对内在的被给予性领域",[①] 它不仅是我们一切理论建构的出发点,而且构成人的存在的最为本真的基础。也正因为如此,胡塞尔在他的全部学术生涯中在批判"试图抹杀心理现象本质特征"的实验心理学时特别指出,"最坏的心理学,就是正统的行为主义"[②]。美国分析哲学家约翰·塞尔认为,"行动,就其特性而言由两部分组成,即由心理部分和物理部分组成",其中,"心理部分是一种意向":理解人类行为的"关键性的概念是意向性的概念"。他并进一步指出,"那些完全承认这些事实(意指人的意向性存在——引者注)的人文科学,如经济学,就比那些一开始就试图否定这些事实的学科,如行为主义心理学,取得了大得多的进展。把不包含意向性的系统当作有意向性的系统来研究(意指当代认知心理学——引者注)是拙劣的科学,同样,把有内在意向性的系统作为没有

---

① [德] 胡塞尔:《现象学的观念》,倪梁康译,上海译文出版社1986年版,第39页。
② [美] 施皮格伯格:《现象学运动》,王炳文、张金言译,商务印书馆1995年版,第200页。

意向性的系统来研究（意指行为主义心理学——引者注）也是拙劣的科学"①。德国哲学家恩斯特·卡西尔以更加宏观的背景、更加开阔的视野、更加冷静的态度和更加中肯的语言指出，"近代哲学开端于这样一个原则——我们自身存在的自明性是坚不可摧、无懈可击的。但是心理学知识的进展几乎根本没有证实这个笛卡尔主义的原则"。这里，他当然是在利用"心理学知识的进展"来论证他对近代哲学之"开端"的否定，但同时也流露出对现代心理学之"进展"的无可奈何的失望。于是，他又特别地进一步指出，"但是，一种始终如一的彻底的行为主义是不足以达到科学的心理学这个目标的。它能告诫我们提防可能的方法论错误，却不可能解决关于人的心理学的一切问题"。②（——文中重点号为引者所加）

因此，虽然华生所倡导的行为主义作为心理学因为"符合于"自然科学的内在性质而得到了普遍的接受，但是如果把这一切放置在关于心理学按照它的内在本性必然是什么追问的批判的反思空间加以考察，我们就会看到，华生关于行为主义作为心理学的论证，是以放弃心理学按照它的内在本性所必然是的存在为代价的。所以，心理学认同于华生所倡导的行为主义，或者说，心理学作为行为主义的实现，同时也就是它相对于它自己的内在本性的自我异化。以上文论证及其结论为背景，我们不难预言，所有以华生意义上的"行为"范畴为基础的理论体系及其统一性，都必将是如瓦托夫斯基所指出的那种"空想的体系"和"痴想的统一性"。③ 而且，当我们对构建这些"理论体系"的思想活动加以考察时，我们还将发现，这些思想活动都因为受制约于关于心理学作为自然科学的思想的逻辑强制力而失去其自然性，西格蒙·科克把这种思想活动称为"失去意义的思想活动（ameaningful thinking）"④。

（该文刊于《学术交流》2013 年第 10 期，第二、三作者李瑾、王栋）

---

① [美] 塞尔：《心、脑与科学》，杨音莱译，上海译文出版社 1991 年版，第 53、49、125 页。
② [德] 卡西尔：《人论》，甘阳译，上海译文出版社 1985 年版，第 3—4 页。
③ [美] 瓦托夫斯基：《科学思想的概念基础——科学哲学导论》，范岱年译，求实出版社 1989 年版，第 13 页。
④ Leary, D. E., "One Big Idea, One Ultimate Concern: Sigmund Koch's Critique of Psychology and Hope for the Future", *American Psychologist*, Vol. 56, No. 5, 2001, pp. 425–432.

意识实在与行为主义革命的破产

在与行为主义有关的心理学中，最富戏剧意义的，莫过于"意识"范畴的历史命运了：前行为主义心理学普遍地以"意识"范畴为前提，行为主义彻底否定了"意识"范畴的科学合法性，后行为主义心理学的发展则又普遍地表现出了向"意识"范畴的"回归"趋势。这是感性地摆在我们面前的西方心理学史。如何理解这一历史并揭示其内在逻辑，一直是心理学家孜孜以求的目标之一，因为它涉及关于心理学是什么以及心理学应如何发展等基础性元理论问题的解决，涉及心理学的理论同一性问题。

一 意识的实在性及其对心理学理论同一性的关系

埃里克森曾创用"同一性"概念来理解个体发展的青春期，认为青春期是个体寻求并确立自身同一性的发展阶段；同一性作为个体作为社会存在之独特身份，是通过对过去与现在的反思和对未来的设想而建立起来的，是个体的诸内部要素与环境的诸外部要素之间的整合状态；正是同一性规定了个体之所是的特定的内涵和边界；个体人格之健康与否及其作为社会存在之功能发挥等，均取决于其自我同一性的形成和确立。与库恩的范式理论相比，借用埃里克森的同一性理论来解决心理学史，或许能够更深刻地揭示行为主义革命的历史本质，因为库恩的范式理论只是对科学发展一般模式的一种描述性说明，而埃里克森的同一性理论，若类比引申到对心理学科的理解，则直涉心理学历史发展的动力过程本身。从这个意义上说，心理学的存在与发展，依赖于它的理论同一性的确立。

心理学，就这个词在希腊文中的词源学含义而言，是指关于"灵魂"的知识或学问。随着西方文明及其世界观的发展，这个词的理论含义也经历着一个不断的历史演化过程。作为关于灵魂的知识的这种理解方式，盛行于希腊古典时代和欧洲中世纪。其中，古典时代的这种理解方法，反映了并表征着古希腊人探问世界是什么的本体论追究的理论冲动；而中世纪的这种理解方式，则反映了这个时期的心理学思考的宗教性质和宗教基础。在近代，心理学被理解为是关于"心灵"的研究。这种理解方式是西方近代哲学"认识论转向"的产物，并必须在"认识论转向"的哲学史背景中才能被理解。在现代意义上的心理学诞生的初期，它被理解为是关于"直接经验"（冯特，以及柯勒等）或"心理活动（过程）"（詹姆斯，以及布伦塔诺等）的"科学"研究。20世纪初，随着行为主义思潮的兴起，它又被理解为是关于（客观的、可观察的）"行为"的研究。50年代后兴起的认知心理学和人本主义心理学，最终塑造了目前通行的关于心理学的理解方式，即关于"行为和心理过程（活动）"的科学研究。（上述界定中的"科学"的特殊规定性，是现代心理学的方法论基础，即实证自然科学的客观方法。）因此，一般认为，现代心理学诞生之后的发展，经历了一个从主观到客观，再从客观到主观的"否定之否定"的过程。

无论是"灵魂"或"心灵"，还是"（直接）经验""心理活动（过程）"等，虽然它们作为概念之被提出的历史背景以及它们各自所承载的历史内涵不同，但就它们之被提出的人类学冲动而言，则是相同的：它们都是人类试图对自身精神生活世界作为一个存在领域加以把握的理论产物。用不带任何历史的及理论的偏见的话来说，人的精神生活世界就是人类意识。因此，我们也可以说，心理学是关于（人类）意识的科学研究。虽然对意识的不同的理解方式，各自可以成就一个不同的心理学体系，但就现实的人类历史而言，对意识的理解方式的变更不是偶然的，而具有内在的逻辑关联。前述西方心理学史的感性存在，正是以对意识的理解方式的内在矛盾的历史展开为基础的，并构成这一历史展开过程的理论体系的表达形式。

从本文论题出发，我们在这里需加以追问的有两个层次的问题。其一，意识是否具有实在性？其二，行为主义所否定的"意识"范畴，其特殊的内涵或规定性是什么？

假若我们在直观的基础上相信，在人之外独立地存在着一个不依赖于人的物理实在，那么，在产生这一信仰的同一个直观的基础上，我们也应该相信，作为人的意识的心理实在，至少是同样真实地存在着的，其真实性绝不亚于外部物理实在。事实上，人对物理实在和心理实在的信仰是同源的，并都与人类自身的历史同样久远，这正如卡西尔所说，"从人类意识最初萌发之时起，我们就发现一种对生活的内向观察伴随着并补充着那种外向观察"；"在对宇宙的最早的神话学解释中，我们总可以发现一个原始的人类学与一个原始的宇宙学比肩而立"①。对任何一个心智正常的人而言，意识和自我意识的存在，是我们在日常生活中首先接触到的、最直接、最熟悉、最真切、最基本的事实，其他一切事实都以这一事实为基础："思维的存在，确切些说，认识现象本身，是无疑的"，它的"存在认识问题的开端已经被设定了……诸思维表现着一个绝对内在的被给予性领域"②；对人而言，"最先出现的并非物理对象的世界，并非自然科学研究的'自然'的世界。自然科学是很晚才出现的错综复杂的人类思维的产物"③。无论是人类的生存状态，还是人类的认识成果，都在为我们提供着论证：意识作为一个存在领域，具有不可还原的实在性。西方有些学者，特别是人文传统的学者，将意识的这种不可还原性称为"意识的本体论"或它的"本体论地位"④。

所以，就"心理学"的原本含义或就它的理论同一性而言，正是意识作为一个实在领域构成了它的合乎逻辑的基础：它的首要前提是在理论态度上对意识的"本体论"承诺，就像物理学的前提是对物理实在的本体论承诺一样；它的基本任务是要对意识的"本体论"加以论证和阐明。在此基础上，它才有可能发展成为一门逻辑上完备的科学体系。任何时候，当心理学作为关于"意识"的研究在理论上陷入危机（埃里克森的"同一性危机"）时，应当引起我们怀疑的，不是意识的实在性，而是隐含于其中的关于意识实在的理解方式。这就是上面所追问的第二个层次的问题。

---

① ［德］卡西尔：《人论》，甘阳译，上海译文出版社1985年版，第5页。
② ［德］胡塞尔：《现象学的观念》，倪梁康译，上海译文出版社1986年版，第39页。
③ ［德］卡西尔：《语言与神话》，于晓等译，生活·读书·新知三联书店1988年版，第152页。
④ R Ellis, *An ontology of consciousness*, Leiden/Boston: Martinus nijhoff Publishers, 1986, p. 1.

二 前行为主义心理学的意识观矛盾

前行为主义心理学，至少就其主流而言，无疑是一种意识心理学。它本身经历了一个历史发展过程，即从冯特意义上的德国实验心理学向以詹姆斯为代表的美国机能主义心理学的过渡。正是孕育于这一过程之中的关于意识实在的理解方式的矛盾，最终导致了行为主义革命。

实验心理学最初在德国是作为哲学而诞生的，并且是由冯特在现代哲学背景下以近代哲学精神为基础而建立起来的。① 在这个背景中，冯特意义上的德国心理学，乃西方哲学在从它的近代形式向它的现代形式过渡过程中所形成的一个带有偶然性的体系，因此就其哲学理念而言，依然属于近代哲学范畴，它对它所研究的"直接经验"（意识实在）的理解方式，在本质上是以笛卡儿的"心灵"实体为前提的——这是一个独立自主而脱离肉体的、与客体世界相对峙、相隔绝的封闭世界。在理论本体论意义上，"心灵"实体是不可能与包括肉体在内的物质实体发生相互作用关系的。实验心理学诞生的宏观时代背景以及由这一背景所决定的它的理论性质，决定了冯特意义上的德国心理学，构成了心理学（和哲学）的一个相对独立的历史：它是在哲学尚未探明由其传统形式的终结而造成的理论危机的实质时以某种不得要领的新颖形式而兴起；当哲学终于探明它的危机的实质并因而得以确立它的现代旨趣之后，它便自然地趋于消亡。事实上，在德国，随着第一次世界大战的爆发、纳粹政权的形成以及随后的第二次世界大战的爆发，作为理论科学的冯特意义上的实验心理学瓦解了。②

然而，实验心理学并未因此而销声匿迹。实验心理学史上富有戏剧意义的另一个事件是，它根植于德国，却在美国遍地开花。美国乃一个实用主义的国度。正是这一文化背景决定了实验心理学在美国的发展轨迹。一方面，实用主义文化背景不仅改变了实验心理学的理论旨趣：它不再追问意识的构成要素及其组合规律，而愿意接受进化论的影响而探

---

① 高申春：《十九世纪下半叶德国心理学的理论性质》，《长春市委党校学报》2001年第5期。
② M Kusch, *Psychologism*, London: Routledge, 1995, pp. 219-224.

究意识对有机体适应环境的功用价值，从而造就了心理学在美国的"繁荣"局面，而且也决定了心理学对进化论的误解，从而使心理学的理论性质发生蜕变；另一方面，它又为德国心理学的意识观向美国心理学的潜移提供着保护伞的作用，从而造成美国心理学的意识观矛盾。

　　进化论本身隐含着一个对心理学而言在逻辑上可接受的理论思维方式，即将意识实在理解为有机实在的一个方面，并试图从有机生命的进化过程出发，来理解意识实在与有机体实在之间的历史同一性关系。[①] 然而，实用主义文化在规定美国心理学在空间意义上探究意识实在对有机体实在的功用价值的同时，又障碍了它对这种功用关系的时间逻辑的本质的思考，从而既未能揭示进化论所隐含的上述理论思维方式，又未能确立心理学的理论同一性。所以，实验心理学在美国的"繁荣"，并不是因为它终于探明了自己的问题的真实性质并确立了自己的理论同一性而寻求到一正确的发展道路——事实上，正如本文所要论证的，在美国心理学这种"繁荣"表象的底层，却一直在深沉地回荡着危机的破裂声，就像行驶在北冰洋上的英轮泰坦尼克号一样——而是因为它接受了进化论作为一种外部力量的刺激作用。从这个意义上讲，（美国）实验心理学就不再是心理学了，而蜕变为进化论的一个组成部分，这种意义上的心理学，本来就是生物进化论的题中应有之义。

　　与此同时，实用主义还培育了美国人极端推崇有用知识的人生哲学及其反理智主义的理论态度：他们不愿意深思熟虑地探究事物的本质。将追本溯源的抽象科学斥之为"伤风败俗的欧洲货色"，并集中表现在"有用就是真理"的真理观上。在心理学真理观问题上，他们同样采取这种功用价值观而认为：意识实在是有用的，它的功用就在于帮助人（有机体）适应环境；意识的功用性是我们相信它的存在的唯一正当的理由，至于意识是什么这样抽象的形而上学问题，心理学可以不必关心；心理学的任务正在于阐明意识的功用，亦即意识如何活动从而有助于有机体生存的具体机制。在这样的文化背景中，对美国心理学而言，德国心理学的意识观不仅不是不可接受的，而且事实上，正是这种文化背景才使美国心理学不自觉地接受了德国心理学的意识观，德国心理学的意识观

[①] 高申春：《进化论与心理学理论思维方式的变革》，《南京师大学报》（社会科学版）2000年第2期。

亦借此潜入美国心理学之中。

所以，美国（机能）心理学一方面接受德国心理学的意识观，将意识实在理解为一个独立于身体的自足的实体存在（心灵）；另一方面又接受进化论的影响，试图理解意识如何指导有机体适应环境而生存。这是一个不可调和的逻辑矛盾，并集中体现于詹姆斯的意识观矛盾。詹姆斯一方面接受进化论而主张"大脑机能论"，（似乎）承认意识实在与有机体实在之间具有某种同一性，并特别强调意识对有机体具有指导其活动（行为）以达到生存目的的因果效应；但另一方面又在意识流学说特别是心身关系理论中否定了这种可能性：他的意识流学说隐含着"思想自身就是思想者"的意思，从而把意识经验理解为一种不依赖于身体而自足的实体存在，而他的心身关系理论则是一种平行论，认为"意识状态的系列与大脑过程的系列一一对应，其间没有任何中介"[①]。詹姆斯意识观矛盾通过芝加哥学派的发展，为行为主义革命提供了一个很好的理由，正如黎黑所深刻地指出的那样，"机能主义者认为心灵具有适应功用，但他们却未能跳出19世纪那陈腐的形而上学的局限而同时坚持严格的心身平行论，由此引起一个矛盾。华生正是利用这一矛盾而掀起行为主义革命并建立行为主义的"[②]。虽然机能主义者在寻求实验心理学的出路并使之走向客观化的同时，"仍想要保留与进化过程不可分割的意识作为心理学的必要成分"[③]，但以华生为代表的行为主义者却不能容忍机能主义的意识观矛盾，于是彻底抛除意识概念而发动了行为主义革命。

三　行为主义革命的理论实质

1913年，华生在《行为主义者心目中的心理学》一文中，不仅全面否定传统意识心理学，而且将心理学确立为"自然科学的一个纯粹客观的实验分支"，从而构成行为主义的革命宣言。确实，作为当时心理学内

---

① W. James, *Principles of psychology* (Vol.1), New York: Holt, 1890, p.182.
② T H Leahey, *A history of psychology: main currents in psychological thought*, NJ: Prentice-Hall, 1980, p.375.
③ T H Leahey, *A history of psychology: main currents in psychological thought*, NJ: Prentice-Hall, 1980, p.274.

外各种力量共同作用的结果，华生的宣言不仅是"大胆"的，而且是"简单明了"的，并逐步发展成为统治实验心理学长达半个世纪之久的一个心理学流派。

就其对心理学的历史逻辑所具有的可能的意义而言，行为主义革命隐含着两种在理论逻辑上相互不同，甚至相互对立的结果：其一，在否定传统意识心理学理论前提的同时，对作为实验心理学终极理论关怀的，或者说对它作为一门科学的唯一合乎逻辑的基础的意识实在，作出符合它自身理论性质的科学论证，从而奠定实验心理学的理论基础、确立实验心理学的理论同一性论；其二，在否定传统意识心理学理论前提的同时，连同这个前提试图把握的"意识"的理论本体论意义一起加以否定，从而使实验心理学丧失自身存在的逻辑基础或理论同一性。华生提出行为主义纲领，只是在否定传统意识心理学理论前提这个意义上，才构成实验心理学史的一次具有进步意义的"革命"。但这一革命所导致的结果，或者说由它所实现的现实的历史意义，至少就理论而言，则是完全消极的，因为对历史而言不幸的是，华生正是在上述第二种意义上发动行为主义革命并被实验心理学家们普遍接受的。因此我们不难预言，华生意义上的行为主义纲领作为实验心理学历史逻辑的一个环节，当它的理论逻辑被充分展开之后，必将又一次地使整个实验心理学的理论基础趋于崩溃，并迫使实验心理学回到华生"革命"的起点，重新建立一种关于意识实在的理解方式。至少就实验心理学的行为主义传统而言，这就是又过了半个世纪之后，以班杜拉为代表的社会学习理论家们，试图在重新论证意识实在性的基础上，改造或扬弃传统行为主义的种种理论努力的历史逻辑的本质之所在。

在以"思维的历史和成就"为基础的人类"理论思维"的范围内，对意识实在的论证，并因而对心理学理论同一性的确立，可以以在本质上是同一的，但在历史和现实中却表现为相互分离的两种方式被展开。其一，以作为一种理论思维方式而不是其历史形态的生物进化论为基础，揭示意识实在与有机体实在之间的历史同一性关系的本质；其二，以人类对自身精神生活作为一个存在领域的理论的本质直观为基础，对它进行深思熟虑的思辨的反思把握。事实上，正是对意识的这两种不同的把握或论证方式，决定并构成了心理学作为一门理论学术的两个传统，即科学心理学传统和人文心理学传统。在任何时候，对意识作为一个实在领域的任何形式的把握或论证，甚至包括常识的、宗教的、灵学的等，都必将揭示人类行为的意向本质，从而暴露作为物理自然主义世界观在实验心理学中之特殊表现的华生意义上的行为主义之荒谬性。这正如黎黑在分析19世纪"新的科学的自然主义和对超验的精神实在的古老信仰之间的冲突"时所指出的那样，"再没有比认为我们只是既没有灵魂也没有自由意志的化学机器更令人难以置信的了"①。

在欧洲大陆人文主义传统，特别是作为它的现代形式之先驱的胡塞尔及其现象学看来，意识作为一个实在领域，是一个"无疑"的、"不具有超越之谜"的、"明证"的、"绝对内在的被给予性领域"，②它不仅是我们一切理论建构的出发点，而且构成人的存在的最为本真的基础；意识作为一个实在领域的基本特征是它的意向性，探明意识的意向性结构正是现象学的理论旨趣之所在。在这个意义上，现象学本身可以被理解为心理学的一种特殊的理论形态。一些身为哲学家，同时又非常熟悉实验心理学及其历史的西方学者，作为实验心理学的旁观者，亦清楚地看出了行为主义及其革命的理论实质。美国分析哲学家塞尔认为，"行动，就其特性而言由两部分组成，即由心理部分和物理部分组成"，其中，"心理部分是一种意向"；理解人类行为的"关键性的概念是意向性的概念"。并且，他进一步指出，"那些完全承认这些事实（意指人的意向性存在——引者注）的人文科学，如经济学，就比那些一开始就试图否定这些事实的学科，如行为主义心理学，取得了大得多的进展。把不包含意向性的系统当作有意向性的系统来研究（意指当代认知心理学——引者注）是拙劣的科学，同样，把有内在意向性的系统作为没有意向性的系统来研究（意指行为主义心理学——引者注）也是拙劣的科学"③。德国哲学家卡西尔以更加宏观的背景、更加开阔的视野、更加冷静的态度和更加中肯的语言指出，"近代哲学开端于这样一个原则——我们自身存在的自明性是坚不可摧、无懈可击的。但是心理学知识的进展几乎根本没有证实这个笛卡儿主义的原则"。这里，他当然是在利用"心理学知识

---

① T H Leahey, *A history of psychology: main currents in psychological thought*, NJ: Prentice-Hall, 1980, p.176.
② ［德］胡塞尔：《现象学的观念》，倪梁康译，上海译文出版社1986年版，第39页。
③ ［美］塞尔：《心、脑与科学》，杨音莱译，上海译文出版社1991年版，第53、49、125页。

的进展"来论证他对近代哲学之"开端"的否定,但同时也流露出对现代心理学之"进展"的无可奈何的失望。于是,他又特别地进一步指出,"但是,一种始终如一的彻底的行为主义是不足以达到科学的心理学这个目标。它能告诫我们提防可能的方法论错误,却不可能解决关于人的心理学的一切问题"①。

  行为在本质上是意识的,意向性构成它的一个不可分割的内在的组成部分。所谓"客观"的行为,只能是实验心理学家的臆想。一个有效的行为理论体系,取决于它对作为行为之本质的意识实在作出心理学的理论建构。这注定成为以班杜拉为代表的社会学习理论家的历史使命,正如班杜拉自己所指出的那样,"心理实在及其对行为的因果决定性是不可否认的,我们不能因为由人类对这种实在的错误把握所导致的理论危机而否认这种实在本身;任何关于人类行为的有效理论体系,都必须包容对心理实在的阐释,虽然这种阐释的性质直接决定着理论的效度"②。

[该文刊于《南京师大学报》(社会科学版) 2002 年第 1 期]

----

① [德]卡西尔:《人论》,甘阳译,上海译文出版社 1985 年版,第 3—4 页。
② A Bandura, *Social foundations of thought and action*, Englewood Cliffs, NJ: Prentice‑Hall, 1986, p. 14.

弗洛伊德精神分析无意识观念的理论性质

在传统的心理学史背景中，当我们谈论无意识及其观念时，一般都是指弗洛伊德精神分析理论中的无意识概念。精神分析理论及其无意识概念，因为不能得到实验的经验证据的支持，长期以来受到主流的学院心理学的怀疑和拒斥。但是，20世纪心理学的发展为我们提供了多种形式的、在理论上性质各异的无意识观念，从而使人易于联想到弗洛伊德及其精神分析理论。特别是当代认知心理学关于无意识认知过程和内隐记忆的研究，不仅被认为是"意味着弗洛伊德有关潜意识的理论在现代的复活"，而且被认为是"采用实验方法对弗洛伊德学说进行的积极且有益的探索"[1]。然而，这一初步的尝试性的论断还没有在理论上得到系统的论证，这种论证，必将以对作为这一论断之比较对象的两种无意识观念的理论性质的充分讨论为基础，即一方面阐明精神分析无意识观念究竟是什么，另一方面阐明当代认知心理学所研究的无意识认知过程和内隐记忆作为无意识观念究竟是什么。本文试图通过对弗洛伊德据以构建精神分析理论的思想方法的基本特征的分析，揭示精神分析无意识观念的理论性质，以便为进一步探讨当代认知心理学关于无意识认知过程和内隐记忆的研究与弗洛伊德精神分析理论之间的关系，提供一个据以比较和判断的背景和基础。

一 弗洛伊德对无意识领域的信仰

一般认为，弗洛伊德关于人类精神结构中无意识领域的存在的信仰，可以从思想史的意义上追溯到莱布尼茨关于单子的"微觉"学说。莱布

---

[1] 杨治良（等）：《记忆心理学》（第二版），华东师范大学1999年版，第213页。

尼茨关于单子的"微觉"学说，是他的微积分数学思维的类比产物：意识的事实和数学的事实一样，可以无限地分割而渐趋微弱，乃至于在分割的一定阶段上失去意识的属性而成为无意识。所以，单子及其"微觉"在性质上一开始就是纯粹精神性的存在而非物质性的存在，在数学的意义上或可以说类似于现代心理学的域下知觉。莱布尼茨关于单子及其"微觉"的构思，中经赫尔巴特的无意识学说和费希纳关于冰山的比喻而为弗洛伊德所接受。在这个历史背景中，弗洛伊德的独特贡献，在于对无意识领域及其结构和过程的系统而近乎详尽的理论阐发，并在此基础上进一步阐释无意识过程对意识过程的决定关系。

弗洛伊德对无意识领域的存在的信仰，并不完全是对上述理论思维的历史遗产的被动继承，而是辅之以他自己对生活的直观以及他作为临床医生对神经症的观察，从而扩大了无意识观念的含义。关于对生活的直观，每一个心智正常的人，都可以观察到后来被弗洛伊德称之为"前意识"的那种无意识领域的存在及其活动。事实上，正是对"前意识"作为无意识领域的直观，构成了任何一个人，包括莱布尼茨在内，在思想上趋向于无意识领域的最直接的经验基础。关于对神经症的临床观察，特别是在催眠治疗程序中所观察到的那种现象，即患者在催眠状态下所回忆起来的过去经验，在从催眠状态中被唤醒之后，无论患者做怎样的意志努力，也不可能在清醒的意识经验中对之加以意识，是导向无意识观念的最强有力的经验事实。但是，所有这些精神的存在领域，都不是弗洛伊德精神分析理论中被称之为"潜意识"的那种无意识形态，因为弗洛伊德称之为"潜意识"的那种无意识形态，是无论如何也不能被意识的心灵加以自觉或意识的。以上事实，不过是导向对弗洛伊德的"潜意识"作为无意识领域的存在的信仰的引线而已。

正因为精神分析的"潜意识"作为无意识领域的无意识性，它是不可能被意识的思想以及作为思想的理论在直观的意义上直接地把握到的，因而我们也就不可能有任何直接的方式可以对精神分析无意识领域做出说明。对于理解或把握精神分析无意识领域及其观念而言，对以下问题的追问，或许是一个更富启发性的切入点：弗洛伊德是如何通过他的意识的思想达到无意识，进而论证并阐发无意识领域的结构和过程及其对意识的决定关系的呢？对这个问题的追问，必将有助于揭示，弗洛伊德的无意识观念作为本体论是没有保障的，而是作为信仰被理论地构建出来的。对此，弗洛伊德自己也指出，虽然"潜意识的概念是我们无法觉察到的。但是，考虑到其他的证据和迹象，我们无论如何也应该准备承认它的存在"①。

弗洛伊德之所以坚持"无论如何也应该准备承认"无意识领域的存在，一方面是他的决定论的思想态度和世界观信仰的产物，另一方面也决定于他应对无知领域的个人的理论策略。这里必须首先明确，弗洛伊德构建关于无意识领域的精神分析理论的最初的动机和真实的目的，是要对意识的心理生活如梦、日常生活、神经症等做出理论阐释，而不是像在后人中普遍流行的一种误解那样，要用意识的光芒照亮无意识的黑暗。这个问题对弗洛伊德及其后人具有不同的意义：对弗洛伊德而言，无意识领域的存在是需要加以论证的；对后人而言，因为弗洛伊德已经为我们提供了关于无意识领域及其与意识的关系的论证，于是便易于发生一种理解的倒转，认为无意识的过程可以通过意识的分析而把握到。

弗洛伊德是一个坚定的决定论者，认为人的思想、情感、行动等一切意识的生活过程，都是被决定的，而不是偶然的。那么，决定人的意识的生活过程的原因是什么呢？在弗洛伊德的时代，至少就弗洛伊德所关心的，并拥有丰富的经验观察基础的梦、神经症以及作为病理学的日常生活现象而言，尚不能在意识的、理性的知识范围内得到理解。因此，假定它们的原因存在于意识之外，梦、神经症、日常生活等作为意识的心理生活，乃意识之外的某种无意识及其活动的表象，并不是完全没有逻辑的可能性的。事实上，因为弗洛伊德已经拥有关于无意识领域的存在的信仰，所以，如果他能够在理论上构想出无意识领域的结构及其活动过程，并以某种方式在无意识活动过程与意识的活动过程之间"发现"某种联系，那么，他便能够同时实现两个理论目标，即对意识过程的决定论阐释和对无意识领域及其结构和过程的论证。

关于弗洛伊德的决定论的思想态度及其通过对无意识领域的构建实现对意识的决定论阐释的认识论性质，可以通过由海德所揭示出来的人的认识论本性得到更有效的把握。在海德看来，人天生地要超越自己的感觉而达到对感觉背后的因果实在领域的把握。海德深受现象学思想传统的影响，认为对现象的感觉和对现象背后的因果实在的把握，是两种

---

① 车文博（主编）：《弗洛伊德文集》（第3卷），长春出版社2004年版，第339页。

不同的意识模式，其中，前者构成意识的本真，后者则是意识的活动的成就，实质上是人作为认识主体赋予感觉经验以意义的过程和结果。对弗洛伊德而言，他所直接拥有的，是对梦、日常生活以及神经症等的直观经验，但他又不能在意识的范围内获得对这些直观经验的意义的理解。因此，他对无意识领域的存在的信仰，便为他提供了寻求意识经验之意义根源的可能的理智空间；正是在无意识领域内寻求意识经验之意义根源的可能性，激发了他对无意识领域的探索热情，如果他能够以某种方式在无意识领域内寻求到意识经验的意义根源，那必将反过来强化他对无意识领域之存在的信仰。从这个意义上说，精神分析就是弗洛伊德对他自己实践在无意识领域内寻求意识经验之意义根源的系统的方法论阐释。

二 弗洛伊德对无意识领域的论证

弗洛伊德能否在无意识领域内寻求到意识经验的意义根源，对于他自己构建精神分析理论体系而言，是一个根本性的方法论步骤；而揭示他如何在无意识领域内寻求到意识经验的意义根源，或者说，揭示他如何在所构想的无意识结构及其活动过程和意识的活动过程之间"发现"某种意义联系，对于我们理解精神分析无意识观念的性质而言，是一个关键性的解释学程序。事实上，弗洛伊德在无意识领域内寻求意识经验的意义根源，也就是他对无意识领域的"论证"；正是他对无意识领域的"论证"方式，决定了精神分析无意识领域的理论性质。我们可以通过分析弗洛伊德的典型的精神分析程序，来把握他对无意识领域的论证方式，进而把握其无意识领域的理论性质。

在《日常生活心理病理学》一书中，弗洛伊德分析了他的一个旅伴遗忘一个外语单词 aliquis 这一日常生活现象，并通过分析"揭示"了这位旅伴遗忘 aliquis 这个外语单词的潜意识动机：在作为自我防御机制的意义上，"否认"他因为与一位女士发生性关系而使之怀孕的事实以及由此引起的焦虑情感。[①] 正是在分析的过程中，弗洛伊德"发现"了意识经

---

① 车文博（主编）：《弗洛伊德文集》（第 1 卷），长春出版社 2004 年版，第 173—175 页。

验的潜藏在无意识之中的意义根源：按照西方文字的构词规则，aliquis 可以分解为 a－（"无"的意思）和－liquis（"液体"的意思）两个部分，因而暗示了液体不出现的主题，遗忘 aliquis 就是"否认"液体不出现的事实，或者说是希望液体出现的愿望的反向形成；这位旅伴在自由联想过程中联想到了很多圣人的名字，如圣·奥古斯丁（St. Augustine）、圣·简纳利斯（St. Januarius）等，而这两个名字恰巧在字形和发音上与时间观念即 August（八月）和 January（一月）这两个月份有关，暗示着某种时间的规则性；他在联想过程中还想到了宗教仪式中的某些圣事典故，如节日来临时血会"神奇地变成液体"，若不变成液体则会出现"干扰"和"公开的威胁"等；联想过程中所想到的"圣人""圣事"等，又暗示了处女的圣洁这一主题；同时，他在联想过程中还想到了"一个很不错的老绅士，他是一个真正的处男，其外表看上去像一个寻找食物的大鸟"，似乎又暗示着某一行为的主题。在弗洛伊德看来，所有这些意识经验的主题结合在一起，又与另一个无意识的主题，也就是那位旅伴在意识的自由联想过程中始终意识不到的一个主题，即：女人定期产生月经、怀孕使月经停止，具有某种相似性，如果能够赋予这种相似性作为"联系"以必然性的意义，那便"证实"了无意识的观念和过程及其对意识的观念和过程的决定关系。

那么，弗洛伊德是如何赋予这种相似性作为"联系"以某种必然性意义的呢？在这里，应该特别引起注意的是，因为赋予或"揭示"这种相似性作为"联系"以必然性的意义，就是对无意识的观念和过程及其对意识的观念和过程的决定关系的"论证"，所以它便构成我们据以理解弗洛伊德的精神分析及其无意识观念的全部秘密的关键所在。在上述分析案例中，弗洛伊德所分析的每一个意义要素都是有意义的，并且是符合某种逻辑的：关于将 aliquis 分解为 a－和－liquis 的分析，符合语言学的构词逻辑；圣人圣事之"圣"与处女之圣洁之"圣"之间的联系，符合语词及其意义的历史发生的词源学逻辑；关于"处男"作为"一个寻找食物的大鸟"的形象，则符合人类隐喻思维的习惯逻辑的本性等。然而，所有这些具体的意义要素之间的"联系"，以及上述意识的主题与弗洛伊德所"分析"出来的无意识主题之间的"联系"或相似性，则是偶然的而不具有逻辑的必然性，它起源于人类思维在把握具体的意义要素时所形成的意义的抽象结构。所以，以这种方式赋予意识的主题与无意识主题之间的相似性作为"联系"以必然性意义的全部努力，其理论动机应该在弗洛伊德应对无意识作为无知领域的思想方法中得到更合理的解释：他是以对无意识领域的理论信仰为出发点的，然后以各种方式，甚至是牵强附会的方式，来"阐释"无意识领域与意识经验之间的关系。这就是他为什么在《精神分析引论》一书的开篇部分反复地，甚至是不厌其烦地强调"思想态度"的重要性的原因之所在：他信仰无意识的真理而否定意识经验的意义，甚至把意识经验说成是"现象界里的废料"①。

上述这个分析案例并不是特别地挑选出来的。事实上，类似的分析案例几乎可以说在弗洛伊德的著作中信手拈来，它典型地代表着弗洛伊德精神分析工作的一般模式，从中可以揭示出弗洛伊德思想方法的基本特征：以一种非逻辑的方式，在人的世界的不同的意义系统和意义要素之间，任意地建立主观的"联系"。否则，他是无法"论证"无意识及其对意识的决定关系、无法建立精神分析体系的。与此同时，为了赋予这种"论证"以科学的色彩，弗洛伊德还要"阐明"无意识领域及其活动如何决定意识经验及其表现形式的内在"机制"，这就是他在理论上构想出的压抑、稽查、凝缩、移置、象征、升华、投射、认同等精神转换机制。或者反过来说也一样，他之所以要在理论上构想出压抑、稽查、凝缩、移置、象征、升华、投射、认同等精神转换机制，就是为了要说明，作为精神分析直接的"分析"对象的意识经验及其表现的主题，乃精神分析试图"揭示"的某种无意识的必然性通过这些精神转换机制而得到表现的产物，因而才"必然"地与后者具有某种相似性。

三　初步结论：精神分析无意识观念的形而上学性质

从以上关于弗洛伊德对无意识领域的存在论信仰及其对无意识领域的"论证"的思想方法的一般特征的讨论，我们不难把握到，精神分析中的无意识观念作为一个存在领域，并不是弗洛伊德因为有什么过人的洞察力而直观到的，而是他为了要寻求意识经验之意义根源以满足他的

---

① ［奥］弗洛伊德：《精神分析引论》，高觉敷译，商务印书馆1986年版，第14页。

决定论的认识论冲动，同时辅之以他的独特的非逻辑的思想方法而在理论上被构建出来的，因而是一个形而上学的存在领域，而不是一个科学的存在领域。正因为如此，对信仰无意识的人来说，弗洛伊德是一个巨人，正是他"发现"了无意识这一精神王国的新大陆；但对于不信仰无意识的人来说，弗洛伊德是一个骗子，所谓无意识，不过是他虚构的一个神话而已。

关于弗洛伊德精神分析无意识观念的形而上学性质，我们可以从以下两个层次来加以理解和把握。首先，作为精神分析理论世界观基础的，并被弗洛伊德称之为"潜意识"的那种无意识形态，按其本性，是在绝对的意义上不可能被意识的心灵加以自觉的，因而我们也就不可能以任何直观的方式对它做出有效的论证。这种意义上的无意识观念作为一个存在领域，是作为信仰首先被承诺而起着支配一切主导作用，因此，在弗洛伊德那里，在他对无意识观念作为一个存在领域的信仰和他对关于这个无意识领域的精神分析理论构建的关系中，不是精神分析的理论构建作为对无意识领域的"论证"的合理性决定他对无意识领域的存在的信仰程度，而是相反，一切理论构建作为"论证"，都必须服务于对无意识领域的存在论信仰。这就是为什么在弗洛伊德著作的翻译实践中，译者可以用"其他相似的梦"，或自己经历的梦，或甚至是"人为编造"的梦来代替原著中的梦例的原因之所在。[①] 从这个意义上说，弗洛伊德并没有完成、事实上也不可能完成对精神分析理论基础的"论证"。

其次，弗洛伊德对无意识领域的存在论"论证"，既不是以科学的归纳方法进行的，也不是以科学的经验验证的方式加以展开的，而是以他自己作为思想家个人的纯粹的主观思辨为基础的。从以上分析案例中可以看到，无论是对于梦、神经症，还是对于日常生活，对任何一个分析案例而言，按照弗洛伊德的方式，对其中出现的任何一个主题的意义进行分析和解释的可能性都是无限的。而且，以这种方式"揭示"出来的无意识，并不是在理论上作为"潜意识"被规定的、在绝对的意义上不可能进入意识经验的那种无意识，而是作为"前意识"的、只是在当下不能被意识到的那种无意识。事实上，在弗洛伊德的著作中，每一个具体的分析案例所"揭示"出来的无意识动机，都是"前意识"意义上的

---

① 车文博（主编）：《弗洛伊德文集》（第2卷），长春出版社2004年版，第10页。

无意识，并因而在广义上是意识的。所以，在弗洛伊德的精神分析体系中，作为理论的无意识主题和作为分析实践的无意识主题是相互分离的，对后者的讨论不能作为对前者的"论证"被接受。作为分析的实践主题的无意识观念，其本体论意义是不难把握的：作为人的生活世界的不同的意义系统之间的非逻辑关系的结果，不同的意义系统之间不能达到相互意识而成为无意识。

［该文刊于《南京师大学报》（社会科学版）2007年第3期］

论班杜拉社会学习理论的人本主义倾向

班杜拉是美国社会学习理论的主要代表。正是他完成了对社会学习理论的逻辑体系的建构，使之与传统行为主义的理论逻辑相决裂，使行为主义推进到一个新的历史阶段。他的思想方法使他自发地走向人本主义，并因此给他的理论体系披上一层浓厚的人本主义色彩，从而使行为主义表现出与人本主义心理学相一致的发展趋势。

一 班杜拉社会学习理论的逻辑体系

班杜拉是在与传统行为主义的继承与批判的历史关系中逐步建立并完善其社会学习理论的。他的全部理论体系的逻辑基础，是他那为人们所普遍拥有的、不被学理的成见所遮蔽的本真的生存智慧，亦即他对人的存在的现实条件和状态的直观把握。他的理论体系的形成是他的理论勇气的产物，即将他对人类行为之意识本性的直观洞见以理论的形式表达出来，而不像古典主义行为者那样简单化地把行为背后作为行为之本质的意识因素加以排除，也不像新行为主义者那样谨小慎微，为学理的成见所遮蔽。纵观班杜拉学术思想的发展过程，在不同的历史时期，他的经验研究的兴趣和理论的内容在表面上经历了若干重大的变化，但这些变化的实质则是他在有关学习问题上所把握到的理论逻辑的历史展开过程，从而构成其社会学习理论的逻辑体系的不同组成部分。

20 世纪 50 年代后期，受塞尔斯关于儿童社会化过程研究的启发，班杜拉注意到了普遍发生于人类社会生活各领域之中的一种基本学习方式，即以师徒关系、正规教育等为手段而实现的知识或行为技能在不同个体之间的相互传递过程，并将这种学习现象称为观察学习，认为一个完善的学习理论体系，不仅应该包容这种学习现象，而且必须就这种学习现象如何可能的心理机制作出说明。① 对观察学习现象的承认和研究，在理论上要求班杜拉突破传统行为主义的人性观，而将主体因素引入对人类行为的获得与表现过程的分析之中，从而建立其一般学习论观点。

　　班杜拉的一般学习论观点是他对人性及其因果决定模式的理智把握，在理论形态上表现为三元交互决定论。三元交互决定论探讨的是环境、行为以及人的主体因素之间的交互决定关系，其中每二者之间都存在着双向的相互决定关系，用图示表达为：$\begin{smallmatrix}&P&\\B&\rightleftarrows&E\end{smallmatrix}$。在行为主义传统的心理学研究中，这个图示隐含着对传统行为主义心理学思想的重大变革：其一，行为绝不仅仅是环境变化的函数，相反，环境的性质一方面决定于行为的激活和主体特征的诱发，另一方面也决定于主体对它的把握；其二，心理学所要研究的绝不仅仅是单项的行为，而是由 P、E、B 三者共同构成的交互系统的整体，即人的机能活动（human functioning）；其三，个体的人格与命运绝不是被动地由环境决定的牺牲品，相反，人可以主动决定环境的性质并发展行为技能，从而获得对主体命运的自我主宰。

　　三元交互决定论中的主体因素，包括人的生物的、社会的及心理的诸属性或能力，特别是表现为思维、认知、表象等的意识的因素或过程。因此，社会学习理论的建构，取决于班杜拉对意识作出一种在科学范式上与行为主义相一致的说明。在这一过程中，班杜拉得益于信息加工心理学的发展。信息加工心理学不仅以历史的方式论证了对内部过程进行科学研究的合理性，而且在理论的前提假定上隐含了对内部因素或意识及其过程的承认，因而它的产生与发展才具有对传统行为主义的革命性质，并保证了无论自觉或不自觉地利用或严格或宽松的认知术语来说明人类行为的各种行为理论，在性质上均属于社会学习理论的范畴。

　　当他的一般学习论观点确立后，班杜拉在20世纪60—70年代对观察学习现象进行了全面研究。观察学习理论的历史意义，绝不限于班杜拉对一种有史以来为行为主义所忽略的基本学习现象的发掘，而更主要地表现在它在行为主义传统内实现了心理学人性观的变革，从而不仅在理论上使观察学习成为可能，而且赋予传统行为主义有关以直接经验为基础的学习现象的经验研究成果以合理的人性基础，并将后者的部分的真

---

① Evans I R, *Albert Bandura: The man and his ideas*, New York, NY: Praeger Publishers, 1989.

理性纳入其社会学习理论体系。① 事实上，班杜拉对观察学习现象的经验研究和理论建构，与他的一般学习论观点的形成过程是同步的。

80年代中期以来，班杜拉的学术兴趣转向了对自我现象的全面考察，特别典型地表现为对自我效能理论的超越其他一切论题的研究热情。在班杜拉的理解中，自我现象就是其三元交互决定论中的人的主体因素在人的心理机能活动中的作用表现，而自我效能现象则是表现为体验、信念、判断、价值观等的人性存在的超越方面，或用他自己的话说，是自我的"现象学方面"，它渗透、弥散于人的机能活动的各个领域，并通过选择、思维、动机及心身反应等中介过程决定着个体人性潜能的发挥。因此，在一定的限度内，个体必须对自己的存在负责，他必然构成自己未来命运的设计者。

由此可见，班杜拉的全部理论的基础，是表现为他的人性观理论的他的一般学习论观点。三元交互决定论、观察学习理论、自我效能理论等，均是其一般学习论观点的逻辑产物，并构成对其一般学习论观点的理论逻辑的历史方式的实现。这些相对独立的理论形式，有机地组成了他的社会学习理论的逻辑体系。

二　班杜拉社会学习理论的人本主义倾向

班杜拉从来不是一个传统意义上的人本主义者，他在学术上也极少与人本主义传统发生联系，但他的思想方法和他的理论发展道路却决定并表明，他最终走向了人本主义。早在1977年他就指出，"行为理论的分析一般说来是一种现象学的研究，在这些分析中，主要强调的是自我概念，它与想象中忽视自我评价经验的行为的研究方向是不相容的"②，从而将自己置于与传统行为主义相对立的位置。至于他的行为理论的现象学研究是什么，虽然他从来未给出系统的论证，但从他的理论体系的性质及其发展趋势看，那就是他对行为的主观性及其对行为的决定关系

---

① 参见高申春《人性辉煌之路》，湖北教育出版社1999年版。
② [美]班杜拉：《社会学习理论》，陈欣银、李伯黍译，辽宁人民出版社1989年版，第133页。

的理论把握，实质上相当于人本主义所理解的行为，而不是传统行为主义剥离了其意识层面的那种抽象的行为。及至 1986 年，他的人本主义态度更趋明显："在强调人性潜能的开发和自我指导能力的发展方面，社会认知理论与人本主义心理学拥有很多共同的主题。"①

关于班杜拉及其理论的人本主义性质，历史学家们亦已达成共识。黎黑在展望心理学发展趋势时指出，"行为主义和人本主义心理学似乎对恢复友好关系进行摸索"②。他是从对行为主义和人本主义之间的历史关系的考察中得出这一结论的，就行为主义方面说，他据以作出此论的基础正是班杜拉的社会学习理论及其发展趋势。萨哈金更明确地指出，"班杜拉的社会学习理论与人本主义心理学是互相呼应的，其中包括与人本主义的价值观和伦理学的相互默契与投合"。③

班杜拉及其社会学习理论的人本主义倾向，既不是在当代人本主义心理学强劲发展势力的胁迫下勉强为之的，也不是由于他晚年致力于自我效能现象的研究才偶然表现出来的，而是由他的一般学习论观点决定的，即由他相信人的思维、认知等主体因素对行为具有原因性质的影响这一理论信仰决定的，因而在人性观问题上达到了与人本主义的趋同。从其理论体系来看，他的人本主义特征决定并体现于以下两个方面：一是对意识的理论本体论建构，表现为他利用认知心理学的观点和术语来说明内部因素或过程及其与行为之间的关系；二是强调人在其心理活动过程中的主体地位，表现在他具体分析了人的基本能力以及这些能力如何介入心理的机能活动系统之中的机制。正因为如此，他对心理学一系列基本问题的论证，与人本主义者殊途同归，只是在所有这些问题上，他的观点不像人本主义者那么极端而已。

对人本主义者而言，行为就是意识，意识就是行为，人拥有对自我行为的绝对自由，这是不需要加以论证的自明真理。班杜拉以其生存直觉地把握到了这一点，因而在行为主义传统内，虽然他承认环境必然地

---

① Bandura A，*Social foundations of thought and action*，Englewood Cliffs，NJ：Prentice – Hall，Inc，1986.

② ［美］黎黑：《心理学史——心理学思想的主要趋势》，刘恩久等译，上海译文出版社 1990 年版，第 500 页。

③ ［美］萨哈金：《社会心理学的历史与体系》，周晓虹等译，贵州人民出版社 1991 年版，第 811 页。

对行为施加某种影响，但他同时也相信，在环境影响和生物基础的限度内，人具有行动的自由。

人本主义者将人的主观性视为世界的终极基础，认为世界的存在依赖于人对它的觉知。与此相类似，班杜拉赋予环境以潜在性质，认为纯粹客观的环境是没有心理学意义的。一个环境事件，只有当它被主体加以注意和认知表征后，才能进入主体心理的机能互动系统，从而获得对行为的决定力量。这就是班杜拉社会学习理论的建构论，而建构论正是各种人本主义体系的基本特征之一。

在传统行为主义的任何体系中，人是没有自我的，因而造成它与人本主义心理学的历史的对立。但是，班杜拉对自我现象的关注不仅贯穿于其学术生涯的始终，而且还占据了其晚年的全部研究兴趣，从而在行为主义传统的心理学内开辟了一个崭新的研究领域。对自我现象的关注，一方面为班杜拉架起了一座通向人本主义的桥梁，另一方面也注定了他与传统行为主义的分道扬镳。

人性潜能假设和自我实现理论是人本主义对心理学思想的独特贡献，并构成几乎所有人本主义心理学家理论兴趣的核心。班杜拉通过对人的个体属性和类属性的关系的考察，同样达到了人性潜能及其自我实现思想。他认为，某一个体在他的活动领域内所取得的、人类在其全部历史中未曾取得的成就，一旦进入人类普遍经验，便转化为他个体人性发展的潜能；自我实现就是个体在其生活实践中逐渐获得人类普遍经验的某种具体形式的社会化过程。

寻求与世界的合一是人本主义心理学的人格理想。班杜拉虽然没有直接论证这种人格理想，但在对有关以自我评价机制为基础的内在动机的论述中，他同样强调这种状态对个体人格及社会的发展所具有的重大意义。例如艺术家从事创作活动，并非想以此获得某种外部奖赏，而取决于他对创作活动及其作品的自我评价，即赋之以某种意义；在这种创作活动中，创作主体将自己的存在融入对象世界，从而获得自我存在的根基，并在改变对象世界存在方式的实践中实现自身存在的价值和意义。

以上是在若干重要方面就班杜拉社会学习理论所表现的人本主义倾向加以列示。事实上，班杜拉对主体因素的强调决定了他的全部理论体系都渗透着人本主义的精神。虽然这种精神不是用任何传统的人本主义理论术语表达出来的。所以，虽然班杜拉以行为主义为出发点，却以他的独特方式走向了人本主义，从而发展出一种"人本主义的行为主义"体系。

三　班杜拉社会学习理论的历史性质

班杜拉社会学习理论本质上是一种行为理论体系，在西方心理学诸历史传统中隶属于行为主义范畴。但是，由于班杜拉承认并强调主体因素对人类行为的获得与表现和对人性潜能发挥的决定性，并利用信息加工心理学的观点和术语来说明主体因素及其对行为的因果关系机制，这使他的理论一方面越来越多地表现出认知心理学的特征，另一方面也表现出对传统行为主义的超越。对此，我们必须加以审慎地历史评判：我们不应该根据历史的表象来理解、定位历史人物，而应该相反地通过对历史人物的分析来理解历史的表象、把握历史的逻辑。

就其行为主义性质而言，在行为主义的历史中，班杜拉的社会学习理论构成一个转折点：就行为主义以否定意识的根本特征的狭隘意义而言，他的理论超越了行为主义的逻辑，或终结了行为主义的历史；就行为主义以行为为心理学研究对象的广泛含义而言，他对意识的理论建构赋予了行为主义以合理的人性基础，并为在历史中作为心理学两大对立基础的行为主义和人本主义的结合提供了一个历史的范例。

20世纪50—60年代构成了心理学大蜕变的一段历史，其时，传统行为主义陷入深重危机而步履维艰，而信息加工心理学和人本主义心理学则正在崛起。其中，信息加工心理逐渐取代传统行为主义，发展为主流的学院心理学的统治形式；而人本主义心理学，至少在当时，显得是与行为主义水火不相容的。黎黑在回顾这段历史时指出，这种大蜕变最明显的迹象，是1963年召开的一次题为"行为主义和现象学：现代心理学两大对立的基础"的讨论会。他指出，在会上哲学家诺曼·马尔科姆"注意到了一些行为主义者和现象学家们本身未曾看到的事情，这就是二者的立场是可以相容的"，并预言，如果科学心理学能将隐私的主观经验客观化，那么"这两种立场便会合而为一"。[①] 我们或可以认为，班杜拉

[①] ［美］黎黑：《心理学史——心理学思想的主要趋势》，刘恩久等译，上海译文出版社1990年版，第455—456页.

建立社会学习理论是对这一预言的一种形式的实现,虽然他不是自觉地要将行为主义和人本主义加以结合,而是在自己的研究中自发地走向了人本主义。

如上文所述,班杜拉的社会学习理论得以建立,并因而他的人本主义倾向得以表达出来,得益于信息加工心理学对思维、认知等主观过程所作的那种机械论的解释。虽然信息加工心理学尚未对它的意识观作出系统的论证,并因为它"对意识重要性的怀疑而有可能和传统行为主义一样失去存在的可能",发展为"一种并不存在的心理学领域"①,进而使过分倚重于它的班杜拉及其理论面临严重挑战,但它所研究的主题实质上是对意识过程的一种独特的把握方式,并因为它与行为主义的默契而满足了班杜拉的理论需求。所以,至少就积极方面而言,班杜拉的社会学习理论是一种统一的心理学体系,因为它既是行为主义的,也是认知心理学的,同时又是人本主义的。正如巴伦所指出的那样,"百多年来,心理学家们一直在寻求一种解释人类行为的'大理论'——这种理论要对人类行为这一复杂而令人流连忘返的问题提供一个综合、准确而行之有效的说明。虽然社会认知理论(作者注:指班杜拉的社会学习理论)尚未为我们提供这样的说明,但在它那广博而精深的体系中,我看到了我们梦寐以求的这种大理论的曙光"②。

(该文刊于《心理科学》2000 年第 1 期)

---

① [美]萨哈金:《社会心理学的历史与体系》,周晓虹等译,贵州人民出版社 1991 年版,第 811 页。

② BaronR,"Outlinesofa'grandtheory'", in *Review of Social foundations of thought and action: A social cognitive theory*, Contemporary psychology, 1987, pp. 413–415.

人本主义心理学：历史与启示

在西方心理学一个多世纪的波澜不惊的历史长河中，20世纪50—60年代确乎构成一个思想的大变革的时代。其间，虽然精神分析游离于主流的学院心理学之外，在临床实践中保持着相对稳定而连续的发展趋势，但作为学院心理学主流形式的行为主义无疑正在急速地走向消亡。另外，在学院心理学的大背景中，作为取代行为主义的未来心理学的方案，人本主义心理学和认知心理学各自以在与行为主义的关系中此消彼长的方式正在兴起。以现在的眼光看，认知心理学真正实现了取代行为主义的历史野心，构成当代心理学的主流；而人本主义心理学虽然在加速行为主义的消亡方面有过积极的贡献，但在当代心理学背景中，在与认知心理学的对峙关系中，却遭遇了日渐被边缘化的命运。而且，从人本主义心理学本身的历史来看，它也经历了从最初充满希望征兆的兴起到终于因为屈服于由认知心理学所体现的那种"科学"心理学理想并与之相妥协而衰落的过程。关于这一切，虽然已有很多细节水平的讨论，但只有从关于心理学作为科学的观念的高度，并把心理学史理解为追求实现关于心理学作为科学的观念的实践形态，才能获得宏观而整体的把握。

一 人本主义心理学的兴起

人本主义心理学在西方心理学中的兴起，是由很多种不同的历史趋势共同作用的结果。在此，我们将主要从与行为主义作为科学心理学的主流形式的关系的角度考察它的兴起，并分别从行为主义作为心理学的消极的方面和人本主义作为心理学的积极的方面加以说明。

如所周知，人本主义心理学的早期历史经历了从有所否定的消极抗议阶段到有所肯定的积极主张阶段的过渡，其转折点就是布根塔尔于

1963年发表于《美国心理学家》杂志的《人本主义心理学：新的突破》一文。所以，阐明作为人本主义心理学抗议对象的行为主义的实质，是理解人本主义心理学的不可缺少的一个维度。

从一种极特殊的意义上可以说，行为主义是西方心理学追求实现关于心理学作为科学的观念的学术实践的必然产物，是这种实践追求的逻辑的完成形式。这种极特殊的意义，是就关于心理学作为自然科学意义上的"科学"的观念，以及这个观念作为主流的科学心理学的历史发展之原动力而言的。这是因为，这种意义上的科学的观念，不过是对诸自然科学的一般特征的抽象，因而被笼罩在自然科学作为它的历史原型的阴影之中，并在根本上隶属于自然科学的范畴；自然科学作为近代思维的产物，只有在其关于"物质"与"心灵"或"身体"与"意识"相互对峙的二元论世界观中才有意义，并在否定其中的"心灵"实体或"意识"的同时排他地专门针对其中的"物质"实体或"身体"而确立起来的。所以，在关于心理学作为自然科学意义上的科学的观念的支配下，心理学要实现为科学，就必须否定意识，转而以"行为"为研究对象，并将作为"意识"和"身体"相统一的"行为"范畴强行规定为作为自然科学研究对象的"物质"意义上的客观存在。只有这样，心理学才能够"实现"为自然科学意义上的"科学"，并跻身于自然科学的行列。这就是华生论证行为主义作为心理学以及心理学作为自然科学所依赖的思路，并由此发动行为主义革命。

然而，在近代思维的二元论世界观中，"心理学"恰恰是专门针对其中"心灵"实体或"意识"而有效лишь得以确立的。所以，心理学以行为主义道路否定"心灵"或"意识"而实现为自然科学意义上的科学，实质上是以放弃自己的存在为代价的。换句话说，行为主义作为关于心理学作为自然科学意义上的科学的观念的实现，实质上是关于心理学作为科学的观念的自我异化。所以，我们甚至不必进入行为主义作为心理学的历史的细节，在逻辑上就足以预见，当行为主义以具体内容得到发展之后，必将全面导致心理学理论局面的混乱。事实上，到20世纪50—60年代，几乎一切以行为主义为前提的心理学研究方案所获得的结果，都普遍地指向了对它自己的前提，亦即行为主义纲领的否定，从而暴露了行为主义作为心理学的理论基础的危机。

正是针对行为主义作为心理学的理论局面的混乱和它的理论基础的

危机，人本主义心理学家们起而抗议它的存在及其主流地位，并在直观的基础上相信，行为主义否定意识的基本纲领，违背了我们的常识。他们坚决反对行为主义将人等同于动物的非人性化的研究方案，认为"行为主义对于人的理解是一种狭隘的、人为的和相对无效的研究道路"；仅仅以外显行为为研究重点，不仅"会使人失掉人性"，而且剥夺了人所特有的目的性，将人描述为只是被动地对环境刺激做出反应的无助的"中空的有机体"，①进而"导致了人的尊严、价值、地位的降低和人的潜能和自主权的丧失，大大缩小了作为人性探索的科学的心理学的研究范围"②。相反，人本主义心理学家主张，人是一种自为的、具有自我指导能力的存在，是一个处于成长过程中的存在；人作为处于成长过程中的存在，必须对他自己的存在负责。总之，在与行为主义的对抗关系中，无论是对行为主义的批判，还是对人本主义的阐释，人本主义心理学家都是以对意识或主观经验的承认为出发点的，并具体表现为他们对意识或主观经验的论证。在这个过程中，人本主义心理学家逐步发现了欧洲大陆哲学中的现象学和存在主义运动，并因为后者表达了他们想要表达而未能表达出来的东西，所以热情地加以消化吸收，以建构他们自己的人本主义心理学体系。例如，作为人本主义心理学创立者之一的布根塔尔就比较自觉地接受了存在主义哲学的影响，认为主观性是人区别于其他一切物的对象存在的根本特征，并将人的存在等同于人的主观性而用"觉识"（awareness）一词称谓之。他认为，世界本身是一个绝对的"沉默"、一个巨大无边的"黑暗"和"空虚"，觉识正是这一黑暗和空虚之上的"一扇窗户"，不仅"人的存在就从这里开始"，而且，"世界从人的觉识中突显出来并随着人的经验的发展而成长"，"人正是通过觉识才发现了他自己和世界，才能评估他与世界之间的关系"。③

总之，在与行为主义的对抗关系中，"由于人本主义心理学家的著作大多是通过探讨行为主义人性观与人本主义人性观之间的对立并由以否定前者而完成的，所以，在人本主义心理学的形成及其理论建构的过程中，行为主义做出了实质性的贡献。反过来也一样，人本主义心理学家

---

① ［美］舒尔茨：《现代心理学史》，杨立能等译，人民教育出版社 1981 年版，第 404 页。
② 车文博：《西方心理学史》，浙江教育出版社 1998 年版，第 543 页。
③ Bugental J: *The searching for authenticity: An existential - analytic approach to psychotherapy*, New York, NY: Holt, Rinehart & Winston, 1965, p. 35, p. 15.

对行为主义的持续不断而富于挑战性的批判，则促进了行为主义在 60 年代的急剧衰落"①。正是在心理学思想的大变革的这个时代背景中，人本主义心理学得以兴起，成为当代心理学主要思潮之一。

二 人本主义心理学的衰落

20 世纪 60 年代和 70 年代是人本主义心理学的黄金时代。其间，不仅人本主义心理学作为一场心理学运动在心理学界得到广泛的认可和尊敬，如 1961 年《人本主义心理学杂志》创办，1962 年美国人本主义心理学会成立，1971 年人本主义心理学会被美国心理学会接纳为第 32 分会，而且，主要的人本主义心理学家撰写了大量著作，阐述人本主义心理学的基本观点和理论基础。然而，至 20 世纪 80 年代以后，人本主义心理学开始走向衰落，在与作为当代心理学主流的认知心理学的对峙关系中日渐边缘化，并在当代心理学的整体背景中失去它曾拥有的那种强有力的声音和影响力。这其中的原因当然也是复杂多样的。比如说，那些曾经影响并创造了历史的主要的人本主义心理学家，大多在这个时期相继离世；此后，虽然有第二代、第三代的人本主义心理学家继承人本主义心理学的事业，但不仅他们的思想和人格都远不如第一代人本主义心理学家那么伟大，而且，他们所处的心理学的时代背景，亦大不同于第一代人本主义心理学家。这里，我们将主要从人本主义心理学本身的缺陷和认知心理学的强势两方面加以说明。

从人本主义心理学本身来说，它的缺陷主要表现在以下四个相互关联的方面。其一，虽然人本主义心理学家强调以意识或主观经验作为心理学的立足点，从而有助于心理学从行为主义的异化状态回归它自身，但是，就意识或主观经验作为理论主题而言，他们又不求甚解而停留在常识的水平上，如上文引述的布根塔尔的论证所证明的那样。常识虽然包含了真理的萌芽，但常识不是科学；在心理学普遍地追求科学的时代，任何停留在常识水平上的心理学学说，即使不至于遭到唾弃，也是不受

---

① Decarvalho R J, *The founders of humanistic psychology*, New York, NY: Praeger, 1991, p. 33.

欢迎的。其二，虽然人本主义心理学家利用欧洲的现象学和存在主义作为论证他们所主张的人本主义心理学的理论资源，但他们对现象学和存在主义的理解总体而言是肤浅的，因而不能将现象学和存在主义作为哲学所隐含的心理学理解在逻辑上一以贯之。事实上，人本主义心理学家对现象学和存在主义的了解，主要是通过第二手资料，而不是通过直接研读现象学和存在主义经典作家的经典文献；而当他们试图阅读现象学和存在主义的经典文献时，他们的普遍感觉是，这些文献是难以理解的，并因而在最初的阅读尝试之后就放弃了。① 其三，我们现在可以发现，人本主义心理学一直停留在研究纲领的水平上，而不能将它的研究纲领具体地实现为体系化的理论，这也是与心理学追求科学的目标不相容的。因此，与其说人本主义心理学是一种心理学，不如说是一种关于未来心理学的理想。造成这种局面的原因，部分地在于人本主义心理学家的职业倾向。我们知道，人本主义心理学家大多是临床心理学家，他们以人本主义心理学的基本原理为指导，具体地发展了多种临床治疗的方法，却疏于对人本主义心理学基本原理的详细阐述，但只有对这些基本原理的详细阐述和理论建构，才是人本主义心理学本身。所以，如当代人本主义心理学的主要代表之一的吉尔吉所指出的那样，"人本主义心理学的危机，主要在于它没有以理论建构的形式兑现它的承诺"②。其四，如下文将要阐明的那样，在胡塞尔的现象学中，隐含着一种关于心理学作为严格科学的观念，这种严格科学的观念，与主流心理学所追求的自然科学意义上的科学的观念，构成两种相互对立的文化；在这两种文化的对立关系中，关于心理学作为科学的观念，只有实现为现象学意义上的科学，才能实现它自身；相反，如果它实现为自然科学意义上的科学，如行为主义那样，那么，它必然走向自我异化。然而，由于人本主义心理学家不能像以胡塞尔为代表的经典的现象学家那样深思熟虑地考察心理学的内在本性和它的理论基础，所以，在与认知心理学的对峙关系中，他们普遍地屈服于由认知心理学所体现的那种自然科学意义上的科学理想，试图在这种意义上使人本主义心理学科学化，从而违背了人本主义

---

① Decarvalho R J, *The founders of humanistic psychology*, New York, NY: Praeger, 1991, pp. 62-64.

② Giorgi A, "Whither humanistic psychology?", in Wertz F J, Ed. *The humanistic movement: Recovering the person in psychology*, Lake Worth, FL: Gardner Press, Inc. 1994, p. 307.

心理学的内在原则。所以，这里还必须参照认知心理学的背景，以理解人本主义心理学的历史。

作为理解人本主义心理学历史的背景，关于认知心理学，必须指出以下两点。首先，虽然从一个方面来说，认知心理学的兴起与人本主义心理学的兴起具有相同的背景，即抗议并取代行为主义，所以，在20世纪50—60年代的心理学中，不仅有人本主义心理学革命，而且，几乎是同时在另外一个方向上也发生了认知心理学革命，但是，与人本主义心理学对行为主义的革命的彻底性相比，认知心理学对行为主义的革命要温和得多。事实上，认知心理学对行为主义的革命，主要是就主题而言的，即抗议行为主义否定意识作为心理学的基础范畴，同时利用计算机科学的成就作为隐喻的原型，以"认知"的形式恢复了意识对于心理学的本体论基础的意义，但就形式而言，认知心理学与行为主义是一脉相承的。这里所谓形式，是指认知心理学继承了行为主义关于心理学作为自然科学意义上的科学的形式理想。关于这一点，历史学家们已经达成共识。例如，舒尔茨曾结合认知心理学的背景，并参考柏格曼的观点认为，"方法论的行为主义是今天美国心理学的主流，从而使它'免于死亡。它……已经成为无可置疑的真理。实际上，每一个美国心理学家，不管他是否意识到这一点，今天都是一个方法论上的行为主义者'"；而概念的行为主义，由于它否定行为的意向本质而不可能把握人类行为实在本身，所以不可避免地"已经死亡了"，并"已经由建立在它的基础之上的新型的心理学的客观主义"，即信息加工认知心理学"所取代了"。[1] 黎黑亦指出，"信息加工心理学是一种与激进行为主义近似的行为心理学"[2]；"我们也可以由信息加工理论对意识重要性之怀疑而诊断出这个理论含有日益增多的行为主义成分"[3]；"行为主义是适应心理学对自身理论危机所做出的一个反应，信息加工心理学是适应心理学对自身理论危机所做出的另一个反应，但在这两次表面变化的背后，我们可以看出其深

---

[1] ［美］舒尔茨：《现代心理学史》，杨立能等译，人民教育出版社1981年版，第239—240页。

[2] ［美］黎黑：《心理学史》（下册），李维译，浙江教育出版社1998年版，第755页。

[3] T H Leahey, *A history of psychology：main currents in psychological thought*, NJ: Prentice-Hall, 1980, p.393.

刻的连续性"①。

其次，上述背景讨论意味着，认知心理学是在克服行为主义作为心理学的本体论谬误的基础上继承它的科学主义理想而实现的。特别是，信息加工意义上的认知心理学在广泛利用计算机科学的术语、概念、观点建构它自己的理论体系的过程中，同时也窃取了计算机科学的科学性；计算机科学作为自然科学意义上的科学的性质和地位是无可置疑的，而这种科学的性质和地位，恰恰是主流的科学心理学有史以来梦寐以求的。所以，当认知心理学作为科学心理学的基本范式得到确立之后，立即在心理学作为整体的背景中取得绝对优势的支配地位。从某种意义上说，正是主流的科学心理学从行为主义到认知心理学过渡的这个背景，决定了人本主义心理学的历史命运：当行为主义的充分发展使得心理学全面陷入理论局面的混乱和理论基础的危机时，处于迷惘之中的实验心理学家们自然有意倾听人本主义心理学的声音；但是，当他们终于把认知心理学范式确立起来之后，他们不仅失去了对人本主义心理学的兴趣，而且，由于人本主义心理学在逻辑上必然要否定一切形式的科学主义心理学的理论基础，他们对人本主义心理学的敌意也加强了。在认知心理学占绝对优势的支配地位的当代心理学背景中，如果人本主义心理学家不能像布伦塔诺、胡塞尔、詹姆斯等人那样，以富有历史感的形式在逻辑上彻底的意义上阐明人本主义心理学的基本原理，那么，它必然逃脱不了被日渐边缘化的命运。

三 人本主义心理学兴衰史的理论启示

关于心理学作为科学的观念于 19 世纪下半叶的普遍兴起，是引导心理学脱离哲学的怀抱而成为一门独立科学的最直接的思想史背景。因此，以知识和理论的形式追求实现关于心理学作为科学的观念，便成为推动心理学历史发展的支配一切的最高原则和内在动机。然而，在心理学正在孕育并诞生的那个年代，无论是关于"心理学"是什么还是关于"科

---

① T H Leahey, *A history of psychology: main currents in psychological thought*, NJ: Prentice-Hall, 1980, pp. 375–376.

学"是什么的理解，都是很不清晰的，所以，关于心理学作为科学的观念及其逻辑内涵的理解，自然也是不清晰的。又因此，如果不能首先在二者密切联系而又相互制约的关系背景中分别阐明"心理学"和"科学"各自是什么，并在此基础上阐明关于心理学作为科学的观念的逻辑内涵，那么，追求实现关于心理学作为科学的历史，只能陷入盲目性，如由冯特引导的科学主义传统的主流心理学的历史所已证明的那样。在这个传统中，关于心理学作为科学的观念，就是要把心理学实现为一门自然科学。如上文关于行为主义的讨论所已阐明的那样，这种追求在逻辑上的完成形态，只能是行为主义，从而违背了心理学的内在本性，并将心理学导入一种异化的存在。

胡塞尔曾在关于心理学按照它的内在本性必然是什么的急迫追问中发展了他的现象学，并区分了人类思维的两种态度，即"自然的思维态度"和"哲学的思维态度"或现象学的思维态度。① 简而言之，他的现象学及其关于人类思维的两种态度的区分，既在否定的方面阐明了科学主义传统的心理学及其历史的盲目性，又在肯定的方面阐明了心理学作为严格科学的观念的必然性，并在这种必然性中卓有成效地论证了他的现象学心理学。从人类思维及其历史的宏观背景来看，胡塞尔关于心理学的思考成果，不是他作为孤立的个人的突发奇想，而表达了人类思维的进步的历史趋势。事实上，胡塞尔的思想，既是对布伦塔诺经验心理学的发展，又在詹姆斯的心理学中处处产生共鸣或回响。历史证明，关于心理学作为科学的观念，只有实现为由布伦塔诺、胡塞尔、詹姆斯等人阐述出来的那种心理学形态，才能实现它自身。然而，由于上文关于人本主义心理学的缺陷的讨论中所已暗示的某种不可明言的原因，这种心理学形态，总体而言，在主流的科学心理学的热闹非凡的喧嚣声中，却异常地显得黯然而冷落，虽然就它自身而言，它不顾这一切而依然冷峻地矗立在那里。对于心理学及从事心理学的人而言，这种局面是极其耐人寻味而又发人深省的，其中隐含着现代西方心理学及其历史的最大的秘密之一。

从这个背景来理解人本主义心理学的历史的兴衰是富有启发性的，并有助于我们揭开上述秘密的以下两个方面，因为人本主义心理学正是

---

① ［德］胡塞尔：《现象学的观念》，倪梁康译，上海译文出版社1986年版，第19页。

这两个方面之间的理论张力的历史产物。一方面，虽然由冯特引导的科学主义传统的心理学，原来是关于心理学作为科学的观念的伪形式，但却构成现代西方心理学的占绝对优势地位的主流；另一方面，虽然由布伦塔诺、胡塞尔、詹姆斯等人开创的那种为论证方便起见可以称之为现象学心理学的传统，是最紧密地在关于心理学按照它的内在本性必然是什么的急迫追问中形成并得到发展的，因而是关于心理学作为科学的观念的真理的形态，但在现代西方心理学作为整体的背景中却极具讽刺意味地处于边缘位置。人本主义心理学正是利用现象学和存在主义的理论资源作为行为主义的对立面而兴起的，但终于在与认知心理学隐含的科学主义心理学之绝对强势的对抗关系中屈服于后者的科学观而趋于衰落，从而陷入一种历史的尴尬。对于这种尴尬，没有人比作为当代人本主义心理学最强有力的代表之一的吉尔吉体会得更深切的了。他曾颇悲壮地指出，"心理学的那些敏锐的观察家们看得很清楚：关于心理学的真实意义是什么，以及它在科学群体中的地位如何，依然得以一种由占主流地位的大多数心理学家们所认可并接受的方式来加以判定"[1]。所以，虽然"在关于心理学最终实现它的真实存在的问题上"，吉尔吉"坚持他一贯的乐观主义态度"，但"在心理学立即实现它所急迫需要的"向人文科学的"转换"方面，他又觉得"希望是越来越渺茫"。[2]

（该文刊于《学习与探索》2013 年第 5 期，第二作者王栋）

---

[1] Giogi A, "Towards the articulation of psychology as a coherent discipline", in S. Koch & D. E. Leary, eds. *A century of psychology as a science*, New York, NY: McGraw–Hill, 1985, p. 46.

[2] Wertz F J & Aanstoo C M, "Amedeo Giorgi and the project of a human science", In D. Moss, ed. *Humanistic and transpersonal psychology: A historical and biographical sourcebook*, Westport, CT: Greenwood Press, 1999, p. 298.

第三部分
理论心理学探索

范式论心理学史批判

自 1962 年《科学革命的结构》一书发表以来，美国科学哲学家托马斯·库恩的思想在心理学中产生了广泛的影响。在理论研究方面，这种影响主要表现在试图为心理学找到一个统一的理论范式，从而把心理学推进到成熟科学的行列；在历史研究方面，这种影响主要表现在试图用库恩的科学发展模式来描述并理解心理学的历史进程，进而揭示心理学的科学性质。本文在探讨库恩科学哲学思想和心理学自身理论性质的基础上，尝试对以库恩范式理论为指导思想的心理学史研究工作，提供一个批判性的历史反思，并将这种以库恩范式理论及其科学发展模式为基本指导思想的心理学史研究称为范式论心理学史。

一　范式的本质

作为科学哲学家，库恩的目的是要通过对成熟的（自然）科学的历史考察，概括出（成熟）科学的基本特征以及一门学科从不成熟的前科学状态进展为（成熟）科学的基本条件，从而为科学的发展以及新兴科学，特别是包括心理学在内的社会科学的成熟与成长提供指导。在《科学革命的结构》一书中，库恩似乎找到了这样的基本条件和基本特征，那就是科学家共同体所拥有的范式：范式的形成是"任何一个科学领域在发展中达到成熟的标志"；"而一种范式通过革命向另一种范式的过渡，便是成熟科学通常的发展模式"。[①]

尽管库恩没有能够给出一个明确的关于"范式"的说明，但就其根

---

① [美]库恩：《科学革命的结构》，金吾伦、胡新和译，北京大学出版社 2003 年版，第 10—11 页。

本而言，"范式"的含义是不难把握的。从本文论题出发，我们可以整理出关于范式的两层细究起来具有对立性质的含义。在库恩的思想背景中，这两层含义不仅其概念起源与所涉及的论题相互不同，而且因为其对立性质，对库恩科学哲学思想作为整体而言的理论价值起着不同的作用：或是一种积极的、肯定的建设性意义，或是一种消极的、否定的破坏性意义。

在一种意义上，范式是指一个时期内在某一科学领域内被普遍接受的关于这门科学及其研究对象的具有形而上学性质，并因而不接受经验验证检验的基本理解。因为，所谓科学，无非是以一种理论上体系化、逻辑上自洽而有说服力的方式对作为范式的这种基本理解的系统展开，所以范式便规定了以之为标志的常规科学的问题领域和研究方法，并因而对科学及其研究者而言具有世界观、本体论及方法论的指导价值。范式的这层含义来源于库恩对科学史的经验归纳，用以把握科学发展的历史模式或科学革命的一般结构。以这层含义为基础的范式理论，为我们提供了一整套方便可用的关于科学及其历史的描述工具，这也是它特别受到心理学家青睐的主要原因之一。但是，作为对科学史的经验归纳，这种意义上的范式理论并没有对科学本身的性质加以阐释，因而它关于科学发展模式的说明的有效性，依赖于所说明科学本身的有效性及其发展的合理性。事实上，通过对范式的第二层含义的发挥，库恩使他的范式理论对科学革命或科学发展模式的解释能力大打折扣。

在另一种意义上，库恩强调范式是科学家共同体成员共同信奉的心理"信念"。这实际上是对范式的上述第一层含义的进一步规定，即在科学心理学的意义上说明，科学家共同体普遍接受的关于他们的科学及其对象的基本理解作为范式，其心理基础是什么，并构成库恩对科学本身的性质的一种替代的说明。范式的这层含义来源于库恩所接受的格式塔心理学以及皮亚杰发展心理学思想的影响，并表达了他在（科学）真理观问题上的非理性主义的相对主义态度。正因为范式不是科学对它的研究对象的真理性把握，而只是科学共同体成员之间约定性的心理信念，所以，不仅以诸如"燃素化学""热质说"为范式的"自然观"同样具有科学意义上的"科学性"，[①] 而且，以这层含义为基础的范式理论，自

---

① [美]库恩：《科学革命的结构》，金吾伦、胡新和译，北京大学出版社2003年版，第2页。

然不可能真正揭示出范式转换的内在规律（此即范式之间的"不可通约性"论题），而只是把它理解为一种"格式塔转换"，并预示着费耶尔本德的无政府主义科学观。

科学作为人类把握（自然）世界的一种意识形式，实质上是人类意识的一项历史成就。姑且不论人类意识如何达到这样的成就（这是科学哲学应当给予解答的一个基本问题），就科学作为人类意识或人类生活实践的一种形式而言，它的基本前提，是对作为它的对象的物理实在的本体论承诺。在这个意义上讲，科学只能是人类理性的进步事业，范式的转换或科学革命就不是"格式塔转换"或"信念"的皈依，而是科学理论作为对范式的展开形式的概念体系，对作为它的对象的物理实在的逐步逼近的过程。科学哲学本身在当代的发展趋势，即新历史主义学派及其科学实在论思潮的兴起，不仅是对库恩科学哲学思想的批判和否定，而且也是以一种历史的方式对科学的上述性质的进一步揭示。

二 范式论心理学史研究概况

至少就其表面特征而言，库恩范式理论所提供的，不只是关于科学史的一种理解方式，更是关于科学发展规律的一幅简洁明了而又理想化的图景，因而自然会倾向于被那些尚未充分发展，又急迫地追求科学地位的新兴科学当作科学发展的指导原则而受到欢迎。这正如玛斯特曼所指出的那样，"首先是一些新兴研究领域的科学家对库恩的工作发生了兴趣"，而且，"最突出的是社会科学学科里的工作者，是实验心理学家"，[①] 从而引发出作为本文论题的范式论心理学史的研究热潮。

心理学家们之所以特别地对库恩的工作发生兴趣，首先而且主要地是因为心理学的科学地位受到质疑的危机感。这种危机与危机感，并不是存在于某一时期的偶然现象，而是形影不离地渗透于心理学的全部历史，乃至于可以说，"危机"构成了心理学作为一门科学的一个历史特质；它也不是只在心理学内部、作为心理学家对他们自己学科发展状况

[①] [英]玛斯特曼：《范式的本质》，《批判与知识的增长》，周寄中译，华夏出版社1987年版，第87页。

的自我反应而存在的，更主要还是产生于心理学以之为理想的物理自然科学所构成的更广大的科学共同体对它的科学地位的否定。黎黑曾对心理学的这种"危机"的局面和性质作过系统的总结，他指出，"心理学曾周期性地被各种危机所彻底摧毁，这些危机所导致的，是人们对心理学本身的可能性及其存在价值的普遍怀疑"；它"似乎是一门永远摆脱不了危机的科学"；"历史上，心理学想成为一门科学的努力失败了。……后来的心理学史展示了一系列［关于心理学的］根本不同的研究方案，……［但］无论是在每一个研究方案内部，还是在不同研究方案的过渡之间，都没有丝毫［显示心理学的］进步的标记"；无论是"在世俗的水平上"，还是"学院的范围内"，心理学都不被认为是一门"真正的科学"；虽然认知心理学正日趋繁荣，但在这种繁荣的背后，"我们将发现，危机在持续着"。[1]

面对这种危机，心理学家们首先需要做的，是诊断出心理学处在科学发展的什么阶段：它究竟是已经得到充分发展、配得上"科学"称号的一门成熟科学呢？还是正趋向于科学但尚未达到科学水准的一门"准科学"（would-be science）？库恩的范式理论恰恰为心理学家提供了这样一个诊断程序。于是，利用库恩科学发展模式来分析并理解心理学及其历史，一度成为心理学史研究的一种时尚。这些研究工作所得出的基本结论是，"至少就其表面特征而言，心理学乃是一门前范式科学"；[2] 心理学在历史上所发生的各种变化，如所谓"行为主义革命""认知心理学革命"等，都不是库恩意义上的"科学革命"，而是前范式阶段不同观点、学派之间为争夺支配地位而发生的竞争关系。[3] 按库恩哲学的理解，心理学的"前范式"性意味着它还没有获得科学性，或者说它还没有发展到（成熟）科学的阶段。这一尴尬的结论又引发出一个新的研究潮流，即怀疑库恩模式对心理学史的可应用性，并在一种对库恩模式的修订的意义上达成共识，认为心理学"不是处在前范式发展阶段的学科"，而是一门

---

[1] T H Leahey, *A history of psychology: main currents in psychological thought*, NJ: Prentice-Hall, 1980, pp. 382–384.

[2] A. W. Staats., *Psychology's crisis of disunity*, New York, NY: Praeger Publishers, 1983, p. 57.

[3] T. H. Leahey, "The mythical revolutions of American psychology", *American psychologist*, 1992, pp. 308–318.

同时接受多种范式支配的"多范式学科"。①

其次，心理学家对库恩的工作发生兴趣，还有特定的科学社会学背景。就美国社会作为整体的宏观背景而言，库恩著作出版的年代，正是一个危机四伏、动荡不安的年代，谋求变革的力量渗透于社会生活的各个方面。这种宏观背景不能不对作为社会意识形态一个组成部分的心理学产生影响。这种影响的一个结果，是使心理学家共同体成员对这种普遍的"革命"氛围有所感受，从而更倾向于同情并接受库恩关于科学发展模式的"革命"的口号。

在另一种意义上，就心理学内部发展状况而言，随着行为主义作为心理学研究方案的理论逻辑的充分展开，实验心理学已全面陷入危机，取而代之的是各种"抗议"或"革命"的力量。仅就主流心理学的发展趋势而言，从这场危机中孕育出来的，是信息加工意义上的认知心理学。然而，认知心理学对行为主义的取代，是经历了从20世纪40年代末到70年代初的长时间的酝酿而逐步实现的。在这个过程中，库恩著作的出版因为在时间巧合的意义上迎合了心理学家们对行为主义普遍不满的消极情绪而受到欢迎，并唤醒了他们的革命意识。所以，怀疑库恩模式有效性并否认心理学在历史上曾发生过一场"认知革命"的人认为，不是库恩的科学发展模式具有普遍的意义而描述了心理学的历史，相反，倒是上述情绪的社会心理学，导致心理学家们选择库恩的"科学革命"术语，来表达他们对从行为主义向认知心理学过渡的历史理解，并认为，要把历时数十年的从行为主义向认知心理学的过渡说成是"革命"，那只能是对"革命"的"术语滥用"。②

再次，一种与科学社会学相对应意义上的科学心理学，决定了心理学家们更热衷于讨论并运用库恩哲学而不是其他人的科学哲学思想。这又有三个方面的表现。第一，库恩提供的科学发展模式，表现为一种心理学模式（psychologized model of progress），从而使心理学家们对他的模式有一种似曾相识的亲切感，这种亲切感反过来又强化了他们对库恩模式的信心。事实上，正如库恩自己在他的著作的自传性序言里指出的那

---

① ［美］赫根汉：《心理学史导论》（第四版），郭本禹等译，华东师范大学出版社2004年版，第18页。

② T. H. Leahey, "The mythical revolutions of American psychology", *American psychologist*, 1992, pp. 308 – 318.

样，他的科学观的形成在很大程度上受启发于皮亚杰关于儿童发展和格式塔心理学关于知觉的实验研究。① 对库恩著作及其科学观形成过程的详细的档案研究，也揭示了库恩与心理学之间的这种双向的相互影响关系。② 第二，库恩把"常规科学"的研究工作描述为日常的、平庸的，只有"革命科学"的工作才真正富有创造性，所以从事实际工作的科学家们，为了强调他们研究发现和研究进展的重要性，并争取更多的社会资源如科研经费的支持等，便倾向于用库恩"范式转换"或"科学革命"的术语来标志他们的工作，于有意或无意间过分渲染他们研究进展的突破性。第三，隐含在范式不可通约性论题中的相对主义真理观，一方面为不同学派的心理学家论证自己存在的合法性提供了辩护理由，另一方面也被用来揭示心理学兼具自然科学传统和社会科学传统的双重性的科学本质。③

最后，如前所述，库恩的科学发展模式为我们提供了一整套方便可用的关于心理学史的描述工具，特别是，如果不细究心理学的历史进程和库恩的科学发展模式，则对心理学史的直观把握又特别地契合于库恩的科学发展模式。正是这种直观的契合性，导致人们倾向于不加批判地运用库恩的模式和术语，在一般意义上把主流心理学的历史描述为由心灵主义、行为主义和认知主义三个范式构成的三个常规科学阶段，间以库恩"科学革命"意义上的行为主义革命和认知心理学革命，④ 并在这一框架内进一步研究心理学及其阶段性历史，而不对这一框架本身进行反思。在当代心理学背景中，但凡肯定地把从行为主义向认知心理学的过渡理解为库恩意义上的"科学革命"的著作家们，他们的这种肯定的理解就是以对心理学史的直观把握及其与库恩科学发展模式之间的契合关系为基础的，而不是严格地按库恩模式及其对科学发展各阶段以及科学革命的特征描述来分析心理学史的结果。与此形成鲜明对照的是，几乎

---

① ［美］库恩：《科学革命的结构》，金吾伦、胡新和译，北京大学出版社 2003 年版，序 2—3 页。

② E. Driver-Linn, "Where is psychology going?", *American psychologist*, 2003, pp. 269-278.

③ E. Driver-Linn, "Where is psychology going?", *American psychologist*, 2003, pp. 269-278.

④ T. H. Leahey, "The mythical revolutions of American psychology", *American psychologist*, 1992, pp. 308-318.

所有严格按照库恩的模式及其标准来分析心理学的科学地位及其历史事件的"革命"性质的研究，都在这两个问题上得出否定的结论，虽然在关于心理学的科学地位问题上，这些研究结论一般都进一步地伴以对库恩模式有效性的怀疑论，以保证对心理学的科学追求的学科情感。

三　范式论心理学史的困境及其史学方法论启示

关于范式理论是否适合于用来分析并理解心理学及其历史，历来存在不同意见的争论。已经有越来越多的人逐步认识到，不仅就科学哲学本身的发展趋势而言，"范式的不可通约性问题以及与之相关的非理性主义，导致科学哲学家们普遍拒绝库恩的思想"，而且，就其科学发展模式而言，能更恰当地描述并说明心理学真实历史发展过程的，不是库恩的"范式"理论，而是在批判地否定库恩理论基础上所形成的拉卡托斯的"科学研究纲领"方法论和劳丹的"科学研究传统"理论。[①] 依本文作者批判的眼光看来，除了丰富了我们用以讨论和撰述心理学史的语汇外，范式理论并没有在任何实质的意义上增加我们对心理学及其历史的理解：有了它，在肯定的意义上，它使我们的讨论更加方便，但也正因此而导致在否定的意义上，它使我们在讨论中说出了更多的废话，并因为它的方便可用性而进一步使我们失去思想的动力；若没有它，则心理学史研究可以同样，甚至更加富有成效地进行，并在追求更恰当的讨论方式的过程中，使我们的思想力得到激发和推动。正是针对这种状况，有批评家甚至抱怨说，对库恩术语的不加批判的滥用，不仅导致"范式"一词像瘟疫一样充斥于有关心理学的学术讨论，而且使这种学术讨论蜕化为一种"无所事事的闲谈"。[②]

作为对这一困境的一种突破，理论取向的心理学家们主张，心理学需要的是它自己的科学哲学，而不是在研究物理学或其他科学门类基础

[①] B. Gholson & P. Barker, "Kuhn, Lakatos, and Laudan: Applications in the history of physics and psychology", *American psychologist*, 1985, pp. 755–769.

[②] E. Driver-Linn, "Where is psychology going?", *American psychologist*, 2003, pp. 269–278.

上所形成的科学哲学①；为了推进心理学的成熟，需要一个专门的"理论心理学"学科，以探讨心理学的基础理论问题②。然而，从其论证的背景和结论看，这些理论家们依然没有摆脱前文指出的对心理学的科学追求的学科情感，因而他们的主张能否真正突破范式论心理学史的困境，是值得怀疑的。例如，说心理学需要它自己的科学哲学而不是物理学的科学哲学，这一类比规定了一个前提，即在作为科学的意义上，心理学与物理学是共通的。而心理学的根本问题，恰恰是它的科学地位问题。

在库恩著作出版之前，科克曾在到目前为止还没有人能与之相媲美的规模上深入、系统而批判性地考察过心理学的历史和它的理论基础。他的研究的基本结论是，相信心理学是一门科学，甚或相信它有可能成为一门科学，乃"一个幻觉"；心理学是由于对物理学的景仰而被建立起来，并因而也是按照物理学的模式而被塑造出来的，并且是在这样一个已被历史证明是错误了的信念的基础上建立起来的，即自然科学方法能够被应用于传统的关于人的思辨研究领域；就其总体特征而言，心理学更接近于人文学科（the humanities）而不是自然科学（the sciences）。笔者亦曾深入考察过心理学史，并指出，心理学在德国首先是作为哲学而诞生的，并且是在哲学陷入危机之后，受胁迫于自然科学的飞速发展，在弄清它自身是什么以及科学是什么之前刻意追求"科学"地位而走上一条"科学"的发展道路的；心理学的历史发展轨迹，正是它能否作为科学而存在和发展的尚未澄清的理论性质，与它的历史的科学追求之间的理论张力的历史展现。③ 从这一思想背景出发，笔者认为，范式论心理学史的困境给予我们的深层启示，是对心理学史研究的理论职责及其方法论的反思，并提出心理学的理论同一性这一范畴来把握心理学及其历史。

历史研究不只是建构叙事。特别就心理学的历史的及现实的状况而言，心理学史研究更兼具一种理论职责，即通过对心理学的历史性质的考察，来反思它的理论性质，并揭示它的理论同一性，以解脱它的历史

---

① A. W. Staats, "Unified positivism and unification psychology", *American psychologist*, 1991, pp. 899 – 912.

② B. D. Slife & R. N. Williams, "Toward a theoretical psychology: Should a subdiscipline be formally recognized?", *American psychologist*, 1997, pp. 117 – 129.

③ 高申春：《德国心理学的理论性质及其发展道路》，《社会科学战线》2003 年第 2 期。

的科学追求的学科情感对它的经验研究、理论研究及历史研究的束缚；或反过来说，通过澄清心理学是什么、"科学"是什么，以及它与"科学"之间的关系，来把握并阐明它的历史性质。这种双向的反思性研究工作是密切地交织在一起并相互促进的，它们共同的理论职责，是寻求并确立心理学的理论基础或它的理论同一性。范式理论因为"范式"概念的含混不清以及它与物理自然科学之间的内在联系，不足以帮助心理学史研究完成它的这一理论职责。

关于心理学理论同一性的说明，已超出本文讨论范围。简而言之，它是指规定心理学之所是的特定的理论内涵和学术边界。就心理学史研究方法论来说，与范式理论相比，心理学理论同一性范畴能更有效地揭示心理学的学科本性并把握它的历史，因为包含在范式理论中的科学发展模式，是在经验归纳意义上对科学史的一般性的描述性说明，而心理学的理论同一性，则直接关涉心理学及其历史发展的动力过程本身。从这个意义上说，心理学的存在，依赖于它的理论同一性的确立；心理学的发展，则是对它的理论同一性的展开；而现实形态的心理学史，是心理学对它的理论同一性苦苦追求的过程。

（该文刊于《自然辩证法研究》2005年第9期）

进化论心理学思想的人类学哲学批判

一 问题的一般背景概述

自达尔文创立生物进化论以来，各种形式的试图以进化论作为"心理学思想的基石"开展心理学研究的科学冲动，在心理学的历史中绵延不绝，并相继形成多种理论形态各异的进化论的心理学研究方案。——笔者在此将这些研究方案具体展开之后所形成的各种理论体系或思想体系称为进化论的心理学思想。——墨菲在讨论进化论与比较心理学的诞生之间的关系时，结合20世纪心理学史的宏观背景指出："达尔文主义在十九世纪最后的二十五年对心理学的影响，也许就象任何单一的因素可能达到的那样，大大促进了这门科学塑造成今天的形态。"[①] 确实，进化论对心理学的影响是如此广泛而深远，乃至于我们很难设想，如果没有进化论，心理学将会呈现出怎样的一幅历史画面来。

事实上，在19世纪下半叶的英国，在达尔文及其进化论的鼓舞下，立即形成了一股以比较心理学的形式表现出来的关于心理进化的研究热潮，并涌现出一批杰出的进化论的比较心理学家，如斯波尔汀、卢波克、罗曼尼斯、摩尔根、霍布豪斯等，当然也包括达尔文自己。他们的研究工作的基本目标，是在进化论的思维框架内，从发展的角度将"心灵的最简单的表现形式……与最高级的概念思维联系起来"，[②] 试图由此揭示心理进化的历史及其逻辑。

[①] [美]墨菲、柯瓦奇：《近代心理学历史导引》，林方、王景和译，商务印书馆1980年版，第186页。

[②] Hearnshaw L. S, *A short history of British psychology* 1840 – 1940, London：Butler & Tanner Ltd, 1964, p.95.

在19世纪末20世纪初，当心理学作为一门独立科学传播到美国之后，它在美国寻求到了"繁荣发展"的文化土壤。这个文化土壤的基本特质，就是作为美国人民族性格之理论表达的实用主义哲学与生物进化论相结合的产物。在这个文化土壤中，心理学作为一门独立科学所取得的形式，就是作为一个历史的学派的机能心理学。机能心理学是历史上第一个试图全面而系统地贯彻进化论思维方式的心理学，它的历史的重要性不仅在于使心理学摆脱它在德国时所受到的哲学的束缚而有可能真正走向独立，而且更主要地在于它塑造了在世界范围内作为心理学的主流历史的从机能主义到行为主义再到认知心理学的发展线索。[①] 换句话说，正是机能心理学决定了作为主流的美国心理学的机能主义精神。我国著名心理学史家高觉敷先生在他主编的《西方近代心理学史》一书的"总结与展望"中，在总结考察各心理学流派之后，将"机能主义"理解为是各心理学流派表现出来的第一个"共同的倾向"，并引证查普林和克拉威克的观点："检查了最有代表性的心理学杂志，据最后的分析，我们可以大概地说，美国心理学是机能主义的行为主义。"[②] 说美国心理学的基本精神是机能主义的，这也就意味着，作为这个精神的历史的表现形态的机能心理学、行为主义心理学及认知心理学，都是以进化论为指导思想的，并因而在广义上属于这里所说的进化论的心理学思想。

自20世纪80年代以来，随着综合进化论的成熟和认知心理学的发展，心理学更加自觉地寻求与进化论的结合，从而在主流心理学内部逐步形成一个新的且日渐强盛的研究潮流，即进化心理学。它试图将进化生物学的基本原理引入认知心理学，以补充理解和论证认知心理学关于各种心理机制的研究结果的历史的维度。按进化心理学的倡导者们的理解，进化心理学不只是心理学内部的一个新的研究取向或理论态度，而是心理学作为整体的研究纲领。特别是，至20世纪80年代时，心理学作为一门独立科学的历史的危机和思想的分裂的局面，已经引导出大量关于心理学的历史及其理论基础的批判性的反思工作，这种批判工作的理论目的，就是要为处于危机之中的心理学寻求到一条通向真理的出路。

---

① 这个论题过于复杂，不能在这里进行详细讨论，读者请参阅拙著《心灵的适应——机能心理学》，山东教育出版社2009年版。

② 高觉敷：《西方近代心理学史》，人民教育出版社1982年版，第456—457页。

必须结合这个背景，才能全面而真实地把握进化心理学据以被创立的深层的科学史动机及其体系的理论性格。因此，进化心理学家们在他们的科学研究活动中，不仅认真开展构成进化心理学实质内容的具体论题的研究工作并取得进展，而且关注于进化心理学对心理学作为整体科学的纲领意义：他们对以往全部心理学的历史发起挑战，并相信，由他们所创立的这种进化心理学，不仅在心理学史中构成一次成功的"革命"，为心理学提供了一个走向统一的理论基础，[①] 而且在全部以人为研究对象的人文社会科学领域中构成一次革命，为"全部社会科学和行为科学"提供了一个统一的理论框架。[②] 这个统一的"理论基础"或"理论框架"，就是达尔文主义关于生命的历史本质的理解方式。

　　以上关于心理学在它的主流历史中寻求与进化论相结合而形成的诸理论形态的概述，意在说明将进化论作为"心理学思想的基石"的企图对心理学所具有的持久的吸引力或诱惑力。在现时代的心理学背景中，尤其引起我们兴趣的，是进化心理学家们认为他们终于为心理学找到了统一的理论基础的自信的态度。事实上，稍有历史感的人都认识到，这种自信的态度在19世纪英国比较心理学及19世纪末20世纪初的美国机能心理学中亦曾普遍流行过；然而，无论是19世纪的英国比较心理学还是美国的机能心理学，无疑都已经成为历史的陈迹，而没有能够将它们的自信的态度实现为具有永恒价值的理论体系，因而暴露了它们的自信态度的盲目性。这个历史的事实对时下流行的进化心理学及其自信而言，是否意味着什么呢？不仅如此，而且自进化论被创立以来，无论是在心理学内部，还是在心理学以外的其他学科，对于将生物进化论作为有关人的科学研究之基础的各种学术实践，一直都存在着不同形式的怀疑的态度和批判的声音，这些怀疑和批判，或自觉或不自觉，或直接或间接，或零散或系统化，但无论如何是普遍的。对时下正处于上升阶段的进化心理学及其未来而言，这个历史事实又可能意味着什么呢？

　　进化心理学本身不是本文写作的主题，笔者曾专门讨论过它的概念

---

① Buss, D. M, *Evolutionary Psychology: The New Science of the Mind. Boston*, MA: Pearson Education, Inc., 2004, p. XIX.

② Tooby J. & Cosmides L., "Conceptual Foundations of Evolutionary Psychology", in D. M. Buss, Ed. *The Handbook of Evolutionary Psychology*, Hoboken, NJ: Wiley, 2005, p. 15.

背景、思想逻辑及其面临的挑战。① 这里的论证主旨,将立足于关于心理学理论基础的反思,揭示一切形式的进化论的心理学研究方案的逻辑的盲目性和虚妄性,从而在理解历史的基础上为心理学真正走向理论的统一提供可能的思路。

二 问题的症结及其澄清与自觉

为方便下文论证起见,我们不妨首先将这里所面临的问题分解为三个步骤直接表述如下。第一,就它本身的理论性格而言,进化论是一种生物学理论,它所关心的主题,是作为物理自然现象的生物学的事实,具体说来就是作为物种自然形态的生命个体所具有的生物学特征。进化论在它的科学本分之内确立的一个基本事实是,物种及其形态结构不是固定不变的,而是一个变化的过程,并提供自然选择的机制来说明这个变化的过程。我们不妨在生物学的意义上将物种及其变化的过程所服从的规律称为机体进化的逻辑。达尔文的生物进化论就是对这个逻辑的系统阐释,并在这个范围内拥有它完全的理论解释力。第二,同样可以确立的是,心理领域内的事实及其结构也不是固定不变的,而是一个历史发生的过程。借用进化论的语言来说,我们可以相应地将心理领域内的事实及其历史发生的过程所遵循的规律称为心理进化的逻辑。第三,由此,我们可以提出如下问题:心理进化的逻辑与机体进化的逻辑是不是同一个逻辑?如果有人通过系统的论证对这个问题给出肯定的回答,那么,以进化论作为心理学思想的基础便获得逻辑的保障;相反,如果心理进化所遵循的是与机体进化不同的逻辑,那么,以进化论作为心理学思想的基础便是一个逻辑的僭越,由此开展的任何形式的心理学研究方案,都必将是缘木求鱼式的努力而不可能达到它的理论目的。

只有通过这样的提问方式,我们才能对与进化论有关的心理学研究方案及其思想体系的全部问题的根本获得清晰的把握,并在理论上趋于自觉。由此,我们可以把握到以下两个思想趋势。其一,在接受进化论影响的主流心理学的历史中,关于心理进化是否符合与机体进化同样的

---

① 高申春:《进化心理学的历史与挑战》,《常州工学院学报》2007年第2期。

逻辑的问题是不被提问的；事实上，一切形式的这种心理学研究，正是以关于心理进化符合与机体进化同样的逻辑的信仰为基础的，虽然关于这个信仰本身在理论上是不甚自觉，甚至是盲目的。其二，一切形式的对于将进化论作为有关人的科学研究（包括心理学研究）之基础的各种学术实践的批判，正是以关于心理进化是否符合与机体进化同样的逻辑的疑问为基础的，而对这个疑问及其问题的理论自觉的程度，则决定了相应的批判工作的系统化程度。

如前所述，一切形式的进化论的心理学研究方案，都是以进化论作为"心理学思想的基石"的。这个科学企图肇始于达尔文本人。在完成《物种起源》一书的写作之后，达尔文在关于进化论作为生物学原理的系统论证的基础上获得一个理论的洞察："我看到了将来更为重要的广阔的研究领域。心理学将稳固地建立在斯宾塞先生已充分奠定的基础上，即每一智力和智能必由梯级途径获得。人类的起源和历史也将由此得到许多启示。"① 这个理论洞察的实质，就是关于心理进化符合与机体进化同样的逻辑的未经论证的一个朴素的信念。所以，对达尔文而言，如果他要系统地将进化论引入心理学研究，他就必须对上述信念作出系统的论证，恰如他在《物种起源》中对进化论作为生物学原理所进行的系统论证一样。然而，细读《人类的由来》一书可以发现，由于历史的原因，达尔文关于心理进化符合与机体进化同样的逻辑的信念，是作为他在《人类的由来》一书中开展的心理学研究的前提而不是作为论证的结果被提出来的。② 由此，达尔文便为后来的心理学的发展设置了一个陷阱：心理学家普遍地想当然地认为，达尔文已经完成了关于心理进化符合与机体进化同样的逻辑的论证，并因此愈加不能自觉这个问题及其对心理学的意义。这也是上文提到的关于心理进化是否符合与机体进化同样的逻辑的问题在主流心理学的历史中不曾被提问的科学史原因。

关于这个论题，我们可以引证舒尔茨关于机能心理学的历史的说明及进化心理学的思想逻辑。舒尔茨指出："达尔文进化论……主张物种是进化的，生存的需要决定了它的身体结构。这一前提影响了生物学家，使他们把每一解剖结构都看作是一种活动的、适应的和整体系统的机能

---

① ［英］达尔文：《物种起源》，谢蕴贞译，科学出版社1955年版，第320页。
② 高申春：《心灵的适应——机能心理学》，山东教育出版社2009年版，第51—56页。

因素。当心理学家开始以同样方式考察心理过程时,他们创造了一种完全新的运动——机能主义。"① 对进化心理学家而言,进化心理学的思想逻辑的出发点是再简单、明了不过的了:"人类和所有其他物种一样,是由进化的过程产生出来的。因此,人类内在地拥有的一切属性,都[只能]是进化过程的产物。"② 可见,无论是机能心理学家还是进化心理学家,都在一种不甚自觉的类比的意义上,将人类的"心理过程"或心理"属性",理解为是与人类作为一个生物学的物种的"身体结构"相同性质的存在。由此造成的思想态度的结果是,如果人的心理的属性果真是一种与他的身体的属性完全不同性质的存在,那么,这种性质的差异性是难于被承认、被认识的;由此造成的科学史的结果是,与其说机能心理学家和进化心理学家将进化论的原理引入心理学之中,不如说他们是将心理学纳入生物学的范畴。就后一个方面来说,这就是在一切形式的进化论的心理学研究方案中普遍流行的关于心理学的生物学化倾向的认识论根源。

三 批判的思路

如果我们将视野扩展到主流心理学以外,或一般而言扩展到心理学以外,如生物学、哲学等学科及其历史,那么,我们将发现,在关于人及其历史的科学研究中,一直存在着对以进化论为基础的关于心理进化符合与机体进化同样的逻辑的信念的怀疑论,而且,由这种怀疑论精神所促进的研究工作,已经显示出了对于理解人及其历史的更加光明的希望和愈来愈旺盛的生命力。通过考察这些批判的思路,我们必将能够获得据以理解心理学及其历史的一些极富启发性的线索。

在生物学领域,如所周知,几乎与达尔文同时提出以自然选择学说为基础的生物进化论的华莱士,就倾向于把人排除在自然选择的作用范围之外,并求助于上帝的创造来解释人类心理的起源。尽管与进化论基

---

① [美] 舒尔茨:《现代心理学史》,杨立能等译,人民教育出版社1981年版,第135页。
② Tooby J., "The Emergence of Evolutionary Psychology", in D. Pines, Ed. *Emerging Synthesis in Science*: *Proceedings of the Founding Workshops of the Santa Fe Institute*, Santa Fe, NM: The Santa Fe Institute, 1985, p. 106.

本原理相违背，他还是相信，"自然选择不可能塑造出像人脑这样令人惊异的复杂结构，因为人脑似乎包含着进步的无限潜能"；对他来说，"他所能想象到的、能够产生人类理智的唯一机制，只能是上帝之手"。[①] 虽然华莱士只能在自然选择说和上帝创造说之间做出非此即彼的选择来解释人类理智的起源，而想象不到关于人类理智起源的其他可能机制，这显示了他的心理学思想的贫乏，而且毫无疑问，求助于上帝的创造来解释人类理智的起源乃一种历史的倒退趋势，但从本文论题来看，华莱士的意义恰恰在于，他看到并指出了心理进化与机体进化之间的差异性，并为构想与机体进化不同的关于心理进化的机制或逻辑，保留了充分的理论思考的空间。苏联生物学家杜布赞斯基则更明确地指出了心理进化（或文化进化）与机体进化（或生物进化）之间的原则性差别。他指出，"人类生物学和人类文化，乃是同一个系统的两个部分，是在生命历史中有它独特性和前所未有的。人类的进化若不是生物的和社会的变异因素相互作用的结果，那是不可能了解的"；"在动物和植物中，形成对环境的适应性，是通过其基因型的变异。只有人类对环境刺激的反应，才主要是通过发明、创造和文化所赋予的各种行为。现今文化上的进化过程，比生物学上的进化过程更为迅速和更为有效"；"获得和传递文化特征的能力，就成为在人种内选择上最为重要的了"。[②]

在当代哲学界，德国哲学家卡西尔因为熟悉心理学史，既在否定的意义上明确地质疑主流心理学中关于心理进化符合与机体进化同样的逻辑的信念，又在肯定的意义上明确地自觉到心理进化符合它自己的逻辑，并系统地论证了这个逻辑。他的文化哲学体系是以心理实在作为与物理实在完全不同性质的一种存在为出发点的，并试图通过对作为意识的具体存在样态的宗教、神话、语言、艺术、科学等符号形式的考察，来理解人类意识的本质及其历史发生。例如，他认为，"在语言的纯粹感觉材料中，在人类声音的纯粹发音中，存在着一种超越事物的特殊力量"[③]，这个特殊力量就是与"语言的纯粹感觉材料"作为物理存在相对峙的人

---

① Povinelli D. J, "Reconstructing the evolution of mind" *American Psychologist*, Vol. 48, No. 5, 1993, p. 495.
② 孙正聿：《理论思维的前提批判》，辽宁人民出版社1992年版，第199—200页。
③ ［德］卡西尔：《神话思维》，黄龙保、周振选译，中国社会科学出版社1992年版，第46页。

的精神存在;"我们绝不可能用探测物理事物的本性的方法来发现人的本性。物理事物可以根据它们的客观属性来描述,但是人却只能根据他的意识来描述和定义"①。而且,通过对"人是什么?"的问题的追问,卡西尔不仅与此相一致地把人定义为"符号的动物",而且正是以此为基础才能够发现并指出文化进化或心理进化自己的逻辑,而不是盲目地把进化论关于身体进化或物理进化的一般原理,直接地套用过来说明人类文化或心理的进化。所以,虽然在科学的意义上,卡西尔赋予了达尔文及其《物种起源》一书所阐释的进化论以世界历史的意义,但同时也明确地暗示着对《人类的由来》,特别是作为其中有关心理学研究之前提的关于心理进化符合与机体进化同样的逻辑的不满和质疑:"但是,在一个真正的人类学哲学能够得以发展之前,还有另一个或许是最重要的步骤必须被采取。进化论已经消除了在有机生命的不同类型之间的武断的界线。没有什么分离的种,只有一个连续的不间断的生命之流。但是我们能把同样的原则应用于人类生命和人类文化吗?文化的世界,也象有机世界那样是由偶然的变化所构成的吗?——它不具有一个明确而不容否认的目的论结构吗?"②虽然"显而易见,对于统辖一切其它有机体生命的生物学规律来说,人类世界并不构成什么例外",但是,"在人类世界中我们发现了一个看来是人类生命特殊标志的新特征……这个新的获得物改变了整个的人类生活。与其它动物相比,人不仅生活在更为宽广的实在之中,而且可以说,他还生活在新的实在之维中"③。

自20世纪90年代以来,在英美学术界,关于文化进化问题形成了一股新颖而颇有创意的理论思潮,即谜米学研究(the memetic approach)。这一思潮的兴起所针对的一般背景,是百余年来在进化论影响下,生物学、心理学、人类学等学科及其诸综合形式如社会生物学、进化心理学等,在关于人类文化进化或心理进化问题的研究中只取得了不能尽如人意的极有限的成就或进展的历史现状;它的形成的方法论基础,是基因学类比,认为文化有类似于基因的基本单位即谜米(the meme),并构成文化进化中自然选择的对象;它据以构建理论的直观的经验基础,是人

---

① [德] 卡西尔:《人论》,甘阳译,上海译文出版社1985年版,第8页。
② [德] 卡西尔:《人论》,甘阳译,上海译文出版社1985年版,第26—27页。
③ [德] 卡西尔:《人论》,甘阳译,上海译文出版社1985年版,第32—33页。

类普遍的模仿能力。在本文讨论的主题背景中，这个思潮的意义在于：在以进化论为基础的关于文化进化或心理进化的研究传统中，谜米学是既在否定的意义上质疑关于心理进化符合与机体进化同样的逻辑的信念，又在肯定的意义上明确主张心理进化拥有并符合它自己的逻辑的第一个系统的理论尝试，虽然它在肯定的方面关于心理进化的逻辑的独特的具体阐释无疑将面临各种形式的挑战，甚至是鄙视性质的情感反应。① 例如，第一个合成并使用"meme"一词的英国生物学家道金斯指出，"一伺这种新的进化过程（意指谜米的进化、文化的进化或心理的进化——本文作者注）发轫于斯，它就未必非得从属于旧的进化过程（意指基因的进化、生物的进化或机体的进化——本文作者注）不可"②。道金斯的学生、试图将谜米学作为一门科学建立起来的英国学者布莱克摩尔则更明确地指出，"基因是储存于生物体细胞之中的、合成蛋白质的生化信息，并且是通过繁殖过程而实现代际传递的；基因之间的相互竞争推动着生物世界的进化。谜米是储存于大脑之中的、执行行为的文化信息，并且是通过模仿过程而实现人际传递的；谜米之间的相互竞争推动着（人类）心理的进化"③。她并进一步指出，"不管如何，一旦谜米产生了，它们就必将获得它们自身的生命"④。这个所谓"谜米""自身的生命"，就是布莱克摩尔对她所把握到的心理进化符合它自己的逻辑的一种特殊的表达方式，她意欲将之作为一门科学建立起来的所谓谜米学，就是她试图具体地阐释心理进化的逻辑的系统的个人尝试。

四　人类学哲学的视野

上面的讨论自然不能穷尽有关心理进化是否符合与机体进化同样的逻辑的怀疑论的全部思想线索。事实上，关于心理进化是否符合与机体

---

① Midgley M, "Why memes?" in Rose, H. & Rose, S, Eds. *Alas, poor Darwin*: *Arguments against evolutionary psychology*, London: Vintage, 2000.

② Dawkins R, *The selfish gene*, Oxford University Press, 1976, pp. 193–194.

③ ［英］布莱克摩尔：《谜米机器——文化之社会传递过程的"基因学"》，高申春等译，吉林人民出版社2001年版，第30页。

④ ［英］布莱克摩尔：《谜米机器——文化之社会传递过程的"基因学"》，高申春等译，吉林人民出版社2001年版，第52页。

进化同样的逻辑，这是心理学作为一门独立科学在试图接受进化论影响之前必须首先加以澄清，并因而属于它的理论基础的一个问题，其他任何学科都不可能在直接的意义上为心理学完成对这个问题的论证。由此不难理解，一方面，各种理论传统或学科传统的关于心理进化是否符合与机体进化同样的逻辑的怀疑论，虽然就它们的理论形态而言表现出多样性和异质性，但在与这个问题的关系背景中又都表现出它们的理论旨趣的共同的指向性，这个共同的指向性，就是关于心理进化的逻辑的人类学哲学的视野，亦即关于心理进化符合它自己的逻辑的理论确认；另一方面，也只有在明确的关于心理进化的逻辑的问题意识的背景中，才能把握这些批判的怀疑论思想的共同的理论旨趣，并理解它们对心理学理论基础而言所隐含的意义，如上文关于华莱士的意义的揭示所显示的那样。又比如说，19世纪德国唯物主义哲学家费尔巴哈的宗教批判工作的结论，即宗教是人的本质的异化和对象化，在本文论题背景中必将进一步获得其心理学的意义：宗教及其关于神灵世界与自然世界的对立，乃古人关于心理进化符合它自己的、与自然世界完全不同的逻辑的朦胧意识的一种异化的理论表达，并因而在本文论题背景中间接地获得一种肯定的意义。

这里引入人类学哲学的视野，其目的在于，在心理学内明确提示人的存在的历史进程的双重性格，即人的存在的自然历史过程和社会历史过程，据以划定心理学与生物学之间的界限，并确认进化论的解释领域，以有助于批判地理解一切形式的进化论的心理学研究方案及其思想体系的历史意义和理论意义。

所谓人的存在的自然历史过程，包含两层含义：一是指当人类处于前人类的动物状态时的演化史；二是指当人类进入文明状态之后的历史发展过程的自然的方面。所谓人的存在的社会历史过程，是指当人类进入文明状态之后的历史发展过程的社会的或"文明的"方面。人类文明的诞生，如卡西尔等人所指出的那样，彻底改变了人的生存方式，使人摆脱了自然力的盲目作用，并从自然界中突显出来而成为自然力的驾驭者。因此，在人的文明的历史进程中，自然力的作用便隐退为人的存在的背景因素；此时，对人类历史过程起主要决定作用的，就是人的自觉的、有目的的实践活动，而不再是盲目的自然力。又因此，就对文明的人类历史的理解而言，进化论失去了它的解释的优先性，虽然仅仅在人作为生物学存在的意义上，进化论依然拥有它的普遍的科学意义。对此，马克思曾高度概括而精练地指出："人的存在是有机生命所经历的前一个过程的结果。只是在这个过程的一定阶段上，人才成为人。但是一旦人已经存在，人，作为人类历史的经常前提，也是人类历史的经常的产物和结果，而人只有作为自己本身的产物和结果才成为前提。"① 虽然马克思所直接关心的并不是本文论证的主题，但正是以关于人的存在及其历史的人类学哲学的这种理解为基础，他才能够揭示资本运动的逻辑，并在这个意义上对于我们理解本文论证的主题隐含着潜在的和巨大的启示意义。

[该文刊于《南京师大学报》（社会科学版）2010 年第 2 期]

---

① 《马克思恩格斯全集》第 35 卷，人民出版社 2013 年版，第 350—351 页。

心理进化的逻辑与达尔文的心理学陷阱

所谓心理进化，是借用达尔文进化论的术语表达这样一个事实，即作为心理学研究对象的心理的东西，亦即人类意识，经历了一个历史发生的过程。心理进化或人类意识的历史发生作为一个过程，自然遵循着，或展现出某种规律，这个规律就是本文所说的心理进化的逻辑。文章标题将"心理进化的逻辑"与"达尔文的心理学陷阱"相并置，是因为，如本文将要揭示的那样，达尔文实际上提供了一种后来被心理学不自觉地普遍接受的关于心理进化的逻辑的说明，但这个说明是无效的，并因而构成心理学历史发展的一个思想陷阱。标题中看似并列的两个论题，其实是同一个主题的两个方面：如果不能洞察到心理进化或人类意识的历史发生所遵循的逻辑或规律是什么，便难以看穿达尔文为心理学所设置的思想陷阱；反过来说，只有洞察到达尔文主义关于心理进化的逻辑的说明的虚妄性，才能获得一个自由的思想空间，进而有可能独立地构想心理进化所符合的它自己的逻辑。

对这个主题的讨论，其意义不限于技术的细节层面，而涉及关于心理学是什么以及关于心理学统一的理论基础的建构等元理论问题。根据黎黑对心理学史的一种颇有效度的解说，心理学有过三次独立的创建：冯特创立了意识心理学，弗洛伊德创立了无意识心理学，詹姆斯等人创立了适应心理学。其中，冯特的意识心理学"被证明是寿命最短的一种心理学"；由弗洛伊德开创的精神分析虽然在广泛的社会生活及临床心理学中产生深远影响，但终究不被学院的主流心理学所接纳；而适应心理学则是"学院派心理学中最有价值也最有影响的"，正是适应心理学孕育了从机能主义到行为主义再到认知心理学的主流心理学的发展史。[①] 所

---

① [美] 黎黑：《心理学史——心理学思想的主要趋势》，刘恩久等译，上海译文出版社1990年版，第233—236、237—238、318页。

以，对于塑造心理学作为一门独立科学的内在性格而言，适应心理学是最重要的历史力量之一，而适应心理学的思想源流正是达尔文的生物进化论。换句话说，我们今天关于心理学是什么的理解，很大程度上是达尔文影响心理学的效果史的结果。因此，批判地理解主流心理学充满危机和困境的历史的有效线索之一，是揭示达尔文影响心理学的极其微妙的关系；也只有超越达尔文主义的思想陷阱，心理学才有可能寻求到它的统一的基础，并获得真正独立的学科地位。

一　达尔文的工作及其影响心理学的效果

毫无疑问，达尔文作为科学家所完成的工作具有世界史的意义，由他系统论证并确立的生物进化论，不仅为我们理解具有几乎无限多样性的生物世界提供了一个统一的基本原理，并因而为生物学作为关于生命现象之形态、结构、功能等的自然科学提供了统一的理论基础，而且，它所蕴含的对传统而言具有彻底变革意义的思维方式，在引导（到目前为止的）人类社会历史，特别是人类思维发展方向（其中包括心理学）方面所产生的影响，既是广泛而深刻的，同时也是极其错综复杂的而需要系统地加以反思和澄清。事实上，在某些人文社会科学领域，这种反思工作已经取得了重大进展。例如，在人类学领域，"达尔文的人类进化方式的论点，长期统治着人类学这门学科"，但近期的研究工作却证明，他的论点是"错误的"。[①] 令人遗憾的是，在同样是全面接受进化论影响的心理学中，不仅这种批判的反思工作未曾实际地开展过，甚至连批判的理论需求意识亦尚未形成。

首先必须明确，达尔文的进化论，就它本身的内容和性质而言，是一种生物学理论：它所关心的主题，是生命个体在物质的身体结构方面所表现出的形态特征；它的理论实质，是用自然选择的机制来理解和说明有机生物界演化的历史及其地理分布的现实；它据以被创立的经验基础，是达尔文观察到的地质和地理分布中物种的自然形态及其与物种生存环境之间极其微妙的适应关系。确认这一点的理论重要性在于，它既

[①] ［肯尼亚］利基：《人类的起源》，吴汝康等译，上海世纪出版集团2007年版，第2页。

规定了进化论作为一种科学理论的有效性的范围：只有在生命有机体作为纯粹自然的，亦即在与"精神"相对立意义上的"物质"的事实及其运动范围内，生物进化论才拥有完全的理论解释力；它同时也暗示着，如果心理学在任何扩大了的意义上理解进化论，则可能会导致对进化论和心理学本身的误解，从而构成心理学发展的一个理论陷阱。仅从心理学方面来说，按"心理学（psychology）"这个词的希腊文字根的词源学含义，是指关于"灵魂"的知识或学问，而按照"灵魂"这个词的概念史背景，是指根本地将人与动物分离开的区别性特征。因此，在传统的思维中，心理学所关心的主题，即人的非物质的精神世界，与进化论作为生物学所关心的主题，即有机生命的物种的自然世界，在性质上是全然不同的。又因此，如果有任何人试图将进化论的意义扩大、引申为"心理学思想的基石"①，则必须完成一个逻辑的论证，即人的精神世界作为心理学的主题与有机生命的物理世界作为生物学的主题在性质上是同一的。相反，如果传统思维关于人的精神世界与物理自然世界是性质不同，甚至相互对立的两个世界的划分，毕竟把握到了真理，即使是以错误的方式把握了这个真理，那么，不仅将进化论扩展引申为"心理学思想的基石"是一个逻辑的僭越，而且，由此引导的心理学思想发展的历史进程，必将是对心理学学科本性的背离，而不是对它的接近。

为论证方便起见，我们可以换一个更明确的说法将上述问题分三个步骤表述如下。第一，我们不妨在生物学意义上将物种及其变化的过程所服从的规律称为生物进化或机体进化的逻辑，达尔文的生物进化论就是对这个逻辑的系统阐释，并在这个范围内拥有完全的理论解释力。第二，借用进化论的语言，我们相应地将心理领域内的事实及其历史发生的过程所遵循的规律称为心理进化的逻辑。第三，我们由此可以提出如下问题：心理进化的逻辑与机体进化的逻辑是不是同一个逻辑？若要将生物进化论作为心理学的思想基础，就必须论证心理进化与机体进化符合同一个逻辑；相反，如果心理进化遵循的是与机体进化不同的逻辑，那么，以进化论作为心理学的思想基础便是一个逻辑的僭越，由此开展的任何形式的心理学研究方案，都必将是缘木求鱼式的努力而不可能达

---

① ［美］墨菲、柯瓦奇：《近代心理学历史导引》，林方、王景和译，商务印书馆1987年版，第186页。

到它的理论目的。

以上述问题框架为背景，我们需进一步追问，进化论作为生物学是如何获得其心理学意义，并获得作为"心理学思想的基石"的理论重要性的？试图赋予进化论以心理学意义的学术努力，肇始于达尔文本人。在《物种起源》一书的结尾处，达尔文表达了他在此书研究和写作过程中获得的一个理论洞察："我看到了将来更为重要的广阔的研究领域。心理学将稳固地建立在斯宾塞先生已充分奠定的基础上，即每一智力和智能必由梯级途径获得。人类的起源和历史也将由此得到许多启示。"① 这是对关于心理进化符合与机体进化同样的逻辑的朴素信念的第一次理论表达。在通常的心理学史和科学史研究中，一般都认为，随后出版的《人类的由来》，是达尔文对上述理论洞察的独立的系统发挥。按这种理解方式，我们本可以指望，在这本书中，达尔文应该对关于心理进化符合与机体进化同样的逻辑的朴素信念给出系统的逻辑论证。然而，仔细研读达尔文的著作可以看出，在《人类的由来》一书中，关于心理进化符合与机体进化同样的逻辑的信念，是作为论证的前提而不是作为论证的结果被提出来的。关于这个问题，达尔文只是笼统地说："我们可以指出，人和其他动物的心理，在性质上没有什么根本的差别，更不必说只有我们有心理能力，而其他动物完全没有了。"② 以这种方式"指出"的结论，自然不像《物种起源》在系统地考察物种及其生命的形态结构的基础上得出关于物种进化的结论那样具有逻辑的说服力。这意味着，将《人类的由来》看作达尔文对《物种起源》结尾处那个理论洞察的独立的系统发挥，是一种想当然的理解方式，这种理解方式所造成的效果是掩盖了这样一个历史事实，即达尔文没有完成关于心理进化符合与机体进化同样的逻辑的论证，从而将这个问题束之高阁而盲目地接受它。

事实上，必须以相反的路径来理解《人类的由来》一书的主题及其与《物种起源》之间的关系。在达尔文的时代，一个强有力地制约着进化论的传播与被接受的"传统的观点是认为，真正将人与动物区分开的，

---

① ［英］达尔文：《物种起源》，谢蕴贞译，科学出版社1955年版，第320页。
② ［英］达尔文：《人类的由来》（上册），潘光旦、胡寿文译，商务印书馆1997年版，第98页。

不是他们的身体，而是他们的心灵"①。对此，达尔文本人是有着清醒的认识的。在《人类的由来》的第三章，在开始讨论心理进化的问题之前，达尔文对前两章关于人类在身体结构方面与比人低等的动物的相似性和连续性，以及由这种相似性和连续性所暗示的结论总结道，"我们在上面两章里已经看到，人在身体结构方面保持着他从某种低级类型传代而来的一些清楚的痕迹"；但他紧接着便又指出，"但也许有人会提出意见，认为人在心理能力方面既然和其他一切动物有偌大的差别，这样一个结论（指人从某种低等动物传代、衍生而来——引者注）一定有它错误的地方"。② 所以，在达尔文的同时代人，包括达尔文本人的理解中，要在完全的意义上确立并论证进化论，还必须提供关于人或动物的心理进化的经验基础；这个经验基础，套用达尔文自己的话来说，必然是寻找人在心理结构方面保持着他从某种低级类型传代而来的痕迹。事实上，达尔文自己清楚，如果他不能在心理领域一贯地坚持自然选择学说而"突然地提出，支配心理进化的，乃是一套与支配身体进化不同的法则，那必将引起对整个自然选择学说的怀疑"。③ 这个动机的因素不仅决定了，《人类的由来》一书开展的全部心理学研究，必须以关于心理进化符合与机体进化同样的逻辑的信念为前提，并因而符合并从属于《物种起源》所阐发的进化论的一般原理，而且也决定了，《人类的由来》一书的全部"论证"的基本格调，是强行断言人与动物在心理上的连续性。这种独断论的"论证"方式，既体现了又助长着 19 世纪正在形成，且日渐强盛的一个普遍的世界观趋势，即物理自然主义的一元论世界观。由此造成的结果，是否定"灵魂""心灵""意识"等作为人的存在的特殊性之具体规定物的本体论地位，从而将人的存在纳入物理自然主义的世界观图景。从心理学方面来说，这个结果也就是否定作为心理学特殊研究对象的"意识"的实在性、否定心理学作为一门独立科学而存在的本体论基础，从而将心理学纳入生物学的范畴。这个趋势与心理学作为一门独立科学

---

① Povinelli D. J, "Reconstructing the evolution of mind", *American Psychologist*, Vol. 48, No. 5, 1993, pp. 493–509.

② ［英］达尔文：《人类的由来》（上册），潘光旦、胡寿文译，商务印书馆 1997 年版，第 97 页。

③ Povinelli D. J, "Reconstructing the evolution of mind", *American Psychologist*, Vol. 48, No. 5, 1993, pp. 493–509.

"诞生"之后刻意追求"科学"地位的历史的动机互相支持、互相促进，并共同决定了，20世纪的心理学正是沿着这条路线得到"发展"的，从而陷入各种形式的理论危机。

所以我们发现，当心理学作为一门独立科学产生，并与美国独特的社会文化背景相结合之后，这种心理学系统地接受了进化论及其隐含的心理学的思维方式。如波林所指出的那样，"美国心理学至1900年乃有明确的性质。它的躯壳承受了德国的实验主义，它的精神则得自达尔文"①。墨菲也指出："达尔文主义在十九世纪最后的二十五年对心理学的影响，也许就象任何单一的因素可能达到的那样，大大促进了这门科学塑造成今天的形态。"②

在当代心理学背景中，进化心理学的兴起表明，进化论及其隐含的思维方式对心理学的影响依然是广泛而深刻的。时下流行的这种进化心理学，其思想逻辑的出发点，似乎可以说是再简单、明了不过的了，而且，进化心理学家们自己对此充满了自信："人类和所有其他物种一样，是由进化的过程产生出来的。因此，人类内在地拥有的一切属性，都〔只能〕是进化过程的产物"③；"我们人类的发展程序，以及由这种发展程序必然产生的生理的及心理的机制，都是我们进化史的自然产物。人的心灵，人的行为，人的创造物，以及人的文化等等，所有这一切都是生物现象——是人及其相互关系之表现型的诸不同方面。"④

二 人的存在的维度与心理进化的逻辑

上文指出，进化论的思维方式与心理学追求"科学"的历史动机相

---

① [美]波林：《实验心理学史》，高觉敷译，商务印书馆1981年版，第575页。
② [美]墨菲、柯瓦奇：《近代心理学历史导引》，林方、王景和译，商务印书馆1987年版，第186页。
③ Tooby J., "The Emergence of Evolutionary Psychology", in D. Pines, Ed. *Emerging Synthesis in Science*: Proceedings of the Founding Workshops of the Santa Fe Institute, Santa Fe, NM: The Santa Fe Institute, 1985, p. 106.
④ Tooby J. & Cosmides, L, "The Psychological Foundations of Culture.", in J. H. Barkow, L. Cosmides, J. Tooby, Eds. *The Adapted Mind*: Evolutionary Psychology and the Generation of Culture, New York, NY: Oxford University Press, Inc., 1992, pp. 20 – 21.

互结合、共同作用的结果，是否定一方面作为心理学的本体论基础，另一方面作为人的区别性特征的意识实在，从而将人的存在纳入物理自然主义的世界观图景，并使之符合生物进化论的一般逻辑。同时，上文论证也暗示了，在心理学作为一门独立科学产生之后的主流历史的发展过程中，关于心理进化的逻辑以及关于心理进化是否符合与机体进化同样的逻辑的问题，未曾作为主题获得理论的自觉，并得到理性的探讨。事实上，在主流心理学的历史中，上述问题是不能被提问的，因为主流心理学的发展恰恰是以关于心理进化符合与机体进化同样的逻辑的盲目信念为前提的。因此，我们很难从主流心理学内部获得有效线索，来理解意识作为实在的本体论意义，进而理解心理进化的逻辑，也因此而难以看清并超越达尔文主义的心理学的思想陷阱。

然而，一旦我们跨出狭义的心理学的范围，并将目光投向广阔的人类思维的不同形式及其历史成就时，我们将获得据以理解人的存在及其维度、特征等的丰富的思想线索，这些线索，特别是其中关于意识实在性的论证和思考，对于重塑心理学的理论性格并重构心理学的理论基础，都是极富启发意义而大有裨益的。

关于人的存在，马克思曾说过，我们可以根据意识、宗教或随便的什么来区别人和动物。这个论述充分体现了人的存在的内涵的丰富性及其存在维度的多元性。从心理学的特定角度，无疑可以根据"意识"来区别人和动物，将"意识"作为人区别于动物的根本的规定性。事实上，这种理解方式具有古老的历史传统，"心理学"这个学名作为关于"灵魂"的"逻各斯"，就是这种理解方式的理论表达，虽然随着思想史的进展，不同时代的人们赋予了"灵魂"以不同的解释原则。在现时代的心理学背景中，我们可以用不带任何历史的及理论的偏见的话说，心理学是关于（人类）意识的科学研究。正是在这里，存在着一个心理学作为一门独立科学的专业化发展之结果的、从某种意义上说令人不可思议的奇怪现象：要说心理学是关于（人类）意识的科学研究，却往往招致各种怀疑的目光，并需要提供非常艰难的理论论证，才有可能被接受。

对于从心理学的角度，亦即从"意识"的角度来理解人的存在，有两个较为系统的论证思路，这两个论证思路虽然都发生在心理学之外，但就它们本身的性质而言，却都是心理学的。第一个论证思路是人类学的。古人类学的研究工作已经证明，人类意识或人类心理的萌生，是在生物进化的历史中决定人与动物分道扬镳，并最终使人成为人的关键的进化史事件。例如，按照在古人类学领域具有世界性影响力的英国学者理查德·利基的理解，正是这个进化史事件，构成我们思考古人类学意义上的"现代人"，亦即"像我们这样的人"的"起源"的起点："'像我们这样的人'，我的意思是指现代的智人，就是有鉴别和革新技术的能力，有艺术表达的能力，有内省的意识和道德观念的人"；诸如村落、酋长领地等"这种看来是不可抗拒的越来越复杂的社会，是由于文化的进化，而不是被生物学的变化驱动的"；旧石器时代晚期世界各地的狩猎——采集者独立地发明各种农业技术，"这也是文化或技术进化的结果，而不是生物进化的结果"。①

这个进化史事件的理论意义是双重的。一方面，在本体论意义上，它彻底改变了人的存在的性质，使人本身分裂为自然历史过程和社会历史过程的双重存在：从这时起，人就不再只是一种生物学的存在，同时也是一种心理的、文化的或社会的存在，而且，它作为生物学的存在进而隐退为它作为文化的或社会的存在的背景因素。换句话说，正是心理或意识的产生，使人类摆脱了自然力的盲目作用，并从自然界中突显出来而成为自然力的驾驭者。另一方面，在认识论意义上，正是对这个事件及其本体论意义的洞察，划定了生物进化论及其作为思维方式的有效性的领域：对人作为生物学存在或对人的自然历史过程而言，进化论依然拥有它的普遍的有效性；但对于人作为心理的、文化的存在或对于人的社会历史过程而言，进化论失去了它的解释的优先性，而必须从人的自觉的实践活动出发，才能合理地得到理解。事实上，早在人类学取得这个认识之前一个多世纪，马克思就已经在理论思维中把握到了这个认识："人的存在是有机生命所经历的前一个过程的结果。只是在这个过程的一定阶段上，人才成为人。但是一旦人已经存在，人，作为人类历史的经常前提，也是人类历史的经常的产物和结果，而人只有作为自己本身的产物和结果才成为前提。"②

第二个系统的论证思路来源于德国哲学家卡西尔的人类学哲学或文

---

① ［肯尼亚］利基：《人类的起源》，吴汝康等译，上海世纪出版集团2007年版，第71—72页。

② 《马克思恩格斯全集》第35卷，人民出版社2013年版，第350—351页。

化哲学体系。作为哲学家，卡西尔在我们这里所讨论的问题背景中的意义，至少表现在以下两个方面。其一，他的文化哲学体系是以心理实在或意识实在作为与物理实在完全不同的一种存在为出发点的，并试图通过对作为意识的具体存在样态的宗教、神话、语言、艺术、科学等符号形式的考察，来理解意识及其历史。例如，他认为，"在语言的纯粹感觉材料中，在人类声音的纯粹发音中，存在着一种超越事物的特殊力量"①，这个力量就是与"语言的纯粹感觉材料"作为物理存在相对峙的人的精神存在；而且，在卡西尔看来，"我们绝不可能用探测物理事物的本性的方法来发现人的本性。物理事物可以根据它们的客观属性来描述，但是人却只能根据他的意识来描述和定义"②。其二，通过对"人是什么？"问题的追问，卡西尔不仅与上述第一方面相一致地把人定义为"符号的动物"，而且正是以此为基础才能够发现并指出文化进化或心理进化自己的逻辑，而不是盲目地把进化论关于身体进化或物理进化的一般原理，直接地套用过来说明人类文化或心理的进化。因此，卡西尔虽然一方面赋予了达尔文及其《物种起源》一书以世界历史的意义，但同时在另一方面，他也暗示着对《人类的由来》，特别是作为其有关心理学或人类学研究的前提的关于心理进化符合与机体进化同样的逻辑的不满和质疑："但是，在一个真正的人类学哲学能够得以发展之前，还有另一个或许是最重要的步骤必须被采取。进化论已经消除了在有机生命的不同类型之间的武断的界线。没有什么分离的种，只有一个连续的不间断的生命之流。但是我们能把同样的原则应用于人类生命和人类文化吗？文化的世界，也象有机世界那样是由偶然的变化所构成的吗？——它不具有一个明确而不容否认的目的论结构吗？"虽然"显而易见，对于统辖一切其它有机体生命的生物学规律来说，人类世界并不构成什么例外"，但是，"在人类世界中我们发现了一个看来是人类生命特殊标志的新特征……这个新的获得物改变了整个的人类生活。与其它动物相比，人不仅生活在更为宽广的实在之中，而且可以说，他还生活在新的实在之维中"③。特

---

① ［德］卡西尔：《神话思维》，黄龙保、周振选译，中国社会科学出版社1992年版，第46页。
② ［德］卡西尔：《人论》，甘阳译，上海译文出版社1985年版，第8页。
③ ［德］卡西尔：《人论》，甘阳译，上海译文出版社1985年版，第24、26—27、32—33页。

别是对心理学而言意味深长的是，他还明确地指出，"我们的心理学和文化理论的头等重要的任务之一"，就是去发现人类文化或人类意识所具有的这个"目的论结构"，去发现"意识"这个新的实在、新的维度对人的存在和发展所具有的意义。① 在本文论题背景中，这个任务也就是去发现人类意识的历史发生或心理进化所遵循的它自己的规律或逻辑。

三 达尔文的心理学陷阱及其超越

前面在导言中提到，在本文主题背景中，"心理进化的逻辑"与"达尔文的心理学陷阱"作为并列的两个论题，其实是同一个主题的两个方面：如果不能洞察到心理进化的逻辑是什么，就难以看穿达尔文为心理学所设置的思想陷阱；只有洞察到达尔文主义关于心理进化的逻辑的说明的虚妄性，才能获得一个自由的思想空间，进而有可能独立地构想心理进化所符合的它自己的逻辑。这个命题是在超越了达尔文主义的思维框架之后，或置身于达尔文主义思维方式之外才有可能获得的。事实上，就理论的和历史的现实而言，这其中所涉及的关系是极其错综复杂的。所以，还必须进一步阐明这种关系，才能明确地揭示达尔文的心理学陷阱是什么及其对心理学的历史发展所产生的全部的消极意义，并提示心理学在真实的意义上走向独立的可能道路。

从第一个方面来说，至少就心理学的主流形态而言，正因为它是不自觉地，并且普遍地接受达尔文的生物进化论及其隐含的思维方式而得到"发展"的，所以它不可能洞察到心理进化或人类意识的历史发生所遵循的规律或逻辑是什么，甚至连心理进化的逻辑这个主题亦不能形成理论的自觉。如前所述，达尔文出于全面论证他的生物学理论即物种经由自然选择而进化的动机，又受制约于他的特定的历史的时代背景，强行断言人与动物在心理上的连续性——这个强行的断言上升到本文的论证主题，就是关于心理进化符合与机体进化同样的逻辑的信念；这个信念及其体现的物理主义一元论世界观趋势，与心理学"诞生"之后刻意追求"科学"地位的历史的动机相结合的结果，是心理学一厢情愿地在

---

① ［德］卡西尔：《人论》，甘阳译，上海译文出版社1985年版，第28页。

完全的意义上，亦即在以丧失自身为代价的意义上投入这个信念的怀抱——其中，心理学刻意追求"科学"地位的动机，主要地是一种情绪的力量，而不是理性的力量。由此塑造的这种心理学的思想气质，在逻辑上根本地拒绝如下的提问方式或思想目光：心理的进化是否遵循某种规律或逻辑，特别是，心理进化的逻辑与生物进化的逻辑是不是同一个逻辑？因为这种思想气质就是关于心理进化符合与机体进化同样的逻辑的盲目信念本身，并因而不可能在它自身作为一个封闭的思想迷宫之内实现自我超越、自我破除。正是在这个意义上，本文将达尔文进化论所隐含的关于心理进化符合与机体进化同样的逻辑的盲目信念，称为达尔文的心理学陷阱。而且，通过上文论证，我们在事实上已经把握到，心理进化或人类意识的历史发生遵循着它自己的逻辑，而不是与机体进化同样的逻辑。对普遍接受达尔文进化论影响的主流心理学而言，这样的事态究竟意味着什么呢？！一言以蔽之，它只能意味着心理学作为一门独立科学的历史的盲目性。

关于第二个方面，就学术实践的历史而言，认识的进程并不是因为首先洞察到了达尔文主义关于心理进化的逻辑的说明的虚妄性之后，才得以构想心理进化所符合的它自己的逻辑，而是恰恰相反。例如，在卡西尔的文化哲学体系中，他首先洞察到的是人类意识的实在性及其历史发生的规律性，他的哲学体系的目标，就是要对这个规律加以阐释，只是在这个洞察的基础上，并在这个阐释的过程中，得以形成对达尔文主义作为哲学人类学的批判性澄清。事实上，任何形式、任何程度的对于人类意识的独特性的洞察，都必将导致对关于心理进化符合与机体进化同样的逻辑的盲目信念的怀疑或否定，[①] 如黎黑在分析19世纪"新的科学的自然主义和对超验的精神实在的古老信仰之间的冲突"时所指出的那样，"再没有比认为我们只是既没有灵魂也没有自由意志的化学机器更令人难以置信的了"。[②] 本文关于上述主题的第二个方面的表述方式，更主要的是针对心理学及其历史而言的，并表达了作者内心的这样一个呼声：只有超越达尔文主义及其关于心理进化符合与机体进化同样的逻辑

[①] 关于这个问题的一个较为详细的论证，参见高申春《进化论心理学思想的人类学哲学批判》，《南京师大学报》（社会科学版）2010年第2期。

[②] ［美］黎黑：《心理学史——心理学思想的主要趋势》，刘恩久等译，上海译文出版社1990年版，第232—233页。

的盲目信念，将心理学从它的历史的盲目性中唤醒起来，心理学才有可能寻求到它的真实的目标，并在向这个目标行进的过程中获得它的真实的存在。

［该文刊于《西北师大学报》（社会科学版）2011年第3期，第二作者杨硕］

文化社会传递过程的"基因学"阐释及其未来

——关于 memetics 的思考与批判

若干年前，吉林人民出版社约请我将英国人 Susan Blackmore 于 1999 年出版的 The Meme Machine 一书译成汉语。翻译之前的通读给我的印象是：书虽新奇，但并无多大学术的和理论的价值。当时略有空闲，且编辑对这本书的策划定位是通俗读物，于是便应承下来，并接受编辑的提示将 meme 音译为"谜米"。考虑到 meme 是一个新词，汉语音译"谜米"亦不是一个像"基因"那样已处于使用之中、具有明确含义的词汇，于是，译事完成之后，为方便读者的选择和判断起见，我给书名的汉译补充了一个副标题"文化之社会传递过程的'基因学'"。

近几年来，在我自己的研究工作，特别是在有关进化心理学以及与进化论有关的心理学史研究中，不得不广泛涉及关于文化及其历史发生的进化论的研究传统——这个传统大概可以笼统地称之为社会生物学或社会达尔文主义，其中包括所谓 memetics，于是对 memetics 有了进一步的思考。特别是，从文献背景看，近年来，在国内学术界，有一些人在严肃的、肯定的意义上对 memetics 表现出越来越浓厚的兴趣：或是试图以 memetics 作为相关研究工作如语言学的理论基础；或是盲目地断言 memetics 是 20 世纪末文化学和语言学理论体系的重大突破；或是宣扬达尔文主义向社会领域的进军，认为达尔文主义可以成为哲学社会科学和历史科学的范式。此外，还有很多年轻的研究生以此作为论文选题的方向。从学术和理论的角度说，这种事态及其发展趋势着实堪忧。于是，作者愿意在此写出自己关于 memetics 的思考，以供对 memetics 有兴趣的读者参考。

顺便指出，这里将不涉及技术的细节问题，如关于"meme"这个词的译法及其词源学考证等（这些工作在各自适得其所的背景中当然有它们正当的理由和价值），而是在思想史的层面上展开有关的讨论。

一 概念史的一般背景考察

我给《谜米机器》一书补充的副标题，恰当地表达了 memetics 作为一种理论思潮或一门科学学科的基本性质（——至少，《谜米机器》的作者 Susan Blackmore 作为 memetics 的最热心的倡导者，是认真地把 memetics 当作一门科学来加以倡导和发展的）：它的研究主题是人类文化；它的理论目标，是要提供关于文化的历史发生或社会传递过程的内在机制的解释；它的思想的方法论基础，是基因学类比，即将生物学把基因作为自然选择的对象和单位的思想方法，类比引申到对文化的理解，认为文化具有类似于基因的基本单位即"谜米"（the meme），并构成文化进化中自然选择的对象；它的理论据以被构建的直观的经验基础，是人类普遍的模仿能力。因此，必须从关于文化进化的社会达尔文主义研究传统的概念史背景出发，才有可能完整地理解并澄清 memetics 的理论实质，进而有把握地预言它在严肃的学术背景中的未来命运。

关于文化进化的社会达尔文主义的研究传统，本身构成一部冗长而充满各种错综复杂的关系的历史；特别是，在这部历史中，一些事关全局的基本主题，未曾在理论上自觉的水平上被提问和探讨，而这些主题，从理论方面来说，对它们的自觉是我们据以批判地把握各种形式的社会达尔文主义理论体系的思想实质的前提，从历史方面来说，各种形式的社会达尔文主义的理论体系及其历史变更，最终都指向着这些基本主题，或暗示着这些主题必将浮出水面而要求我们作出回答。这里当然不可能对这个历史展开全面的讨论，[①] 而只能提供一些框架性的背景线索，以有助于揭示和理解 memetics 的实质。

关于这个概念史的背景，首先必须明确，狭义的或原本意义上的达尔文主义，是具体地指达尔文的进化论所蕴含的关于全部生物学事实的理解方式，即用自然选择的机制来说明和解释物种及其生命的形态结构

[①] 有兴趣的读者可参阅拙著《心灵的适应——机能心理学》，山东教育出版社 2009 年版，第 48—60 页。

或机体特征。指明这一点的重要性在于，正是这个事实划定了生物进化论作为科学理论和思维方式的有效性的范围：只有在物种及其生命的形态结构或机体特征这个范围内，进化论才拥有它完全的理论解释力；任何超出这个范围对进化论的运用，都必然是某种形式的逻辑的僭越。

原本意义上的达尔文主义构成一切形式的社会达尔文主义思想的概念源点：后者无非是将前者关于生物学事实的理解方式类比引申到关于其他事实作为主题的研究之中，如文化、意识或心灵、社会结构及其历史变迁等。就关于文化的社会达尔文主义而言，它在历史上表现为两个出发点不同并因而方向相反，但趋向于同一个理论目标的研究路径。一是从生物学向文化的扩展或延伸，其理论的表现形态就是以洛伦茨、廷伯根等人为代表的关于动物行为的习性学（ethology，或可称为关于动物的行为生态学）和威尔逊主张的社会生物学。无论是习性学还是社会生物学，就其学术的职业本分而言，都属于动物学或生物学的范畴。它们的理论目标是对动物行为，特别是动物的群居行为（或可称之为动物的社会行为）作出进化论的解释，并在这个范围内拥有其存在和发展的完全的科学合理性。但是，一方面，因为在经验的直观中，人类文化现象具体地表现为人作为一个物种的，虽然是更加复杂的社会行为，所以，习性学家和社会生物学家作为动物学家倾向于将他们关于动物群居行为的生物学解释，扩展应用于关于人类的社会行为和文化现象，如威尔逊所指出的那样，"现在让我们用自然史的自由思想来看待人类，就像我们是来自另一个星球的动物学家，要把地球上各种社会物种补充完整"；"从这种宏观角度来看，人文科学和社会科学就成为生物学的一些专门学科；历史、传记和小说就是人类行为研究的记录，而人类学和社会学则共同构成与灵长目同类的物种的社会生物学"[①]。由此反过来造成的一个理解的趋势是，将人类行为或文化现象与动物行为等量齐观。另一方面，作为遗传学理论发展之思想结果的"基因型"和"表现型"这一对范畴的形成，又强化了上述理解趋势。在以这一对范畴为基础的思想框架内，人类社会行为和文化现象，似乎可以恰当而完善地解释为是由人类作为物种的"基因型"所决定的"表现型"。

---

① 转引自［法］米歇尔·弗伊《社会生物学》，殷世才、孙兆通译，商务印书馆1997年版，第2页。

文化研究的社会达尔文主义的另一个路径，是从心理学向生物学的还原性过渡，其理论的表现形态就是各种形式的进化论的心理学思想，特别是时下流行的进化心理学。例如，19世纪末20世纪初流行于美国的机能心理学，普遍地倾向于将"意识"理解为有机体适应环境的手段；随后的行为主义也是以"行为"在有机体适应环境的过程中完成了什么来理解"行为"的；时下流行的进化心理学更是自觉地将作为心理学独特研究对象的"意识""文化"等，强行规定为生物学的事实，如在进化心理学理论建构方面颇有影响力的图比和科斯米戴斯就论证说："我们人类的发展程序，以及由这种发展程序必然产生的生理的及心理的机制，都是我们进化史的自然产物。人的心灵，人的行为，人的创造物，以及人的文化等等，所有这一切都是生物现象——是人及其相互关系之表现型的诸不同方面。"① 从心理学史背景来看，促成这个研究路径的，是心理学刻意追求"科学"地位的学科史冲动。如美国心理学史家西格蒙·科克所指出的那样，心理学是在尚未探明它自身以及它所研究的问题的性质之前（盲目地）走上"科学"的发展道路的。② 正因为心理学未曾独立地阐明或论证它的"科学"的性质，所以，在心理学家对"科学"的一厢情愿的动机背景中，向科学如生物学的靠拢或接近，似乎就能保证他们学科的科学的性质和地位。

上述两个路径的共同的思想特质，是将心理的事实或文化的事实当作是与机体的事实或生物的事实同样性质的存在，因而共同适合于普遍的达尔文主义的基本原理。如果我们将物种及其变化的过程所服从的规律称为机体进化的逻辑——在这个意义上，达尔文的生物进化论就是对这个逻辑的系统阐释，并与此相应地将心理领域或文化领域内的事实及其历史发生的过程所遵循的规律称为心理进化的逻辑，那么，这个共同的思想特质，实质上就是关于心理进化或文化进化符合与机体进化或生物进化同样的逻辑的信念：因为全部生物学事实都遵循一个普遍有效的共同的规律或逻辑，即达尔文主义或生物进化论，心理的事实或文化的

---

① Tooby J. & Cosmides L, "The Psychological Foundations of Culture", in J. H. Barkow L, Cosmides J, Tooby, Eds. *The Adapted Mind*: *Evolutionary Psychology and the Generation of Culture*, New York, NY: Oxford University Press, Inc., 1992. pp. 20 – 21.

② 参见拙文《心理学的困境与心理学家的出路——论西格蒙·科克及其心理学道路的典范意义》，《社会科学战线》2010年第1期，第34—39页。

事实属于生物学的事实，所以，心理进化或文化进化同样遵循达尔文主义。正是这个信念，构成了上述无论是生物学路径还是心理学路径据以构建它们关于文化的社会达尔文主义理论体系的前提。然而，关于这个前提，它们在思想上却又都是不甚自觉的。这种不自觉性反过来又构成它们思想的一个屏障，使它们愈加不能从人类文化或意识的独特性出发来理解它们，并揭示文化进化或心理进化所符合的它自己的逻辑，同时反思乃至于超越它们关于心理进化符合与机体进化同样的逻辑的信念。

由此，我们可以看出，文化研究的社会达尔文主义深陷一种类似"不识庐山真面目，只缘身在此山中"的认识论困境：如果关于心理进化或文化进化符合与机体进化或生物进化同样的逻辑的信念是根本地误导性的（当然，在社会达尔文主义传统内部，正因为对这个信念的不自觉性，这个疑问是不可设想的），那么，各种形式的社会达尔文主义的理论体系，便构成一个封闭的，而且是充满盲路的思想迷宫，既找不到走出这个迷宫的现实道路，也看不到走出这个迷宫的未来希望。相反，任何形式和任何程度的对人类文化或意识相对于生物学事实而言的独特性的洞察，都必将导致对上述信念的怀疑论，并由这种怀疑论进一步导致对社会达尔文主义思想传统的超越，而这种超越的有效性，则取决于这种洞察是否切中了人类文化或人类意识作为不同于生物学事实的独特存在的真实本性。我们将发现，memetics 作为关于文化的科学思潮的兴起，是试图超越文化研究的社会达尔文主义传统的一个无效的理论尝试。

二　memetics 的缘起与发展

如所周知，全部关于 memetics 的讨论和争议，都溯源于英国生物学家道金斯于 1976 年发表的《自私的基因》一书，因为在这本书的相对简短的最后一章，他提供了关于文化的"谜米"概念和关于这个概念的理论内涵的初步思考。

在这里，必须要特别强调的是，对道金斯本人而言，促使他提出"谜米"概念的理论动机，主要的是否定性的，虽然这个否定的动机的实现，又必须辅之以某种程度的关于"谜米"的肯定的阐述。这个否定的动机的否定性的实质，就是对上文揭示的有关文化研究的社会达尔文主义传统所坚持的关于心理进化符合与机体进化同样的逻辑的信念的怀疑论，虽然道金斯本人并没有明确地意识到这个主题，并将这个主题提示出来。细读道金斯的著作可以明显地感受到，讨论"谜米"那一章的全部论证的基本格调正是否定性的。对于把握并揭示 memetics 的实质而言，理解这一点是至关重要的。

事实上，就《自私的基因》一书作为整体的主题而言，可以恰当地称之为一本社会生物学著作。它所要表达的，是 20 世纪中叶以来随着遗传学的发展在进化论研究中逐步形成的这样一个生物学的思想趋势，即基因才是生物进化过程中自然选择的对象和单位。在更加广阔的生物学史背景中，这个主题无非是对 19 世纪末德国遗传学家魏斯曼提出的"种质连续性"假说的进一步的科学的阐释。在这个生物学史的背景中，道金斯的独特贡献，在于以拟人的方式将上述生物学思想趋势明确地主题化：生物个体及其构成的种群等，无非是基因追求自我复制的工具，是基因的"生存机器"；无论是个体生命现象还是种群现象，如攻击、利他、家庭的结构及其动力关系等，都可以而且必须参照基因追求自我复制的"自私"本性加以理解。这就是全书发挥的自私基因理论（theory of selfish genes）的论题。正因为如此，即使没有讨论"谜米"的最后一章，《自私的基因》已经构成一部结构完整的新达尔文主义著作。

然而，如前所述，一方面，习性学家和社会生物学家倾向于将他们关于动物群居行为（或社会行为）的生物学解释，扩展应用于人类社会行为及其文化现象；另一方面，任何形式、任何程度的对人类社会行为之独特性的洞察，都必将导致对关于心理进化符合与机体进化同样的逻辑的信念的怀疑或否定。对社会生物学家而言，这实际上构成他们在完成社会生物学研究之后，当面临人类文化现象时的一个认识论困境，如何应对这个认识论困境，则取决于他们作为思想家个人的思想气质或理论态度。在这里，对威尔逊的《新的综合》和道金斯的《自私的基因》进行比较是饶有兴味的。二者就其基本主题而言都属于社会生物学著作，而且都是在相对简短的最后一章涉及人类文化。但是，威尔逊是站在生物学的立场上，将人类文化纳入生物学的范围之内，从而形成他的"社会生物学"；而道金斯则洞察到并在理论上尊重文化的独特性，试图以超越社会生物学的方式给予文化以独立的解释，从而形成他关于"谜米"的理论思考。

例如，在讨论"谜米"的那一章的开篇，他便指出："本书行文至此，我并没有特别就人类说些什么，虽然我不是刻意要将人类排除在论题之外。我之所以用'生存机器'这个术语而不是用'动物'［来指代生物体］，部分的原因在于，若使用'动物'一词，自然将植物排除在外，而且在某些人看来，也将人类排除在外。我在前面提供的全部论证，至少就表面而言，应该适用于任何进化而成的生物。如果某一物种应该被排除在这个论题之外，那必定是出于某种充分的特殊理由。那么，是否有某种充分的理由假定，我们人类作为一个物种是独特的呢？我相信这个答案是肯定的。"① 虽然这一段论述所透露出的态度其实是暧昧不明、含糊其辞的，但他毕竟又紧接着具体地指出，人类的独特性"可以用一个词即'文化'来概括"②，而且，各种文化现象"在历史中的进化方式，虽然表面看来像是加速的基因进化，但其实与基因进化没有任何关系"③。在道金斯的理解中，文化进化似乎是遵循它自己的规律或逻辑，而不是基因进化或生物进化的逻辑。所以，他进一步论证道，他作为一个"热心的达尔文主义者"，却并不满意于他的那些同样是热心的达尔文主义者的同事所提出的关于人类行为的社会达尔文主义的解释方案，因为"他们总是要在人类文明的各种特征中寻找'生物学的优先性（biological advantages）'"④。所谓"生物学的优先性"，实质上就是关于心理进化符合与机体进化同样的逻辑的信念在综合进化论实践背景中的理论表现：当我们试图理解任何具体的人类行为或文化现象时，必须追踪考察或解释这种行为或文化现象对人类作为物种的生物学因素如基因的生存益处。这种解释方案又是以这样一个隐含的理解为前提的：任何具体的人类行为或文化现象，都是人类作为生物物种的"基因型"的"表现型"，只是因为它们有益于基因的生存而经受了自然选择的筛选作用，从而保留下来构成现实的人类行为或文化表现。在道金斯看来，这种解释方案不足以说明文化及其进化以及人类文化的巨大的差异性；相反，为了理解人类行为及其文化现象，我们必须放弃"将基因作为我们关于进化的思想观念的唯一基础"的思想方法，并"直接回到原初的第一原理"

---

① Dawkins R., *The Selfish Gene*. Oxford: Oxford University Press, 1989, p. 189.
② Dawkins R., *The Selfish Gene*. Oxford: Oxford University Press, 1989, p. 189.
③ Dawkins R., *The Selfish Gene*. Oxford: Oxford University Press, 1989, p. 190.
④ Dawkins R., *The Selfish Gene*. Oxford: Oxford University Press, 1989, p. 191.

而"重新从头开始"。① 正是在这个理解的背景中，他提出了"谜米"概念，以否定"基因"作为宇宙进化过程的唯一复制因子的"特权"。

道金斯据以提出"谜米"概念的思维操作的关键步骤，是将"基因"作为具体的生物学存在上升为抽象的"复制因子（the replicators）"概念。由这个抽象的思维操作所造成的理论结果是复杂的。一方面，它为道金斯提供了思想的空间，从而将"基因"理解为"复制因子"的特例之一，并有可能构想与"基因"相类似的"复制因子"的其他特例。所以，为了在理论上保证并解释文化的独特性，他需要一个在文化世界中与"基因"在生物世界中所处地位相类似的某种存在，这就是他所构想的"谜米"。另一方面，随着这个抽象的完成，进化论也获得了新的更加广泛的意义，即从原先作为关于"基因"进化的生物学原理，变为关于"复制因子"进化的普遍的"第一原理"，亦即他所谓"放之四海而皆准的达尔文主义"②。它不仅是"基因"进化所服从的规律或逻辑，同时也是"谜米"进化所服从的逻辑。事实上，按道金斯的设想，在这个宇宙中，除"基因"和"谜米"外，可能还存在着其他的某种"复制因子"，只是我们尚不知道而已，从而走向一种神秘主义。

与前面强调道金斯提出"谜米"概念的理论动机的否定性同样重要的是，这里也必须强调指出，虽然在技术的层面上，道金斯构想"谜米"概念是颇费一番心思的，但就文化作为主题而言，他关于"谜米"的概念构想及其理论内容的初步阐释是漫不经心的：以"谜米"作为概念基础来阐释文化主题原本不是他的主导意旨。特别是，道金斯作为生物学家，自知文化不是他的专业领域，对文化作为主题的阐释也不是他的理论职责，所以，在肯定的意义上关于文化主题，他既能保持科学家的谦逊，而不像威尔逊那样因盲目而狂妄地将文化纳入自己的专业领域，又能保持思想家的矜持而能够在理论上尊重文化的独特性。这种思想态度的谦逊和矜持，在讨论"谜米"的那一章的文本中是显而易见，且随处可见的。关于这一点，在走向神秘主义之前的布莱克摩尔尚有准确的把握，因为她能恰当地把"谜米"这个观念理解为"道金斯的一个略带玩

---

① Dawkins R., *The Selfish Gene*, Oxford: Oxford University Press, 1989, p.191.
② 道金斯为《谜米机器》写的"序"，见［英］布莱克摩尔《谜米机器——文化之社会传递过程的"基因学"》，高申春等译，吉林人民出版社2001年版，第18页。

笑意味的便利的写作技巧"①。

我们也可以通过以下提问方式来理解道金斯关于"谜米"的概念构想的漫不经心："谜米"是否像"基因"在生物学中那样具有明确的本体论含义？道金斯本人并没有提出并讨论这个问题，这恰恰是他在文化论题上思想态度之矜持的表现。对此，我们可以参照道金斯在否定的意义上所提供的一个颇有见地的批评意见加以理解。他指出："经常有人提到文化进化与基因进化之间的类比，有时甚至是在完全不必要的神秘的象征意义上提到这个类比。"② 在这个批评意见中，所谓"象征意义"，本身就是一种类比。道金斯的意思是说，在这种情况下，作为类比对象的事物（"文化进化"）与作为类比原型的事物（"基因进化"）之间的同质性，或者尚未被认识到，或者根本就不存在，因而这种"类比"是"完全不必要的"和"神秘的"；与其将我们关于类比原型的理解（这种理解在类比原型的范围内是有效的，即自私基因论对基因进化是有效的）引申为关于类比对象的理解（这种"引申"未必是有效的，即自私基因论对文化进化是无效的），不如根据类比对象本身的性质直接提供关于它的理解（亦即就"文化进化"按它本身的性质独立地提供在它自身范围内直接有效的解释）。《自私的基因》的汉语本译者将这个批评意见渗入自己的理解意译为："经常有人谈到文化特别是谈到文化发展与基因演化之间的共同性，有时甚至有人故作玄虚地说一些莫名其妙的东西。"③ 客观而公正地说，道金斯的批评意见在英语语境中的效果，远不如这个意译在汉语语境中的效果那么明显、那么富有逻辑的力量（道金斯的原文是：The analogy between cultural and genetic evolution has frequently been pointed out, sometimes in the context of quite unnecessary mystical overtones.）；但反过来说，这个意译的结果，倒更有助于我们批判地把握"谜米"概念的实质：它正是道金斯因为对文化作为主题的无知而说出的一个"莫名其妙的东西"，因为在本体论意义上，"谜米"无疑是经不起推敲的。

总之，在道金斯本人的思考背景中，"谜米"的概念构想原本不是要在肯定的意义上就文化作为主题进行认真的讨论和解释；他的意思是要

---

① ［英］布莱克摩尔：《谜米机器——文化之社会传递过程的"基因学"》，高申春等译，吉林人民出版社2001年版，第21页。
② Dawkins R., *The Selfish Gene*, Oxford: Oxford University Press, 1989, p. 190.
③ ［英］道金斯：《自私的基因》，卢允中等译，吉林人民出版社1998年版，第240页。

借这个概念构想实现在另一个主题背景中的否定的动机,即在关于文化的社会达尔文主义研究传统中,否定"基因"作为唯一复制因子的"特权"地位,进而否定以"生物学的优先性"为基础的思想方法论,"谜米"的概念构想不过是他借以实现这个否定的动机的一个偶然的途径或"便利的写作技巧"而已。用道金斯自己的话来说:"假如谜米为我完成了一个本来就属于它自己的简单任务,即劝服我的读者,使他们相信,基因只不过是一个特例而已,或者换句话来说,在普遍的达尔文式的宇宙进化过程中,由基因所起的作用,完全可以由任何一种符合复制因子条件的事物来完成,那么,我就当心满意足了。"① 至于文化本身在肯定的意义上是什么,乃一个超出他作为生物学家的职业能力的全新的工作领域;说得更直白些,他关于"谜米"的概念构想不是一种严肃的、在这种肯定意义上的关于文化的理论,"谜米"是他的一个"略带玩笑意味"的理论虚构。

然而,后来假借道金斯的名义宣扬"谜米"的观念,并试图在作为一门关于文化的科学学科的意义上构建 memetics(或可译为"谜米学")的人,却恰恰是在肯定的意义上几乎是随意地发挥"谜米"的观念及其可能的理论内涵,从而在神秘主义道路上越走越远。由此,不难理解,一方面,memetics 的倡导者们竟然会"指责"道金斯"在谜米的立场上不够坚定";另一方面,道金斯自然会抱怨 memetics 的倡导者们作为他的读者对他的"误解":"'谜米'这个术语是在一部原本与后来的谜米学没有直接关系的著作的结尾处提出来的。"并对 memetics 的发展趋势同样保留着明确的怀疑态度:"若干年后,当我发现,有很多读者以更加积极的态度抓住谜米这个概念并大肆发挥,从而将谜米观念发展为一种独立的关于人类文化的理论时,我着实吃惊不浅。"②

---

① 道金斯为《谜米机器》写的"序",见[英]布莱克摩尔《谜米机器——文化之社会传递过程的"基因学"》,高申春等译,吉林人民出版社 2001 年版,第 18 页。
② 道金斯为《谜米机器》写的"序",见[英]布莱克摩尔《谜米机器——文化之社会传递过程的"基因学"》,高申春等译,吉林人民出版社 2001 年版,第 19 页。

三　批判的思考与简明的结论

上文分析已经揭示，道金斯因为洞察到文化的独特性，并为了在理论上实现这个洞察而构想"谜米"的观念，又因为对文化作为主题的无知而恰当地不是在严肃学术的意义上对待"谜米"概念及其可能的理论内涵。这是一个与上文揭示的文化研究的社会达尔文主义所面临的同样性质的认识论困境。对道金斯而言，这个认识论困境的形成，源于上文揭示的他据以形成"谜米"概念的"抽象"的思维操作，因为这个"抽象"的思维操作的结果之一，是"放之四海而皆准的"普遍的"达尔文主义"观念的形成。所以，道金斯一方面试图以"谜米"的观念实现对传统意义上的社会达尔文主义框架的超越，另一方面却又经由这个"放之四海而皆准的"普遍的"达尔文主义"观念，重新陷入社会达尔文主义窠臼。

在这里，必须直面文化本身是什么的问题，而不是以诸如"谜米"这样似是而非的观念来回避问题。只有通过对文化自身性质的追问和思考，才有可能直接地在严肃的、肯定的意义上形成关于文化的理解和解释，由此导致的结果，将不是任何意义上的对文化研究的社会达尔文主义的超越，而是对它的否定。也只有这样，才能揭穿所谓 memetics 同样作为一个思想迷宫的理论实质。

如果一定要在文化研究中寻求生物学的类比，那么，我们至多只能说，人类各种文化现象作为类似于生物世界中"表现型"的存在，乃人类心理或人类意识作为类似生物世界中的"基因型"的某种存在的表现形式。但是，即使是对这个类比，也不能太过于认真，否则便易于陷入不同形式的关于心理进化符合与机体进化同样的逻辑的信念。我们已经知道，道金斯的认识论困境的根源，究其实质，就在于这个类比。

对于理解文化的事业而言，必须探明人类心理或人类意识的历史发生所遵循的其自身的逻辑。虽然这个问题过于复杂，不能在这里展开讨论，但无论如何可以指出的是，正如古人类学所证明的那样，人类意识或人类心理的萌生，是在生物进化的历史中决定人与动物分道扬镳，并最终使人成为人的关键的进化史事件。例如，按照在古人类学领域具有世界性影响力的英国学者理查德·利基的理解，正是这个进化史事件，构成我们思考古人类学意义上的"现代人"，亦即"像我们这样的人"的"起源"的起点："'像我们这样的人'，我的意思是指现代的智人，就是有鉴别和革新技术的能力，有艺术表达的能力，有内省的意识和道德观念的人"；诸如村落、酋长领地等"这种看来是不可抗拒的越来越复杂的社会，是由于文化的进化，而不是被生物学的变化驱动的"；旧石器时代晚期世界各地的狩猎—采集者独立地发明各种农业技术，"这也是文化或技术进化的结果，而不是生物进化的结果"①。

这个进化史事件的理论意义是双重的。一方面，在本体论意义上，它彻底改变了人的存在的性质，使人本身分裂为自然历史过程和社会历史过程的双重存在：从这时起，人就不再只是一种生物学的存在，同时也是一种心理的、文化的或社会的存在，而且，它作为生物学的存在进而隐退为它作为文化的或社会的存在的背景因素。换句话说，正是心理或意识的产生，使人类摆脱了自然力的盲目作用，并从自然界中突显出来而成为自然力的驾驭者。另一方面，在认识论意义上，正是对这个事件及其本体论意义的洞察，划定了生物进化论及其作为思维方式的有效性的领域：对人作为生物学存在或对人的自然历史过程而言，进化论依然拥有它的普遍的有效性；但对于人作为心理的、文化的存在或对于人的社会历史过程而言，进化论失去了它的解释的优先性，而必须从人的自觉的实践活动出发，才能合理地得到理解。事实上，我们发现，但凡洞察到这个进化史事件的理论意义的人，不仅易于看清社会达尔文主义的思想实质而与之保持适当的距离，而且在事实上提供了关于文化及其历史发生的更具说服力的理论阐释。例如，德国哲学家卡西尔在赋予达尔文及其《物种起源》一书以世界史意义的同时，也明确地暗示着对《人类的由来》作为人类学的不满和质疑，因为《人类的由来》一书正是以关于心理进化符合与机体进化同样的逻辑的信念为前提的："但是，在一个真正的人类学哲学能够得以发展之前，还有另一个或许是最重要的步骤必须被采取。进化论已经消除了在有机生命的不同类型之间的武断的界线。没有什么分离的种，只有一个连续的不间断的生命之流。但是

---

① ［肯尼亚］利基：《人类的起源》，吴汝康等译，上海世纪出版集团2007年版，第71—72页。

我们能把同样的原则应用于人类生命和人类文化吗？文化的世界，也象有机世界那样是由偶然的变化所构成的吗？——它不具有一个明确而不容否认的目的论结构吗？"虽然"显而易见，对于统辖一切其它有机体生命的生物学规律来说，人类世界并不构成什么例外"，但是，"在人类世界中我们发现了一个看来是人类生命特殊标志的新特征……这个新的获得物改变了整个的人类生活。与其它动物相比，人不仅生活在更为宽广的实在之中，而且可以说，他还生活在新的实在之维中"①。马克思则更加概括而精练地指出，"人的存在是有机生命所经历的前一个过程的结果。只是在这个过程的一定阶段上，人才成为人。但是一旦人已经存在，人，作为人类历史的经常前提，也是人类历史的经常的产物和结果，而人只有作为自己本身的产物和结果才成为前提"②。

从这个分析背景出发，我们不难看清，无论是道金斯提出的"谜米"的观念，还是后人在此基础上发展的 memetics，都只是在一个极有限的主题背景中拥有否定的意义：有助于我们反思，进而有可能否定社会达尔文主义将关于生物进化或"基因"进化的原理类比引申到文化领域的学术实践。但是，在肯定的意义上，亦即就其作为一种肯定的关于文化的科学思潮而言，memetics 则完全迷失了方向。至少就布莱克摩尔的《谜米机器》一书而言，我们可以恰当地接受道金斯的批评意见指出，书中全部关于 meme 和 memetics 的关键论证，都是作者"故作玄虚地"说出的"一些莫名其妙的东西"，其中不仅充满了神秘主义，而且也充满各种矛盾的，有时甚至是令人生厌的牵强的论证，并暴露了作者对文化作为主题的无知。总体而言，与其说 memetics 为我们提供了一条超越文化研究的社会达尔文主义的现实道路，不如说它使得文化研究的社会达尔文主义显得更加扑朔迷离。对于这样一个原本不需要自找麻烦地在严肃的意义上对之加以系统批判的"科学"思潮，竟然在学术界受到积极的关注，不能不引起我们的深思！

（该文刊于《自然辩证法研究》2010 年第 9 期，第二作者吴友军）

---

① ［德］卡西尔：《人论》，甘阳译，上海译文出版社 1985 年版，第 26—27、23—33 页。
② 《马克思恩格斯全集》第 35 卷，人民出版社 2013 年版，第 350—351 页。

心理学：危机的根源与革命的实质

——论冯特对后冯特心理学的影响关系

就历史发展的一般趋势而言当然可以认为，作为一门独立科学的心理学，是在 19 世纪下半叶，特别是由于冯特的努力而"诞生"的。我曾在不同场合表达并强调过这样两个相互关联的看法，即：心理学在德国首先是作为哲学而诞生的；冯特实验心理学体系作为一种哲学尝试乃哲学史的一个错误，并因而注定将被哲学自身的历史所否定。这当然不是说，冯特心理学没有产生什么历史的结果，事实恰恰与此相反。黎黑在肯定的意义上评述说："历史证明，冯特对心理学的长远重要性在于对社会习俗的影响，因为正是他开创了一个为社会所承认的独立学科，也为从事这一学科的人们创造了一种社会角色。"[①] 问题在于，在否定的意义上，冯特心理学体系作为心理学，对作为一门独立科学的心理学的发展而言，究竟意味着并产生了什么？

一 波林历史观评述

在历史观问题上，波林主倡时代精神说，但不否认伟大的天才人物的人格力量的作用，同时也认识到学术专业化的社会结构构成历史发展的"一种力量"："社会对心理学的支持常来自大学的任命"，"如果心理学家不受任命，心理学也许没有振兴的可能"；"德国虽不设心理学讲座，但任哲学教授的学者往往能致力于心理学及实验心理学的研究"，"这个

---

① T H Leahey, *A history of psychology: main currents in psychological thought*, NJ: Prentice-Hall, 1980, p. 182.

经济的因素使德国心理学不能脱离哲学的束缚,较美国为甚,因为在美国,大学教授的任命没有受如此严格的限制"①。正是这个"束缚",既决定了实验心理学在德国作为哲学而"诞生"的理论性质,又决定着它在德国不能得到发展的历史命运。但是,无论实验心理学在德国学术界的性质、状况及命运如何,如黎黑所指出的那样,由于冯特的努力及其成就,实验心理学作为科学的一个新的知识领域以及实验心理学家作为一种新型学者的社会角色,在客观上诞生了。而且,与专业学者要求其学理的逻辑合法性基础不同,社会及一般大众对心理学及心理学家的承认,是以其对自身精神生活作为一个实在领域的素朴信仰为基础的,因而更具有普遍性。所以,心理学一旦摆脱了德国式的那种受其理智文化传统的强制性要求的"束缚"之后,就有可能走向繁荣昌盛的独立发展的道路。实验心理学在美国的发展,似乎印证了波林的历史观;或反过来说,波林历史观正是试图对实验心理学在美国的发展做出理论的概括。

然而,或许是波林(1886—1968)因身为前辈心理学(史)家而未得详察实验心理学在美国发展的历史轨迹的缘故,心理学自身的历史却证明,他对心理学的这种历史观是过于乐观了的。心理学,就它自身的历史而言,"曾周期性地被各种危机所彻底摧毁",这些危机所导致的,是人们对心理学本身的可能性及其存在的价值的普遍怀疑;它"似乎是一门永远摆脱不了危机的科学";"历史上,心理学想成为一门科学的努力失败了。……后来的心理学史展示了一系列[关于心理学的]根本不同的研究方案……[但]无论是在每一个研究方案内部,还是在不同研究方案的过渡之间,都没有丝毫[显示心理学的]进步的标记"②。今天的(信息加工)认知心理学家对心理学充满了自信,但稍有历史感的人,从他们的自信立即就可以联想到:在行为主义盛行的时候,行为主义心理学家亦曾有过这同样的自信。虽然认知心理学正日趋繁荣,但在这种繁荣的背后,"我们将发现",心理学的"危机在持续着"③。

---

① [美]波林:《实验心理学史》,高觉敷译,商务印书馆1981年版,第521页。
② T H Leahey, *A history of psychology: main currents in psychological thought*, NJ: Prentice-Hall, 1980, pp. 382–384.
③ THLeahey, *Ahistoryofpsychology: main currents in psychological thought*, NJ: Prentice-Hall, 1980, p. 383.

这就是摆脱了德国式"束缚"之后的实验心理学的历史。波林的历史观，至少就其根本而言，是破产了。不管实验心理学家是否有勇气面对或承认这一历史，对心理学进行理论反思的人，亦即从事理论研究和历史研究的心理学家们，却深深地为这一历史之谜所困扰，并做出种种努力，试图解开这一历史之谜——实验心理学家不愿意接受或承认这一历史，只是因为：这一历史所记载的，是他们学科的，因而也是他们自己的耻辱，正如英国心理学家乔因森诚恳而并非过于尖刻地指出的那样，"现代心理学作为一部历史，它所记录的，不是科学的进步，而是理智的退化"①。依笔者看，这一历史之谜的形成以及波林历史观的破产，其根本原因在于，在后冯特心理学家那里，冯特果真"被遗忘"了：波林有言，"美国心理学至1900年乃有明确的性质。它的躯壳承受了德国的实验主义，它的精神则得自达尔文"②，并被后世心理学家如黎黑等普遍地信以为真；解开这一历史之谜的关键，则在于厘清后冯特心理学（亦即美国心理学）与冯特心理学（亦即德国心理学）之间的内在的逻辑联系。

二 机能主义危机与行为主义革命

在一般历史的描述意义上讲，美国心理学当然是实验的机能主义的。波林还分析了美国心理学家"用冯特的装置，发扬高尔顿的精神"的社会文化背景，并正确地指出，是进化论决定了实验心理学在从德国向美国传播过程中所发生的"性质"的"这个变化"③。但是，就心理学历史发展的内在逻辑而言，美国心理学与德国心理学之间的关系，远较波林的上述理解复杂得多；正是这种复杂性，既决定了实验心理学在美国随后发展的历史轨迹，又遮蔽了人们洞察波林历史观破产之根本原因的理论视线。

美国心理学在"承受"德国实验主义"躯壳"的同时，也不自觉地

---

① R. B. Joynson, "The breakdown of modern psychology", *Bulletin of the British Psychological Society*, 1970, pp. 261–269.
② ［美］波林：《实验心理学史》，高觉敷译，商务印书馆1981年版，第576页。
③ ［美］波林：《实验心理学史》，高觉敷译，商务印书馆1981年版，第577页。

接受了它的理论前提,即以冯特和铁钦纳为代表的德国心理学的意识观。这主要表现在,美国心理学家所倡导和发展的机能主义的实验心理学思想,其概念体系基本上是从德国意识心理学那里承袭过来的,并接受了后者关于感觉、感情、意志等心理过程或状态的性质的说明。例如,安吉尔是在承认铁钦纳关于"是什么"研究的前提下提出机能主义的基本主张的,认为机能心理学研究"如何"和"为什么"的问题,并认为二者之间的差异只是对同一主题的两种不同的研究态度而已。黎黑在对一个不同主题的论证过程中亦指出了美国心理学与德国心理学之间的这种内在联系:"虽然从进化论中衍生出来的适应心理学不像［德国］意识心理学那么富于传统哲学的意味,但适应心理学所使用的全部概念,依然是与传统哲学一脉相承的。"①

冯特意义上的德国心理学是对传统哲学心理学思想的直接继承,它对它所研究的意识(经验)的理解,本质上是传统哲学的,那就是近代以来无论经验论还是唯理论的哲学,将意识视为某种独立于身体而自足的实体存在的那种理解方式,亦即笛卡儿哲学关于心灵实体的设定。在理论本体论意义上,笛卡儿的心灵实体是不可能与物质的身体发生相互作用的。这是问题的一个方面。

从另一个方面看,美国心理学对进化论的接受是经受过实用主义的洗礼的,这种洗礼过程的结果,是使德国心理学的意识观对美国心理学而言更具有可接受性,从而构成美国机能主义心理学的基本矛盾。

机能心理学试图理解意识或心灵对有机体适应环境的功用价值。作为其全部研究思路的前提或出发点,这在前逻辑的层次上对实验心理学提出了一种理论要求,即承认并论证,非物质的意识或心灵与物质的有机体之间能够发生直接的相互作用关系,进而要求心理学突破笛卡儿式的实体本体论意义上的二元对立的思维方式。

就作为一种理论思维方式而不是其历史形态而言,生物进化论通过对意识实在与有机体实在之间功用关系的历史逻辑的追问,已经以某种隐而不显的方式为心理学完成了这种"论证"和"突破"。② 但是,美国

---

① T H Leahey, *A history of psychology: main currents in psychological thought*, NJ: Prentice-Hall, 1980, p.385.

② 高申春:《进化论与心理学理论思维方式的变革》,《南京师大学报》2000年第2期。

心理学是以实用主义态度来接受生物进化论的：它专注于对意识实在与有机体实在之间功用关系的探讨，而不同时进一步追问这种功用关系的历史逻辑的本质，因而既未能揭示并实现进化论所隐含的心理学的理论思维方式，又为德国心理学的意识观向美国心理学的潜移提供着保护伞的作用。例如，按詹姆斯的理解，作为心理学研究对象的意识是有用的，它的功用就在于帮助人（有机体）适应环境；意识的功用性是我们相信它的存在的唯一正当的理由，心理学的任务正在于阐明意识的功用；至于意识是什么这样抽象的形而上学问题，心理学可以不必关心，只要愿意，我们可以随便地把意识看作什么。在这样的理论背景中，对美国心理学而言，德国心理学的意识观不仅不是不可接受的，而且事实上，正是这种理智文化氛围才使美国心理学不自觉地接受了德国心理学的意识观，德国心理学的意识观亦借此潜入美国心理学之中。

如此看来，机能心理学一方面在接受德国心理学科学形式的同时，也接受了它的理论前提，将意识理解为笛卡儿式的心灵实体，另一方面又以实用主义方式接受生物进化论而强调，意识具有指导有机体的活动以适应环境的作用。这是一个不可调和的矛盾，正如黎黑所深刻地指出："机能主义者认为心灵具有适应价值，但他们却未能跳出19世纪那陈腐的形而上学的局限而同时坚持严格的心身平行论，由此引起一个矛盾。华生正是利用这一矛盾而建立行为主义的。"① 虽然机能主义者在寻求实验心理学的出路并使之走向客观化的同时，仍将意识实在保留为心理学的必要成分，但行为主义者不能容忍机能主义意识观矛盾，于是彻底抛除意识概念而发动行为主义革命。

三　行为主义危机与人本主义及认知心理学革命

行为主义作为实验心理学研究纲领的一般特征，是否定意识实在及其作为心理学研究对象的合法性基础。这本身就是一个矛盾，因为，就"心理学"这个学名在希腊文中的词源学含义而言，是指关于"灵魂"的

---

① T H Leahey, *A history of psychology: main currents in psychological thought*, NJ: Prentice - Hall, 1980, p. 375.

"理念"。用不带任何历史的及理论的偏见的话来说，心理学（如果它能够成立的话）是关于（人类）意识的科学研究；正是意识实在构成了心理学的合乎逻辑的基础。任何时候，当心理学作为关于"意识"的研究在理论上陷入危机时，应当引起怀疑的，不是"意识"及其实在性本身，而是隐含于这种心理学之中的关于"意识"的理解方式。

从这个背景出发，我们可以理解，就其对心理学的历史逻辑所可能具有的意义而言，行为主义革命隐含着两种在理论逻辑上相互不同，甚至相互对立的结果：其一，在否定传统意识心理学理论前提的同时，对作为实验心理学终极理论关怀的，或者说对它作为一门科学的唯一合乎逻辑的基础的意识实在，作出符合它自身理论性质的科学论证，从而奠定实验心理学的理论基础；其二，在否定传统意识心理学理论前提的同时，连同这个前提试图加以把握的意识实在及其理论本体论意义一起加以否定，从而使实验心理学失去自身存在的基础。

华生所提出的行为主义纲领，只是在否定传统意识心理学理论前提这个意义上，才构成实验心理学史的一次具有进步意义的"革命"。但是，这一革命所导致的结果，或者说，由它所实现的现实的历史意义，至少就理论而言，则是完全消极的，因为对历史而言不幸的是，华生正是在上述第二种意义上发动行为主义革命并被实验心理学家们普遍接受的。因此不难预言，华生意义上的行为主义纲领作为实验心理学历史逻辑的一个环节，当它的理论逻辑被充分展开之后，必将又一次地使整个实验心理学的理论基础趋于崩溃，并迫使实验心理学重新回到华生"革命"的起点上。至少就实验心理学的行为主义传统而言，这就是又过了半个世纪之后，以班杜拉为代表的社会学习理论家们，试图在重新论证意识实在的基础上，改造或扬弃传统行为主义的种种理论努力的历史逻辑的本质之所在。事实上，伴随着行为主义的发展，或当它陷入危机之后作为它的替代形式的，是实验心理学内外各种"抗议"的力量和运动。其中，对行为主义而言带有"革命"性质的两种力量或运动，即人本主义心理学和（信息加工）认知心理学，逐步演化为当代心理学的两大思潮并构成当代心理学的发展趋势。

在以"思维的历史和成就"为基础的人类"理论思维"的范围内，对意识实在的论证，并因而对心理学理论基础的建立，可以在本质上是同一的，但在历史和现实中却表现为相互分离的两种方式被展开。其一，以人类对自身精神生活作为一个存在领域的理论的本质直观为基础，对它进行深思熟虑的思辨的反思把握；其二，以作为一种理论思维方式而不是其历史形态的生物进化论为基础，揭示意识实在与有机体实在之间的历史同一性本质。正是对意识的这两种不同的把握或论证方式，决定并构成了心理学作为一门理论学术的两个传统，即人文（本）心理学和科学心理学，虽然就历史而言，科学心理学传统对意识实在与有机体实在之间历史同一性关系的论证，因受到实验心理学家们对意识实在之直观素朴性的制约而未能达到理论自觉的程度。在任何时候，对意识作为一个实在领域的任何形式的把握或论证，都必将揭示人的存在及其行为表现的意向本质，从而暴露作为物理自然主义世界观在实验心理学中之特殊表现的华生意义上的行为主义之荒谬性，如黎黑在分析19世纪新的科学的自然主义和对超验的精神实在的古老信仰之间的冲突时所指出的那样，"再没有比认为我们只是既没有灵魂也没有自由意志的化学机器更令人难以置信的了"①。作为对行为主义的"革命"力量或运动，人本主义心理学和认知心理学正是上述两个传统在当代的延续。

　　人本主义心理学在常识意义上以对人类自身精神实在的生存直觉为基础，将主观性（意识实在）理解为全部心理学的出发点。在其从一个"抗议"的潜流逐步成长为一个拥有自己理论主张的显在运动的过程中，它逐步发现了欧陆哲学中的现象学和存在主义运动，并认为后者表达了他们想要表达但未能表达出来的东西，因而开始在理论基础方面过分地倚重于存在主义哲学。认知心理学亦首先是作为对行为主义的"抗议"运动而存在的，但它的"抗议"和"革命"不如人本主义那么彻底：它主要是反对传统行为主义对意识实在的极端怀疑论态度，但就行为主义作为实验心理学追求自然科学意义上的理想知识形式的研究范式而言，它与行为主义之间具有直接的继承性。特别是，认知心理学的理论灵感，除来自心理学内部非（正统）行为主义研究成果如格式塔心理学、乔姆斯基派心理语言学及托尔曼的认知行为主义外，更主要地是来自于20世纪40年代以来作为自然科学的一些新兴学科，如计算机科学和人工智能等。所以，就它们各自作为元心理学而言，无论人本主义心理学还是认

---

① T H Leahey, *A history of psychology: main currents in psychological thought*, NJ: Prentice - Hall, 1980, p.176.

知心理学,都没有能够为心理学提供理论基础的论证;通过它们的发展,心理学依然没有能够获得并确立自己的理论同一性。

四 结论

事实上,不仅人本主义心理学和认知心理学没有为心理学提供理论基础的论证,后冯特心理学所经历的一系列不同的研究方案(当然包括机能主义和行为主义)作为元心理学,均没有能够为心理学提供或完成这种论证。如此看来,后冯特心理学只是在学术专业化的意义上获得了独立地位,但就其理论基础或学科的理论同一性而言,心理学并没有在真正意义上发展成为一门独立科学。这究竟是因为什么呢?一言以蔽之,冯特为心理学提供了一个错误的出发点。

美国哲学家多尔迈在讨论传统哲学主体性观念的递嬗沉浮时,曾在历史解读的意义上评述说,始自笛卡儿的传统哲学的主体性观念,本来"是一种可以避免的错误",虽然它构成"人的解放和成熟历程中的一个阶段",但"这一阶段的内在缺陷现在已经变得非常明显了"[①]。虽然多尔迈的讨论背景,是哲学理论领域和更为广阔的社会意识形态领域,但他对传统哲学主体性观念的这种历史判定,对理解心理学史而言,颇具启示意义,因为,正是笛卡儿意义上的这种本来"可以避免的错误"的主体性观念,构成了科学意义上的现代西方心理学的理论前提。

从其"诞生"的知识社会学背景来看,实验("科学")心理学于19世纪下半叶产生于德国,实质上是哲学史的产物,是作为德国哲学对它自身在那个时代所经历的危机的自我反应形式而孕育成形的。德国哲学在那个时代的发展所经历的危机的实质,是近代哲学作为一种思维方式的"终结",以及实证自然科学持续而稳健的发展与进步对哲学事业的挑战。实验("科学")心理学正是作为哲学与自然科学相妥协的产物而诞生的。冯特创立实验心理学的理论企图,是想在现代哲学背景下,以自然科学的实证方法为依托,以它的科学形式为理想,建立起一个以近代哲学精神为基础的理论体系,以对哲学发展的理论危机加以回应。这个

[①] [美]多尔迈:《主体性的黄昏》,万俊人等译,上海人民出版社1992年版,第1页。

体系，在它正被筹划的时候，当哲学尚未探明由其传统形式的终结而造成的它自身的危机的理论实质时，由于它的形式的科学化而颇为令人耳目一新、颇具吸引力，于是乘势兴起；但是，当哲学终于探明了它的危机的实质并因而得以确立它的现代旨趣之后，这个体系便自然地趋于消亡。所以，冯特心理学体系，就它作为哲学而言，它对当时哲学理论危机的"回应"是无效的；就它作为心理学而言，它为心理学提供了一个错误的出发点。

如前所述，机能心理学理论危机的根源，是它所接受的德国实验心理学的理论前提与它在实践上所奉行的生物进化论思维方式之间的对立。因此，行为主义革命所针对的，是包括美国机能心理学和德国实验心理学在内的传统意识心理学的理论前提。这个前提，实质上就是笛卡儿所确立的"我思主体"，因而也就是整个近代哲学的理论前提或它的"第一原理"。就哲学自身的历史而言，近代哲学最终以黑格尔体系的完成而被"终结"，哲学正是由此于19世纪中叶陷入它自己的理论危机；"纯"哲学家们的努力终于探明了这个危机的理论实质，从而实现了哲学从它的近代形式向它的现代形式的转换。从理论学术作为整体之发展的宏观背景来看，机能心理学或统而言之传统意识心理学的理论危机，与哲学由于它的近代形式的"终结"而造成的它的理论危机，在实质上是同一的；处于危机之中的机能心理学家和富于革新精神的行为主义心理学家所面临的理论挑战，与19世纪中叶"纯"哲学家们所面临的挑战，在性质上是类似的；至少就机能主义的发展导致整个实验心理学理论基础的崩溃，并因而要求它重建自己的理论基础这个意义而言，实验心理学又回到了冯特的时代，或更准确地说，回到了（重新）建立自己的理论基础的"诞生"的起点。然而，由于实验心理学家不像哲学家那么深思熟虑，以华生为代表的行为主义者没有能够洞察到机能心理学危机的理论实质。正因为如此，与冯特心理学体系作为对那个时代哲学危机的回应是无效的一样，华生意义上的行为主义革命作为对机能主义危机的反应亦是无效的；与冯特心理学体系为心理学提供了一个错误的出发点一样，行为主义作为心理学研究方案，必将继续引起心理学的危机与革命。美国心理学家吉尔吉在他的历史研究中也得出类似结论认为，"心理学危机"的根源，在于心理学于19世纪末20世纪初作为一门独立科学而"诞生"

时的"理论基础的危机"①。

（该文刊于《吉林大学社会科学学报》2005 年第 5 期）

---

① A. Giorgi, "On the relationship among the psychologist's fallacy, psychologism, and the phenomenological reduction", *Journal of Phenomenological Psychology*, 1981.

意识范畴的否定和超越与心理学的发展道路

——华生与詹姆斯的比较研究

1913年，华生在《心理学评论》杂志上发表题为《行为主义者所理解的心理学》一文，以否定"意识"，转而倡导"行为"作为心理学的基础范畴，从而把心理学引导到行为主义作为自然科学的道路。在心理学中，这个历史的事实是尽人皆知的，而且，由此引起的理论的效果，不仅在当时，就是到现在，也还依然能被我们所感受得到。另外，詹姆斯于1904年在《哲学、心理学和科学方法杂志》上发表《"意识"存在吗?》一文，对文章标题的提问给予明确的否定的回答，同时提出"纯粹经验"概念，并构想以这个概念为基础范畴的彻底经验主义的形而上学。这个事实在心理学中却不那么为人们所知晓、所关注，由此导致的理论结果的思想史意义，更是很少引起心理学家们的反思和共鸣。

华生与詹姆斯所否定的，是同一个对象，即作为传统意识心理学基础范畴的"意识"概念，但他们据以否定"意识"的根据和动机，则是原则性不同的，由此也决定了，他们所追求的思想路线及其实现的历史意义，也是大相径庭的。而且，由于他们所否定的，是传统意识心理学的基础范畴，所以，他们对意识概念的否定，也就是对整个传统心理学的否定，其意义不限于意识作为概念的局部，而涉及心理学作为学科的整体。同时，与他们各自的否定的动机孪生共处的，是他们各自对心理学本身的一种肯定的理解，正是他们在理论上各异其趣的关于心理学的肯定的理解，最典型地代表了或塑造着关于心理学的两种相互对峙的文化或逻辑，也正是这两种相互对峙的文化或逻辑及其中间形式的各种理论的表现形态，构成了心理学及其历史作为整体的全貌。所以，一方面，虽然就詹姆斯或华生作为个人的躯体的存在而言，无疑都已经离开我们很遥远了，但就他们的精神的存在或遗产而言，依然与我们今天的心理学的学术生态息息相关：从一种意义上来说，正是他们的思考和行动，在心理学的学术性格尚不明朗时，为后来心理学的发展道路暗示或规定了基本的方向；另一方面，虽然将詹姆斯与华生进行比较，这对詹姆斯来说无疑是很不公正的，但对于批判地理解心理学及其历史和它的理论基础而言，这么做不仅是有益的，而且从这个角度说对詹姆斯而言也是值得的。这里将在阐明传统意识心理学背景中"意识"概念的范畴含义及其逻辑困难的基础上，通过分析并比较华生和詹姆斯各自否定意识范畴的根据和动机，为批判地理解心理学及其历史和它的理论基础，提供一个独特的视角。

一 意识作为传统心理学基础范畴之概念含义及其逻辑困难

这里所谓传统心理学，当然是指华生和詹姆斯所共同面对并加以否定的早期心理学，具体而言是19世纪末、20世纪初作为一门独立科学诞生时，以意识经验为研究对象的那个时代的心理学的主导的思想形态及其理论内容。更具体地结合心理学史来说，它涵盖了作为心理学诞生标志的冯特意义上的德国意识心理学，和当这种心理学传入美国后因接受进化论影响而发生转向的机能心理学。这两种心理学体系，虽然它们各有自己的特征，并在若干方面甚至是相互对立的，但就它们都以意识经验为研究对象、特别是就它们对作为心理学基础范畴的"意识"的理解方式而言，二者具有深层的逻辑的同一性，正是这种深层逻辑的同一性，是我们把它们共同地称为传统心理学的根据。华生和詹姆斯加以否定的，正是这种同一的关于意识的理解方式，所以，他们的批判的动机，都同时指向了德国的意识心理学和美国的机能心理学。

这种传统意义上的意识心理学，就其关于意识的理解方式作为思想逻辑而言，如黎黑所指出的那样，与传统哲学，亦即西方近代哲学是"一脉相承"的。[1] 因此，必须在传统哲学，亦即西方近代哲学所塑造的

---

[1] T H Leahey, *A history of psychology: main currents in psychological thought*, NJ: Prentice-Hall, 1980, p.385.

思维方式的背景中,才能真实地把握如此理解的"意识"概念的范畴含义。同时,在这个过程中,若以现代哲学作为思维方式为参照,则更易于揭示如此理解的"意识"范畴之概念含义的逻辑困难,因为现代哲学及其思维方式,正是人类思维在否定或超越近代哲学及其思维方式的基础上所实现的一个新的历史形态。

近代哲学作为人类思维的一个特定的历史形态,其理论的表达形式首先是由笛卡儿确立的,具体表现为他关于"物质"或"身体"和"心灵"或"意识"各自作为实体的理论设定,由此规定了全部近代哲学及其思维方式的二元论的基本框架。以这个二元论思维方式的基本框架为背景,结合对心理学及其历史的思考,我们可以分别地从本体论和认识论两个角度,来阐明作为传统意识心理学基础范畴的"意识"概念,并据以理解它给心理学在逻辑上带来的困难以及这种逻辑困难在理论上造成的混乱局面。

在本体论上,虽然就物质实体及其世界图景和心灵实体及其世界图景各自的本性或原则而言,二者是相互对峙、彼此对立的,但只有二者相加而成之和,才构成二元论世界图景的整体,因为这就是二元论思想逻辑的本意。因此,在世界观的意义上,无论是唯物主义一元论,还是唯心主义一元论,都是对世界图景作为整体的破坏,由此把握到的世界,都是残缺不全的。也因此,在哲学史的意义上,我们才发现并能够理解近代哲学历史发展的如下逻辑困境:全部近代哲学及其历史发展的根本旨趣,是要阐明"思想的客观性"①,也就是寻求关于物质实体及其世界图景与心灵实体及其世界图景的某种统一的理解,从而违背了它的前提。所以,只有超越或突破近代哲学的二元论思维方式,如现代哲学各思想流派所展现的一般趋势那样,才能获得关于物质世界和精神世界的某种统一的理解,并寻求到作为二者存在基础的某种原初的同一。

关于意识的本体论含义的这种理解方式,当被引入心理学中之后,必将在逻辑上以更加直接的方式遭遇到它的种种困难,并通过这些遭遇而更加激烈地暴露出它的无效性,因为心理学恰恰是以作为整体的人的存在为研究对象的。特别是就美国机能心理学而言,它在接受由以冯特为代表的德国意识心理学所承袭的近代哲学的思维方式及其关于意识的

---

① 孙正聿:《理论思维的前提批判》,辽宁人民出版社1992年版,第139页。

理解方式的同时，也接受了达尔文的进化论。达尔文的进化论，就其作为思维方式而言，隐含着一个在进化论作为科学理论的范围内难以被揭示出来的逻辑前提，即关于心理实在（"意识"）与有机体实在（"身体"）之间的历史同一性关系的洞察。[①] 因此，机能心理学作为一个思想体系，却同时拥有两个在逻辑上直接地相互对立的思想前提！这样的思想，其"体系"性在逻辑上必然是虚假的，当它以具体的内容得到实现之后，如机能心理学的历史所生动证明了的那样，也必将导致其理论局面的混乱。

从另一个角度，亦即从认识论上来说，在近代哲学的二元论思维方式中，"（自然）科学"和"心理学"各自获得了它们的特殊的、本质的规定性。其中，（自然）科学是以非此即彼的排他的方式专门针对其中的物质实体及其世界图景而建立起来，并是在这个范围内有效的人类思维的历史成就，而心理学恰恰是针对其中的心灵实体及其世界图景而建立起来，并是在这个范围内有效的人类思维的历史成就。在这个背景中，"科学"和"心理学"必然构成人类思维所拥有的两种不同性质的知识体系，二者之间即使不说是彼此对立的，也必然是相互无关的，并共同构成二元论思维方式的世界图景的整体。因此，一方面，既不能用科学所揭示的关于物质或身体的存在逻辑，来取消心理学所揭示的关于心灵或意识的存在逻辑，也不能相反地用心理学所揭示的关于心灵或意识的存在逻辑，来取消科学所揭示的关于物质或身体的存在逻辑；另一方面，既不能用科学所揭示的关于物质或身体的存在逻辑，来说明心灵或意识的存在，也不能相反地用心理学所揭示的关于心灵或意识的存在逻辑，来说明物质或身体的存在。

然而，如所周知，自19世纪中叶以来，关于心理学作为科学的观念普遍兴起，并构成心理学家们理论追求的目标；而且，正是对这个目标的追求及其实践，是现代意义上的科学心理学区别于以往的哲学心理学的根本特征。那么，心理学究竟在何种意义上能够实现为"科学"呢？无疑，如上文分析已经明确指出的那样，回复到近代哲学，并在它的二元论思维方式的框架内寻求实现关于心理学作为科学的观念，这在逻辑

[①] 高申春：《心灵的适应——机能心理学》，山东教育出版社2009年版，第21—31、51—60页。

上是荒谬的，在理论上也只能造成各种不同形式和性质的混乱，如科学主义传统的心理学史所已证明的那样。对这个问题的专门研究表明，心理学作为科学的发展史，与关于"科学"的范畴含义的理解史是紧密交织在一起而彼此不能分离的，而关于"科学"的范畴含义的理解，又与关于心理学是什么的理解密切关联、相互制约；只有超越近代哲学及其思维方式所隐含的"科学"的范畴含义，从而达到现代哲学及其思维方式所阐明的"科学"的范畴含义，如布伦塔诺和胡塞尔追求实现哲学及心理学作为"严格科学"那种意义上的"科学"，关于心理学作为科学的观念，才能合乎逻辑地实现它自身。①

以上关于"意识"作为传统心理学基础范畴之概念含义及其逻辑困难的一般说明，同时也暗示了它的丰富的哲学史内涵及其在哲学史背景中与其他基本范畴如"科学""心理学"等之间的极为错综复杂的相互关系。正是对这个哲学史内涵和这种错综复杂关系的洞察，是我们批判地理解华生和詹姆斯各自据以否定或超越意识范畴的根据的基础，也是我们据以理解他们对意识范畴的否定或超越对于引导未来心理学发展道路而言的意义的基础。当然，这并不意味着，如下文论证将证明的那样，这里所讨论的背景因素的每一个方面，对于影响或制约华生或詹姆斯的思想动向而言是同等重要的；特别是对华生而言，它更不意味着，这些背景因素的哲学史内涵及其在哲学史背景中的错综复杂的关系，是华生所明了的，事实恰与此相反，他也正因此才能够或敢于在他的意义上否定意识范畴而倡导行为主义。

二 华生及其行为主义对意识范畴的否定

虽然对置身于科学主义传统的心理学家们而言，他们对华生否定意识范畴并倡导行为主义充满了敬意和感激，似乎华生因此为他们完成了关于心理学作为自然科学的论证，但华生对意识范畴所承载的丰富的哲学史内涵及其在哲学史背景中的错综复杂关系的无知决定了，他不可能

---

① 高申春、祁晓杰：《科学的含义与心理学的未来》，《上海师范大学学报》（哲学社会科学版）2012第4期。

在逻辑上彻底的意义上完成关于心理学作为自然科学的论证。事实上，华生对哲学及其历史的无知同时意味着，他不可能感受得到哲学作为人类思维的普遍形式在那个时代正经历着的深刻的变化，以及在这种变化中孕育着的人类思维的进步的历史动向及其隐含的关于意识的新的理解方式。因此，当他在心理学的水平上思考有关"心理学"、心理学作为"科学"的观念及"意识"等主题时，构成他据以思考这些主题的思想资源的，只能是常识化了的近代哲学及其思维方式，虽然关于近代哲学及其思维方式本身，他也是不甚明了的，并因而对他自己深陷近代哲学的二元论思维方式的思想处境，亦是不自觉的。正是他的这个思想处境，决定着他的思想的动向及其结果。

结合前面的有关背景讨论，并从关于心理学作为科学的观念的科学主义传统的角度来说，我们知道，在二元论思维方式中，既不能用科学所揭示的关于物质或身体的存在逻辑，来取消心理学所揭示的关于心灵或意识的存在逻辑，也不能用科学所揭示的关于物质或身体的存在逻辑，来说明心灵或意识的存在。然而，在不自觉地陷入二元论思维方式，同时又对作为这两种不可能性之逻辑前提的二元论思维方式及其哲学史意义不明了的情况下，追求实现关于心理学作为科学的观念，只能采取以下两种对待"意识"的本体论态度，这两种态度，为论证方便起见，或可以分别地称之为温柔的科学主义态度和强硬的科学主义态度，其中，后者是前者在逻辑上的彻底化：或者用科学所揭示的关于物质或身体的存在逻辑，来说明心灵或意识的存在，这就是心理学史中盛行的各种形式的物理主义还原论所不自觉地遵循的思想逻辑；或者用科学所揭示的关于物质或身体的存在逻辑，来取消心理学所揭示的关于心灵或意识的存在逻辑，这就是华生发动行为主义革命所不自觉地遵循的思想逻辑。换句话说，在二元论思维方式中，追求实现关于心理学作为科学的观念，就必须使心理学及其研究对象符合科学及其研究对象的本体论要求，从而走向科学唯物主义一元论。这种唯物主义一元论，虽然我们已经知道，就它作为思想结果而言，违背了它的思想前提，但只有在这种唯物主义一元论中，才能实现关于心理学作为（自然）科学的观念，从而使心理学走向自我异化。同样，我们也已经知道，在这种唯物主义一元论中，世界作为整体是单一地由物质实体及其世界图景构成的，其中没有心灵或意识存在的余地。虽然华生实际完成的论证远不如这里的分析所阐述的那么清晰,但他的论证所依循的,正是这样的思想逻辑。正是通过这样的论证,他才把意识称为"鬼火"(will o'the wisp)①一样的东西,得以在本体论意义上根本地否定"意识"范畴,转而倡导作为"物质"实体的"身体",亦即有机体的"行为"作为心理学的基础范畴。

对此,我们也可以反过来通过对"行为"范畴的分析,进一步理解华生的工作及其性质。如果不追随华生并与他一起陷入科学唯物主义一元论,我们便能够洞察到,正是"行为"范畴给二元论的思想逻辑带来困难,并使之陷入困境,因为"行为"这个范畴,从肯定的意义上来说,它既是"意识"的或"心理"的,又是"物质"的或"身体"的;从否定的意义上说,它既不是纯粹主观的"意识"或"心灵",也不是纯粹客观的"物质"或"身体"。因此,要获得对"行为"范畴的合乎逻辑的理解,就不能局限于二元论的思想逻辑,要么赋之以"意识"或"心灵"的主观的解释,要么赋之以"物质"或"身体"的客观的解释,而必须整体地超越二元论的思想逻辑,并重新确立一种崭新的整体论意义上的一元论的思想逻辑,如作为现象学历史发展之当代趋势的具身性主题所追求的那样。但华生正是因为对这一切的无知而不自觉地陷入二元论的思维方式,并在其中只能走向唯物主义一元论,其结果是,就对"行为"范畴的理解和解释而言,必然要否定其中主观的、意识的方面或成分,同时把"行为"强行规定为二元论背景中的"物质"意义上的客观存在,从而将心理学作为关于"行为"的科学纳入自然科学体系。

因此,虽然从历史表象来看,华生及其倡导的行为主义终于引领了心理学历史发展的方向和道路,但决定这一关系的深层的历史动力,不在于华生在这篇文章中发挥的关于行为主义作为心理学的思想,而只能相反地从(主流)心理学追求"(自然)科学"的历史动机出发,才能获得在某种特殊意义上可以说"合理"的解释。当然,心理学追求"科学"的历史动机选择了华生作为自己的代言人,又选择了行为主义作为自己实现的形式,确也说明了华生及其思想的某种特殊性。这种特殊性就在于,华生因为在哲学上无知而敢于冒天下之大不韪,在追求并论证心理学作为"(自然)科学"的存在时,在否定"意识"作为心理学基

---

① Watson J. B, "Psychology as the behaviorist views it", in W. Dennis, Ed. *Readings in the history of psychology*, New York, N. Y.: Appleton – Century – Crofts, Inc., 1948, p.459.

础范畴的同时，把"行为"范畴强行规定为作为自然科学研究对象的"物质"意义上的客观存在，并将如此规定的"行为"概念确立为心理学的基础范畴，进而将心理学作为关于"行为"的"科学"纳入自然科学体系。从这个意义上来说，与其说是华生通过他的文章发动了行为主义革命，并由此把心理学实现为"科学"，不如说是心理学因为屈服于它自己追求"科学"的历史动机而昧着良心地放弃自己的存在，转而不顾一切地奔向由华生给它提供的关于它作为"科学"的那种借用华生自己的话来说像"鬼火"一样遥不可及的"希望"的幻影。

事实上，细读华生的文章可以发现，他对于他自己关于行为主义作为心理学及其自然科学性质的论证，是可以理解地缺乏自信的。所以，在文章的最后，他在匿名地引述一段关于心理学的物理主义还原论解说——这种物理主义还原论，把包括"反省"及"言语"在内的所谓"高级思维"的过程，全解释为"原初的肌肉活动的微弱的回响（faint reinstatements of the original muscular act）"——之后，借用耶克斯的话自问道，如此看来，"是否留给心理学的，是一个纯粹精神的世界（a world of pure psychics）"？并回答说，"我承认我不知道"，又解释说，"我最偏爱的关于心理学的研究方案，实际导向的是对今天的心理学家们使用它那种意义上的意识的忽略。我真正否认的，是纯粹精神的领域可以接受实验的研究。目前，我不想深究这个问题，因为对这个问题的深究，不可避免地要把我们引入形而上学"[1]。对于批判地理解华生而言，与他从正面对行为主义作为心理学及其自然科学的性质和地位的论证相比，他在文章的最后所表达的这些疑惑，是更加发人深省、更加耐人寻味的，因为历史证明，只有在形而上学水平上深究这个问题，才能揭示"意识"范畴的更加深刻的本体论内涵，并得以构想在由此形成的形而上学中关于心理学作为科学的观念。从一种意义上说，詹姆斯正是通过对这个"纯粹精神的世界"的形而上学探索，才得以超越近代哲学及其意识范畴，并在引导人类思维进入它的现代形式的历史中做出了他的贡献。

---

[1] WatsonJ. B., "Psychology as the behaviorist views it", in W. Dennis, Ed. *Readings in the history of psychology*, New York, N.Y.: Appleton - Century - Crofts, Inc., 1948, p. 469.

三　詹姆斯及其彻底经验主义对意识范畴的超越

与华生在对哲学及其历史的无知的情况下盲目地坚持关于心理学作为（自然）科学的信念，并以之为他的全部心理学思考的根本立足点不同，詹姆斯的全部思想的出发点和归宿点，就其性质而言是形而上学的，就其动机而言是要寻求关于世界的先在的统一的理解，并在理论内容上表现为他在晚年尝试建构的以"纯粹经验"概念为基础范畴的彻底经验主义的形而上学。而且，他的出发点和归宿点实为同一个点，并在他的思想历程中表现为一个从朦胧到清晰的连续的渐进的运动。所以，在他的思想背景中，对关于心理学作为科学的观念的理解，始终处于从属的地位，并必须适应于他的形而上学探索，或满足他的这种形而上学探索的结果的要求。只有以此为背景，才能真实地把握詹姆斯否定并超越作为传统心理学基础范畴的、得之于传统哲学的那个"意识"概念的思想的根据和动向，并在构建或设想心理学理论基础的意义上理解他的思想动向的历史意义。

虽然詹姆斯不曾接受系统的学院哲学及其形而上学传统的训练，但在他的家族史背景和他对哲学文献的虽说是散漫的，但无论如何也是广泛的阅读的个人生活史背景中，我们可以找到他寻求关于世界的先在的统一的理解的动机的历史起源。[①] 所以，在詹姆斯的人格中，首先确立的是一种关于世界的先在的统一的根深蒂固的坚定的信念，他的思想发展就是对这个信念的逐步清晰化的理论阐释；在他的思想成果中，世界的这种先在的统一的基础在理论上逐步沉淀为"纯粹经验"概念，而他的渐趋成熟的思想作为体系，就是以"纯粹经验"概念为基础范畴的彻底经验主义的形而上学。

一旦洞察到这一点，我们立即就能预感到，詹姆斯的人格和思想，注定将要与传统哲学及其二元论的思维方式和世界图景格格不入，并得以理解詹姆斯思想发展的一般线索和基本特征。换句话说，必须以詹姆斯关于世界的先在的统一的信念为立足点，并以他的这个信念与他所实际面对的二元论世界之间的张力空间为背景，才能理解詹姆斯，因为在

[①]　高申春：《心灵的适应——机能心理学》，山东教育出版社 2009 年版，第 79—106 页。

他的人格和思想中，关于世界的先在的统一的信念的理论表达，与他受到二元论世界观的理论表达形式的纠缠或制约之间，构成一种此消彼长的关系，他的思想的历史的实现，包括他的心理学，普遍地证明了这种此消彼长的关系。借用上文关于詹姆斯思想的出发点和归宿点的说法来看，虽然他的出发点和归宿点实为同一个点，即关于世界的先在的统一的理解和追求，但在出发点作为起点上，他关于世界的先在的统一的信念，尚未获得任何独立的理论的表达形式，所以，他只能借用传统哲学的二元论的语言体系，在否定传统哲学的二元论世界的同时，表达着他关于世界的一元论的理解和追求。又因此，我们才发现并能够理解，一方面，在他达到他的归宿点作为终点，亦即在他能够以独立的理论形式即彻底经验主义作为形而上学把他关于世界的先在的统一的信念表达出来之前，在他的思想的历史的实现形式如他的心理学中，他关于世界的一元论的理解和追求，他关于世界的先在的统一的信念，作为他的思想发展的主导动机，是隐而不显的；另一方面，如果不能洞察到作为他的思想发展的主导动机的他关于世界的先在的统一的信念，那么，在作为他的思想的历史的实现形式如他的心理学中，我们只能在表面上把握到他的思想的几乎可以说是无处不在的矛盾和混乱，如在心理学史中广泛存在的关于詹姆斯的研究结论所证明的那样。

同样，反过来说，当詹姆斯接近于他的思想的归宿点作为终点，亦即他能够以独立的理论形式把他关于世界的先在的统一的信念表达出来时，他便得以摆脱二元论语言体系的束缚而否定二元论的世界观及其意识范畴，并构建以"纯粹经验"为基础范畴的彻底经验主义形而上学，从而整体地超越近代哲学及其二元论的思维方式和其中蕴含的意识范畴。这就是他于1904年发表的那篇文章，第一次明确地表达了他关于彻底经验主义作为形而上学的思考成果。

要获得对纯粹经验概念的理论内涵以及以之为基础范畴的彻底经验主义作为形而上学的尽可能完整的理解，只有在詹姆斯的人格和思想作为整体及其发展的背景中才是可能的。这里只能通过分析纯粹经验概念的历史起源，获得据以理解它们的一般线索。在这个概念的历史起源中，同时包含了否定的动机和肯定的动机。其中，否定的动机所指向的，如上文讨论所已暗示，就是传统哲学的二元论思维方式及其规定的关于意识作为实体的它的概念含义，因为这个"意识"经过传统哲学和传统心理学的阐释，已不再是"意识"或"经验"本身：经由这个阐释过程，"精神本原已经缩小到彻头彻尾幽灵般的状况，只是表示经验的'内容'是被知的这一事实的一个名称而已。它失去了具有人格性的形式和活动（这些东西都转到内容一边去了），变成了光秃秃的 Bewusstheit（意识）或 Bewusstsein überhaupt（知觉一般），而关于它本身，我们什么也说不出"；而且，"'意识'一经消散到纯粹透明的这种地步，就要完全不见了。它是一个无实体的空名，无权立于第一本原的行列中。那些死抱住意识不放的人，他们抱住的不过是一个回响，不过是正在消失的'灵魂'遗留在哲学的空气中的微弱的虚声而已"①。

当然，詹姆斯自知，要在完全的、绝对的意义上否定意识，那"显然是十分荒谬的"，所以他紧接着解释说，"我的意思仅仅是否认意识这一词代表一个实体，不过我却极端强调它确是代表一个职能"，因此，"谁要是把意识这一概念从他的第一本原表里抹掉，谁就仍然必须设法以某种方式使这种职能得以行使"。② 这就是詹姆斯提出"纯粹经验"概念的肯定的动机。对此，他进一步解释说："如果我们首先假定世界上只有一种原始素材或质料，一切事物都由这种素材构成，如果我们把这种素材叫做'纯粹经验'，那么我们就不难把认知作用解释成为纯粹经验的各个组成部分相互之间可以发生的一种特殊关系。这种关系本身就是纯粹经验的一部分；它的一端变成知识的主体或担负者，知者，另一端变成所知的客体。"③

虽然以上只是对詹姆斯思想进展的最一般的说明，要把无论是"纯粹经验"的概念还是彻底经验主义作为形而上学"弄懂之前还需要做很多解释"④，但是，从这个最一般的说明中，我们已经可以把握到，所谓"纯粹经验"，就是"经验的实在"的根基，是对"意识"的一种崭新的、更加符合意识自身本性的理解方式，是对"意识"范畴的更加深刻的本体论内涵的揭示；彻底经验主义作为形而上学，就是对意识"本身"的解说，是对"经验的实在里边有着同意识的实用价值相等的［那些］

---

① ［美］詹姆斯：《彻底的经验主义》，庞景仁译，上海人民出版社1965年版，第1页。（对照原文，译文稍有改动。）
② ［美］詹姆斯：《彻底的经验主义》，庞景仁译，上海人民出版社1965年版，第2—3页。
③ ［美］詹姆斯：《彻底的经验主义》，庞景仁译，上海人民出版社1965年版，第2—3页。
④ ［美］詹姆斯：《彻底的经验主义》，庞景仁译，上海人民出版社1965年版，第2—3页。

东西"的系统阐述。① 结合心理学的历史，我们立即就可以把握到，詹姆斯思想的进展，既明确地显示了对传统意识心理学理论基础的否定，并暗示了对这种体系的否定，同时又明确地提出了对心理学理论基础进行重构的要求，并暗示了重构之后的心理学的性质和道路。虽然詹姆斯未能具体地阐明，在彻底经验主义的世界观中，关于心理学作为科学的观念将实现为怎样的形式，但对这个问题的专门研究已经证明，从各个方面来说，如此实现的心理学，与胡塞尔所倡导的现象学心理学是同质的，② 从而既与后者共同表征着关于心理学作为科学的观念真正实现它自身的必然的道路，又以詹姆斯个人的思想进展再现了在德国文化背景中以冯特为代表的关于心理学作为科学的观念的科学主义传统，必然被以布伦塔诺和胡塞尔为代表的关于心理学作为科学的现象学传统所否定的那个普遍的历史发展模式。特别是后一种情况，在心理学及其历史作为整体的背景中，是尤其耐人寻味的。在全部心理学的历史中，如果说有人曾系统地论证过关于心理学作为自然科学的观念，那便是詹姆斯。在詹姆斯的心理学中，虽然作为出发点，他宣称"始终一贯"地"坚持自然科学的观点"③，但随着他的研究的进展以及在这个过程中他关于彻底经验主义作为形而上学的思想的渐趋成熟，在他"完成"他的心理学研究工作之后，他最后总结说，"当我们说'心理学作为自然科学'时，我们一定不要以为这话意味着一种终于站立在稳固基础之上的心理学。恰恰相反，它意味着这样一种特别脆弱的心理学，在它的每一个连接点上，都渗透着形而上学批判的水分；它的全部基本假定和资料，都必须在一个更加广阔的背景中重新加以审视，并被转换成另一套术语"④，从而否定了他自己的出发点，同时走向这个出发点的对立面，并以这种特殊的形式再现了心理学在德国的发展史。

［该文刊于《陕西师范大学学报》（哲学社会科学版）2013年第4期，第二作者祁晓杰］

---

① ［美］詹姆斯：《彻底的经验主义》，庞景仁译，上海人民出版社1965年版，第2页。
② 高申春：《詹姆斯心理学的现象学转向及其理论意蕴》，《心理科学》2011年第4期。
③ James W, *Principles of psychology* (Vol. 1), New York, NY: Mcmilian and Co., 1907, p. V.
④ James W, *Psychology: A briefer course*, New York, NY: Henry Holt and Company, 1892, pp. 467–468.

心理学的困境与心理学家的出路

——论西格蒙·科克及其心理学道路的典范意义

一　科克其人

对于美国心理学家西格蒙·科克（Sigmund Koch，1917—1996），应该说我国读者并不陌生。黎黑在他那本颇有影响力的《心理学史》的第一版中，曾给予科克的历史批判工作以很高的评价，读过这本书的人对此当有深刻的印象。也正是这位西格蒙·科克，曾受命于美国心理学会，组织开展了一次规模宏大、影响深远的对心理学学科发展状况的全面评估与清查，并形成六卷本的《对心理学作为一门科学的研究》（科克原本计划作为全书总结的第七卷《心理学与人的主体地位》的写作设想最终没有实现），我国读者即使没有读过这部著作，也深知这部著作所产生的历史影响。但是，从我国心理学研究状况来看，关于科克作为一个心理学史人物及其历史批判工作的意义，特别是科克在批判之后所选择的心理学道路对心理学家个人而言所具有的意义，似乎还没有一个明确的认识；本文在介绍科克的工作及其学术道路的基础上，尝试对此做一概略的说明。

科克生于纽约市一个在学术上颇有成就和名望的家庭，他的两个姐妹后来分别成为著名的历史学家和文学家。科克本人早年的兴趣主要表现在艺术方面，特别是文学创作方面，并在中学时就已表现出很高的文学创作天赋。1934 年入纽约大学，主修英国文学，但不久改修哲学，主攻以逻辑实证主义为主流的科学哲学。所谓科学哲学，乃以科学为对象的哲学研究，因此与具体的科学领域密切相关，他便选心理学作为自己的辅修专业，于1938年毕业。毕业后，科克转赴依阿华大学，随费格尔攻读心理学哲学硕士学位，并深受勒温与斯宾塞的影响。获硕士学位后，科克于1939年赴杜克大学攻读心理学博士学位，1942年毕业并留校任教至1964年。

科克是一个思想深刻而特立独行的人。他的天赋加上他的教育背景，使他的理论分析能力很早就在心理学界崭露头角、深受瞩目。1941年，他在《心理学评论》上发表他关于动机概念的逻辑分析的硕士论文，便在心理学界引起巨大反响；因此，甚至在他完成博士论文之前，人们便"对他的论文研究工作翘首以盼"[1]。正是对他的理论分析能力的信赖，美国心理学会才在1952年将那项对心理学学科发展状况进行全面检查的规模宏大、历时十余年的学术工程委任给年仅35岁的科克。对科克而言，这不只是一项个人的殊荣，更是一次学术的使命。利用这个机会，他澄清了心理学的困境，指出了心理学未来发展的希望。同时，他还利用这个机会，检查并澄清了自己的思想，从而由一个忠诚的逻辑实证主义者转变为逻辑实证主义的激烈的批评者，并在这个过程中培育了自己在特殊意义上对行为主义心理学、在一般意义上对逻辑实证主义哲学以及与之相一致的社会文化的批判精神。所以，对科克本人而言，主编并组织实施《对心理学作为一门科学的研究》（1959—1963），实际上构成了他的一次精神洗礼：从此以后，在历史批判的同时，他自觉地保持着与主流心理学的距离，独立地从事一种负责的、真正富于人的意义的心理学研究。

1964年，科克赴纽约任福特基金会艺术与人文科学部主任至1967年。1967年至1971年，科克任职于得克萨斯大学。其后，他辗转来到波士顿大学，在任两年主管科研的副校长之后，专任哲学与心理学教授，度过其晚年的学术生涯。在这些年月里，科克一方面时断时续地开展他自己所关心的论题如定义、动机、价值等的专题研究，另一方面继续对心理学及一般文化进行历史批判，并在这种历史批判的同时反思心理学的理论基础。

1978年，科克同时被推举为美国心理学会普通心理学和哲学心理学

---

[1] Leary, D. E., Kessel, F., Bevan, W., "Sigmund Koch (1917 – 1996)", *American psychologist*, 1998, Vol. 53, No. 3, p. 316.

两个专业委员会的主任。时值美国心理学会准备大规模庆祝实验心理学诞生一百周年，所以，当选两个专业委员会主任，实际上又给科克提供了一个全面评估心理学学科发展状况及其理论基础的历史机遇。于是，在1979年的年会上，科克将两个专业委员会的会议日程合而为一，邀请四十余位作者就各自领域的发展状况与历史趋势加以评述。会后，科克将这些会议论文编辑为其学术价值和历史意义堪与《对心理学作为一门科学的研究》相媲美的《科学心理学一百年》，于1985年出版。其后，科克便在波士顿大学创立美学研究所，致力于他心仪已久的关于美学和创造性的研究事业，在相当规模上对艺术家的艺术创造过程进行科学研究，直到其生命的终点。科克死后，有人将他一生零散发表的有关心理学的历史批判和理论反思的文稿编辑出版为《人类背景中的心理学：批判与建构论文集》（1999），并认为，这些论文所表达的思想观点，应该就是科克当初计划写作的《心理学与人的主体地位》一书试图加以阐述的思想，因而是一本最能集中体现科克本人对心理学的系统理解的基本著作。

科克不是一个体系心理学家，他未曾在心理学的任何一个专门领域内建立一个系统的理论体系。他的影响以及他的工作的意义，主要表现在对心理学的历史批判，以及在此基础上才有可能实现的对心理学理论基础在否定意义上的解构和在肯定意义上的设想（抑或建构）。所谓在否定意义上对心理学理论基础的解构，意指分析现行心理学研究赖以付诸实践的前提并揭示其谬误性质，因而在学术性格上是与历史批判工作相同一的；所谓在肯定意义上对心理学理论基础的设想，是指寻求保证心理学研究及其结论的有效性、真理性和科学性的条件与前提的建设性的努力，因而为心理学摆脱谬误与困境提供了可能的出路和希望。应该说，科克在这两个方面（或三个方面）的工作是富有成效的，所以美国心理学会在他去世后给予了他极高的评价："在澄清并引领20世纪心理学发展进程方面，西格蒙·科克发挥了无与伦比的影响作用。随着他的逝世，心理学失去了它最敏锐的批评家和最令人怀疑但结果必将是最有希望的预言家。"①

---

① Leary, D. E., Kessel, F., Bevan, W., "Sigmund Koch (1917–1996)", *American psychologist*, 1998, Vol. 53, No. 3, p. 316.

二 心理学的困境——科克的批判

科克作为心理学家走上历史批判的道路,是他的人文情怀和教养背景使然。同时在这个过程中,组织实施《对心理学作为一门科学的研究》,为他走向批判道路提供了一个历史的机遇。所谓人文情怀,无非是一种生活的态度和勇气,即真诚地面对并体验人类生命的真实过程,而不是受支配于某种外在的强制力量的"规定"。事实上,从20世纪40年代至50年代初,通过对赫尔体系的分析,科克已经强烈地感受到,对于理解人类生命过程的意义与本质而言,心理学的研究工作及其结论是无足轻重,甚至是毫无价值的。也正是赫尔体系的崩溃,使心理学从此前以赫尔体系为代表的"进步"假象所造成的盲目的乐观情绪中惊醒过来而陷入困境和迷茫,因为赫尔体系的崩溃,也就意味着整个心理学理论基础的崩溃。这便是前述美国心理学会于1952年委任科克对心理学学科发展状况及其理论基础进行全面检查的一般背景,也是科克的历史批判工作的出发点。

科克以其广博的科学史背景和深厚的科学哲学素养为基础,通过历史分析揭示了心理学的理论困境的历史根源。他指出,科学发展的一般进程是:任何一门学科,只是在它取得并积累了足够的知识而成为一门科学之后,才获得它的独立地位,并逐步演化为一种体制化的存在。但相比之下,"心理学从它的诞生之日起就如此与众不同:它在取得自己的知识内容之前,事先完成了对体制化存在地位的追求;它在澄清自己所研究的问题的性质之前,事先就规定好了自己所要遵循的方法论程序。这便是我们据以理解现代心理学史的它的关键特征之所在"[1]。正是这一特征决定了心理学作为一门学术事业的不自觉性和盲目性:它在弄清它自己是什么以及它能否作为(实证自然科学意义上的)科学而存在之前,刻意地追求(自然科学意义上的)"科学"的地位;而追求这样的"科学"地位的最便捷的途径,便是外在地模仿自然科学的实证方法及其实

---

[1] Koch, S., "Epilogue", in S. Koch, Ed. *Psychology: A study of a science* (Vol. 3.), New York, NY: McGraw-Hill, 1959, p.783.

证知识形式，而不同时顾及它自身的实质内容，从而使心理学作为一项学术事业逐步蜕化为一种受"科学主义"作为一个外在强制力量制约的方法论追求，并具体表现为受逻辑实证主义关于科学操作的"规则"所支配的（rule - governed）一种纯粹的智力游戏，而不是按心理学本性之所是的关于人的自我理解事业（human - centered inquiry and understanding）。简言之，它使心理学在对异己的外在形式的追求过程中丧失了灵魂，因为心理学在这里所追求的这种外在形式，是不足以切中它的对象的内在本性的。可以设想，在这样的学术理念的支配下，特别是在行为主义作为心理学研究纲领中，对行为主义自我标榜的"客观性"原则极具讽刺意味的是，心理学家在他自己的理论建构中，可以任意地设想他所使用的基本范畴的内涵及其相互关系（联系）是什么，只要这种设想遵循着逻辑实证主义关于科学操作的"规则"的规定。毫无疑问，在这样的"学术研究"背景中，心理学作为一门科学所取得的"成就"，必将是值得怀疑的。正是针对并试图理解和解释这种状况，科克曾撰构"ameaningful thinking"（"失去意义的思想活动"）这一短语，来描述、说明或概括当时心理学研究实践的基本的精神气质；① 也是基于反思之后的这种认识，他在"评估自己的（研究工作对人类自我理解事业的）贡献以及心理学作为整体（对人类自我理解事业）的贡献时，保持一种谦虚的低调"，即使是在他的反思之前的研究工作就已经在心理学界受到高度的重视和普遍的赞誉。②

必须强调指出，科克的批判并不只是针对行为主义而有效的，甚至也不只是针对心理学才有效的，因为他的批判是以更为广阔的文化史理解为背景的，行为主义作为"失去意义的思想活动"，只是近代文化一般发展趋势的一个特殊的表现形式而已。在引导近代文化一般发展趋势方面，自然科学的发展及其巨大成就起了决定性的作用。正是自然科学的发展及其成就，使"科学"作为人类一种意识形式在人的生活及其文化中的地位发生了根本的倒转：科学原本只是人的一种活动、一种工具，它的存在形式应当以人的存在为根据；现在，它却逐渐获得了对人的主

---

① Leary, D. E., "One Big Idea, One Ultimate Concern: Sigmund Koch's Critique of Psychology and Hope for the Future", *American Psychologist*, Vol. 56, No. 5, 2001, pp. 425 – 432.

② Leary, D. E., Kessel, F., Bevan, W., "Sigmund Koch (1917 – 1996)", *American psychologist*, Vol. 53, No. 3, 1998, p. 316.

宰地位，成了衡量人的思想与实践的普罗克拉斯提斯之床，人的存在形式反而要以科学的存在为根据——这便是近代思维的"科学主义"特质。同时，科克还指出，自然科学在维多利亚时代的辉煌成就，还为人的自我理解事业提供了一线"希望"，那就是，"将自然科学方法推广应用于全部人文的及社会的问题领域"；而这一"希望"的历史实现，只能为我们带来"灾难性的结果"，① 因为科学的形式是与人的存在，特别是他的人文存在不相关的，因而作为方法，不足以揭示后者的实质。所以，有人在考察当代心理学的认知神经科学发展趋势之后指出，科克的批判工作"对现时代而言比对它当初完成的时代而言具有更大的时效性"。②

历史批判自然会引导科克走向对心理学理论基础的反思。关于心理学的理论基础，科克虽然也没有能够在肯定的意义上给出一个明确的论证，但无论如何也在消极、解构的意义上得出一系列极富启发性的结论。在他看来，相信心理学是一门科学（a science），或甚至是相信它有希望成为一门单一而整合的学科（an integral discipline），乃"一个幻觉"。表面看来，他的结论似乎过于悲观了，并因此往往招致实验心理学家们的普遍反对甚至是敌意。但正因为他在心理学的理论和历史两方面的精湛研究，才决定了他的结论在理论态度上比那些"勤勉而严谨"的实验心理学家们更加严谨——就"严谨"一词的真实含义而言。因此，他对心理学的历史批判，应当被当作心理学史的一个组成部分而被接受，并被当作心理学史中的一份不可多得的文化遗产而加以珍视。科克认为，就历史而言，心理学想要成为一门科学的努力失败了，究其原因乃在于：一方面，心理学是由于对物理学的敬仰而被建立起来，并因而也是按照物理学的模式而被塑造出来的，并且是在这样一个已被历史证明是错误了的信念的基础上被建立起来的，即自然科学的方法能够被应用于传统的关于人的思辨研究（the ordinarily speculative study of human）；另一方面，心理学所应该加以研究的领域太宽阔了，乃至于不可能为任何单一的方法论的或理论的体系所包揽；相对于人性的全部复杂性而言，（自然）科学的分析模式显得太过于狭隘而不足以穷尽它的全部复杂性。与

---

① Leary, D. E., "One Big Idea, One Ultimate Concern: Sigmund Koch's Critique of Psychology and Hope for the Future", *American Psychologist*, Vol. 56, No. 5, 2001, pp. 425 – 432.

② Robinson, D. N., "Sigmund Koch——Philosophically speaking", *American psychologist*, Vol. 56, No. 5, 2001, p. 420.

此同时，科克还指出，对从事心理学研究的心理学家们而言，"科学"这一标签起到了他们用以对抗对他们（的研究的合法性）的怀疑的护身符的作用，这就不仅使他的结论对理论和历史而言是"悲观"的，而且使他的批判对现实而言是"无情"的。应该指出，科克的批判所针对的，是西方现代心理学将自身理解为自然科学意义上的"科学"这一学术理念的；事实上，科克相信心理学能够成为"严格的和经验的（tough-minded and empirical）"科学门类，但就其整体性质或特征而言，这种科学门类更接近于人文科学（the humanities），而不是自然科学（the sciences）。[1]

三 心理学家的出路——科克的选择

前面在评述科克关于心理学理论基础的论证时，我们是说科克也没有能够在肯定的意义上给出一个明确的论证。这样的语气丝毫没有求全责备的意思，也无意于要求在任何打折扣的意义上来接受并评估科克的历史批判与理论反思的成果及其价值。在这个问题上，我们不能苛求于科克。如前所述，心理学是在探明它自身以及它的研究对象的性质之前刻意地追求"科学"而走向独立并获得它的体制化存在的。这是心理学极其耐人寻味的一个"关键"的历史特质。简言之，它意味着心理学的盲目性；它意味着，任何时候，当面临选择的时候，心理学缺乏一个据以进行自主选择的根据、原则或能力。这种选择能力的缺乏又进一步意味着或决定了：一方面，心理学与心理学内外各种历史的思想趋势之间，只能形成一种极为错综复杂的关系——要真正看清由这些关系所构成的总体面貌已非易事；另一方面，当必须做出一个选择并付诸实施时，心理学只能按照某种外在的，或许与它自身不相干的根据或原则来进行，从而使作为对这一选择付诸实施的过程和结果的心理学"研究"，在理论上"失去意义"——按照一个外在的根据或原则来进行选择，须以一个

---

[1] Koch. S., "Psychology as an integral discipline: The history of an illusion: Conceptual sweep vs. knowledge: Thoughts towards a feasible future", 1974, Papers presented to the annual meeting of APA. 参见 THLeahey, *Ahistoryofpsychology: main currents in psychological thought*, NJ: Prentice-Hall, 1980, pp. 384-385.

更为基本的、对选择的根据或原则的选择为前提，此即对逻辑实证主义关于科学操作"规则"的规定的选择；对心理学追求"科学"的（盲目）意志而言，这后一个选择倒不是完全随意的。一言以蔽之，心理学作为一门科学（到科克那个时代）依然还没有"（取得）自己的知识内容"。仅从这一个方面来说，对这样一门"科学"在类似于19世纪的自然科学在经历从收集资料的阶段向整理资料的阶段过渡之后走向统一的意义上进行肯定的、建设性的理论基础的论证，又从何谈起呢！

我们这里提供的这种分析与论证，是与科克关于科学史的理解和他对心理学及一般文化的历史批判相一致的。一方面，科学并不是被人为地"创造"出来的，而是知识作为人类创造活动的结果的自然增长而形成的知识的存在样式；另一方面，知识的产生并不是按照某种固定的"程序"或"方法"而被"自动地生产出来的"——以这种方式被"生产出来"的，只能是"伪知识"（pseudoknowlegde），而知识的这种"生产方式"，就是科克所谓的"失去意义的思想活动或研究活动"。相反，知识乃人类精神以某种本真的方式在与对象的关系中自发地、主动地探求表达自身的创造性产物。因此，在科克看来，心理学的失误与困境，不在于它缺少方法，而在于它缺少面对自身的"勇气"：它宁愿"以某种稳妥的方法来描述毫无价值的事物，而不愿意尝试对真正有价值的事物的哪怕是不完善的理解"[①]。与此相应，科克认为，我们与其以这种"失去意义的思想活动"来追求"宏大的伪知识体系"，还不如踏踏实实地以我们"有限的理解力"去获得关于人的哪怕是星星点点的真知灼见；对心理学家个人而言，"采取这样一种理论态度，也就意味着获得了思想的自由与解放"[②]。所以，批判之后的科克，便以一种谦虚的态度走上为心理学走向科学而积累知识的预备道路。

然而，事情还远非如此简单。黎黑曾以一种颇为隐晦的方式谈到一个与此处讨论有关的论题："英国文学"作为一个"研究领域"拥有它完全正当的学术合法性，"但没有哪一个人把英国文学作为一个学术研究领

[①] Robinson, D. N., "Sigmund Koch——Philosophically speaking", *American psychologist*, Vol. 56, No. 5, 2001, p. 420.

[②] Koch, S., "The nature and limits of psychological knowledge: Lessons of a century qua 'science'", in S. Koch, D. E. Leary, Eds. *A century of psychology as science*, Washington, DC: American Psychological Association, 1992, p. 96.

域称为一门科学",并把英国文学当作一门"科学"来加以建设和发展；如果心理学"像英国文学那样不能是一门科学",那么,对心理学实际追求"科学"的历史及其产物而言,这将意味着什么呢?①——黎黑本人似乎没有对这个论题思考清楚,因而也就未能详尽阐释由他自己提供的这个比喻对于理解心理学及其历史所隐含的全部批判意义。——这将意味着,对科克而言,当他试图进行心理学理论基础的论证时,他所面对的,就不是零起点意义上的、没有"取得自己的知识内容"的"心理学"；相反,他面临着一个极为棘手的问题,即：如何对待或处理心理学实际追求"科学"的历史所留下来的遗产。特别是,心理学的职业化的快速发展,又赋予了它的体制化存在以一种更为强大的、积重难返式的历史惯性。同时,亦如科克所指出的那样,"科学"这一标签还起到了心理学家用以对抗对他们（的研究的合法性）的怀疑的护身符的作用。所有这些因素共同起作用的结果是意味着：即使是像科克那样其敏锐的观察力和鞭辟入里的分析力受到普遍赞赏的人,在试图将心理学（及其研究主体）从它的历史的盲目性中唤醒时,也不免有一种力不从心之感；同时,当他试图在审慎的历史批判的基础上,即使是在解构的意义上就心理学的理论基础提出建议,并呼吁心理学研究向"富有意义的思想活动（meaningful thinking）"回归时,也深深地体会到一种曲高和寡的孤独感。对思想家个人而言,这种孤独感是不能置之不理的。正是在这个问题上,科克显示了他作为学者的人格魅力和作为心理学史人物的典范意义。

对于那些批判精神不够彻底的人来说,摆脱这种孤独感的唯一出路,只能是屈从于心理学的历史的盲目性,并与之合流。比如,黎黑在他的《心理学史》第二版的序言中就庆幸自己终于由（第一版时的）一个"刺猬"变成了一只"狐狸"②,所以不难理解,比较该书不同版本,从1980年第一版到2001年第五版的变化,就是作者批判精神不断衰退、写作风格日趋叙事化的过程。对于那些富有批判精神同时又愤世嫉俗的人来说,摆脱这种困境的出路,似乎只能是通过历史批判而走向对历史的全面否定,如英国心理学家乔因森,他通过历史批判得出结论认为,"现

---

① T H Leahey, *A history of psychology*: *main currents in psychological thought*, NJ: Prentice-Hall, 1980, p. 384.

② T H Leahey, *A history of psychology*: *main currents in psychological thought*, NJ: Prentice-Hall, 1980, p. xi - xiii.

代心理学作为一部历史,它所记录的,不是科学的进步,而是人类理智的退化"①,从而易于招致历史虚无主义的骂名,这个骂名对一个老成持重的思想家而言所具有的潜在威慑力是难以承当的。所以,对于像科克那样拥有批判力并因而真正富有批判精神的人来说,无论是屈从于心理学的历史的盲目性并与之合流,还是通过历史批判而走向历史的反面,都不构成摆脱这种孤独感的合理的出路。科克所采取的道路;是自觉地与作为整体的"失去意义的思想活动"保持一种距离,并求得"看破红尘"之后的释然的超脱。当然,这种"看破红尘"之后的超脱的释然并不意味着将不再有所作为,而只是意味着:回到一个本真的出发点,得以从事一种真正自由的,而不是受制于某种外在强制力量的思想创造,并从而在一种真实的意义上重获思想创造的自由。这便是科克晚年在波士顿大学美学研究所的工作的基本格调。

(该文刊于《社会科学战线》2010年第1期)

---

① Joynson, R. B, "The breakdown of modern psychology", in M. H. Marx & F. E. Goodson, Eds. *Theories in contemporary psychology*, MacMillan Publishing Co., Inc., 1976, p. 117.

西方心理学若干历史发展模式的观察与思考

历史毕竟是由一个一个的片段相续而成的。这些片段作为具体的理论内容，是相应时代作为历史创造主体的个人的思想的实现。虽然一方面，从尚未实现的未来历史的眼光看，正是作为历史创造主体的这些个人的思想的冲动及其理论的追求，塑造着历史的现实形态及其具体道路；但另一方面，从已经实现了的过去历史的眼光看，作为历史创造主体的个人的存在及其思想，不是游离于历史之外的，而必须从属于作为历史及其片段或表象的本体论基础的它的观念。因此，必须以作为历史及其片段或表象的本体论基础的它的必然的观念，与作为这个必然观念的偶然的实现形式的历史的片段或表象之间相互渗透的关系为背景，才能透彻地理解作为整体的历史及其本质，并洞察作为历史的具体环节的它的各片段之间的关系，以及在这些片段中呈现出来的具有某种普遍性的历史发展模式对于作为这些片段之本体论基础的那个历史的观念的指向性意义。

当我们以同样的历史观来观察并思考西方心理学及其历史时，我们便能够获得若没有这个历史观便难以获得的理论的洞察。为论证方便起见，我们可以首先明确地指出现代意义上的西方心理学及其历史作为整体背后的那个总的观念。这个总的观念，就是于19世纪下半叶普遍兴起的关于心理学作为科学的观念。从这个角度说，构成现代西方心理学的历史的各片段，如它的各种思潮或流派、它在特定历史时期呈现出的一般面貌、它的不同的文化传统以及它在心理学家个人的思想中的实现形式等，都是尝试实现关于心理学作为科学这个总观念的偶然的历史形式。当然，这一方面并不意味着，关于心理学作为科学的观念，就其范畴含义而言，从一开始就是既定的和明确的，相反，以具体的理论内容及其塑造的概念内涵来实现关于心理学作为科学的观念，恰恰是心理学的历史的目的；另一方面也不意味着，现代西方心理学及其历史的各片段，就它们对关于心理学作为科学的观念的实现（的有效性）而言，在逻辑上是等价的，相反，它们构成了从对这个观念的异化到对这个观念的实现两个极之间的连续谱。

那么，如何确立关于心理学作为科学的观念的范畴含义呢？又如何判定现代西方心理学及其历史的各片段作为对这个观念的偶然的实现形式的逻辑的有效性呢？这两个追问自然会在我们心中立即引起一种强烈的逻辑感和一种厚重的历史感；若要系统地回答这两个追问，必将涉及全部心理学及其与人类思维作为整体背景之间极其错综复杂的关系，不能在这里展开。但是，以这种逻辑感和历史感为背景，以上述历史观的洞察为基础，通过考察西方心理学中若干历史片段及其呈现出的普遍的历史发展模式，我们可以获得据以回答上述两个追问的一些必然的思想线索。

一 心理学在德国的发展史

无疑，如所周知，关于心理学作为科学的观念以及以知识体系的形式追求实现这个观念的学术实践，普遍兴起于 19 世纪下半叶的德国学术界。促成这个观念之兴起的历史趋势，主要包括以下三个方面。其一，自然科学自近代以来在西欧的稳定的加速式的发展及其取得的成就，为人类思维提供了理想的知识形式或关于知识形式的理想。因此，任何形式的人类思维的成果作为知识，除自然科学外，包括如哲学、心理学，以及关于人及其社会的思想等，都必须向科学靠拢，并获得科学的形式，进而实现为科学。其二，作为心理学母体学科的生理学，于 19 世纪上半叶在德国已发展成为一门渐趋成熟的实验的自然科学，正是这门科学，特别是其中关于脑、神经系统及感觉器官的神经生理学，逐步孕育了或演化为现代意义上的科学心理学，因为那个时代的生理学家们"已经认为心灵主要等同于脑"[①]。在这个过程中，生理学将它自身作为自然科学的合法性以及在它关于心灵等同于脑的信念中蕴含的那种关于作为心理学研究对象的意识的理解方式，同时一并赠予了心理学，从而先天地既

[①] ［美］波林：《实验心理学史》，高觉敷译，商务印书馆1982年版，第47页。

培育了心理学对自然科学的（盲目）认同，又在心理学中强化了生理学的那种对待意识的物理主义还原论的理论素朴性。这就是由冯特引导的实验的、生理的、科学的新心理学的历史起源。其三，同样是作为心理学母体学科的哲学，特别是在德国，于19世纪中叶正经历着一个生死存亡的紧要关头。哲学的这个历史特质只有从哲学自身的历史和逻辑得到说明：一方面，黑格尔哲学体系完成的同时也就意味着整个（近代）哲学事业的"终结"①，因为他的体系"以最宏伟的形式概括了哲学的全部发展"②，在他的"博大体系中，以往哲学的全部雏鸡都终于到家栖息了"③；所以，另一方面，就它自身的未来而言，哲学若要获得新生，就必须超越它的近代形式的思想逻辑，同时确立一种新的、亦即它的现代形式的思想逻辑，如历史证明的那样，这构成了那个时代的哲学家们的使命。在这个过程中，结合上述第一方面的背景看，未来的哲学，不管它的实质内容将如何，但就它的形式而言，必须符合科学的要求。这就是布伦塔诺关于"科学（的）哲学"④和"真正科学的心理学"⑤的观念的背景。——这个观念后来由他的学生胡塞尔以现象学的名义得到系统阐述。⑥而且，在布伦塔诺的思考中，这种科学的哲学就是正在兴起的、他倾力加以倡导的新心理学，因为他确信，"心理学应该是对哲学进行必要改造的适当工具，也是重建科学形而上学的适当工具"⑦。

当然，这并不意味着，冯特和布伦塔诺各自倡导的新心理学在理论上是同质的；事实恰与此相反，并暗示着，对关于心理学作为科学的观念的范畴含义的理解和追求实现这个观念的学术实践，从一开始就是异质的。——事实上，如上文有关历史观的讨论所已暗示，这两个方面是互相支持、相互促进的。笔者曾结合对全部心理学的历史批判和对它的理论基础的反思，把各自包含在冯特和布伦塔诺的思想中的关于心理学

---

① 孙正聿：《理论思维的前提批判》，辽宁人民出版社1992年版，第224页。
② 《马克思恩格斯选集》第4卷，人民出版社1972年版，第216页。
③ [美]阿金《思想体系的时代》，王国良等译，光明日报出版社1989年版，第64页。
④ [德]施太格缪勒：《当代哲学主流》上卷，王炳文、张金言译，商务印书馆2000年版，第49页。
⑤ [美]施皮格伯格：《现象学运动》，王炳文、张金言译，商务印书馆1995年版，第73页。
⑥ [德]胡塞尔：《哲学作为严格的科学》，倪梁康译，商务印书馆1999年版。
⑦ [美]施皮格伯格：《现象学运动》，王炳文、张金言译，商务印书馆1995年版，第72页。

作为科学的观念及其引导的学术实践，分别称为关于心理学作为科学的科学主义传统或道路和关于心理学作为科学的现象学传统或道路，并阐明了它们之间在逻辑上的异质的和对立的性质。① 若要系统地阐明这些问题，必须在与人类思维的历史和成就作为整体的关系背景中，分别考察冯特和布伦塔诺各自的思想，同样不能在这里展开。这里将满足于结合上述三个背景因素，阐明各自以冯特和布伦塔诺为代表的这两个心理学传统或道路作为德国心理学史的实质内容所展现的关于心理学作为科学的观念的历史发展的一般模式。

事实上，上述三个背景因素一方面并不是分离地、单独地起作用的，相反，它们各自之间是紧密相关的，并共同促成关于心理学作为科学的观念。但另一方面也必须指出，它们各自之间的关系是不均衡的，正是在它们之间这种错综复杂而又不均衡的关系结构的整体背景中，孕育出关于心理学作为科学的观念的范畴含义的不同理解，并由此引导着追求实现这个观念的不同的学术道路。

具体而详细地阐述这些关系并呈现其不均衡的结构整体，自然不是本文篇幅所允许的，但结合人类思维的进步的历史坐标，通过考察作为心理学本体论基础的"意识"范畴和作为心理学学科理想的"科学"范畴的概念含义，我们可以总体地把握这些关系及其结构整体，因为对这两个基础范畴的含义的理解及其差异，正是这些关系及其结构整体的理论产物。而且，在这个过程中，我们还将发现，对"科学"观念的范畴含义的理解，从属于对"意识"范畴的概念含义的理解。

无疑地，要获得对"意识"范畴的概念含义的真理性洞察，必须通晓哲学及其历史，从而有可能在超越它的过去的同时开拓它的未来，因为，正是"意识"这个范畴以哲学史的形式承载了全部人类思维的历史及其成就。这就是布伦塔诺的思想的气质和动向。他为了拯救哲学而倡导作为科学的新心理学，又为了阐明心理学按照它的内在本性必然是什么而洞察到作为"心理现象"本质特征的意识的"意向性"："每一种心理现象，都是以中世纪经院哲学家所说的某一对象的意向的（或心理的）内存在为特征的，是以我们或可称之为——虽然这个说法不是完全没有

---

① 高申春、王栋：《现代心理学理论基础之现象学批判论纲》，《学习与探索》2012 年第 4 期。

歧义的——对于某内容的关联性、对于某对象（这里所谓对象，不应该被理解为意指一个真实存在的事物）的指向性为特征的，或者说是以内在的对象性为特征的。每一种心理现象都将某种事物作为对象包含于自身之中，虽然不同种类的心理现象不是以相同的方式将这些事物各自作为对象包含在自身之中。在表象中，有某种事物被表象；在判断中，有某种事物被肯定或否定；在爱或恨当中，有某种事物被爱或被恨；在欲望当中，有某种事物被欲望，如此等等。"对此，他并进一步补充说明道，"这种意向的内存在是心理现象所独有的特征。没有哪一种物理现象表现出与此相类似的特征。所以，我们可以以这样的说法来定义心理现象：它们是那些意向地将某一对象包含在它们自身之中的现象。"① 正是关于"意向性"的这一段论述，是布伦塔诺的包括心理学和哲学在内的他的全部思想的内核。

  具体地阐述布伦塔诺的思想，已超出本文主旨。这里要指出的，是他的思想对理论和历史而言的如下意义。第一，就他的思想作为哲学而言，确乎超越了全部近代哲学思维的二元论的思想前提，并表达了作为现代哲学基本特征的对世界的某种先在的统一的追求，从而完成了那个时代的哲学家的使命。——顺便指出，这种关于世界的先在的统一的理论追求，在现象学运动史中逐步凝结并凸显为具身性主题。——所以，施太格缪勒特别强调布伦塔诺"对现代哲学所具有的意义"②，并把他视为现代哲学的始祖。第二，就他的思想作为心理学而言，他的上述关于"意向性"主题的论证，既揭示了作为心理学本体论基础的"意识"范畴的最根本的规定性，又阐明了心理学按照它的内在本性必然是什么：对构成全部心理现象之总域的意识的极其复杂多变的样态、内容、活动及活动的成就等的系统而细密的分析。这种分析工作，虽然他自己没能完成，但在未来构成了他的学生胡塞尔的现象学心理学的实质内容。第三，就对"科学"范畴的含义的理解而言，他的上述论证还凸显了这样一个主题，即自然科学的世界及其对象或事物，原来是心理现象或意识的存在属性。这个主题同样经过他的学生胡塞尔的阐发，彻底改变了我们对

---

  ① Brentano, F, *Psychology from an empirical standpoint*, London: Routledge, 1995, pp. 88 – 89.
  ② ［德］施太格缪勒：《当代哲学主流》上卷，王炳文等译，商务印书馆2000年版，第41页。

"自然科学"以及以之为历史原型的"科学"观念的范畴含义的理解。在胡塞尔的现象学中,"科学"的范畴含义可以恰当地规定为意识的全部各种活动样式及其具体的内在环节之间的关系所构成的必然性的整体;历史地形成的"自然科学",不过是"科学"的一个特例而已。所以,关于心理学作为科学的观念,只有实现为这种意义上的"科学",才能实现它自身;"自然科学"不是心理学应该追求的目标,而成为心理学的对象。

所以,历史地看,布伦塔诺关于哲学的心理学思考,既拯救了哲学的事业,又阐明了心理学的内在本性,还拓展了关于科学观念的范畴含义的理解,从而同时实现了关于心理学、科学及科学心理学的理解方式的整体转换。而且,他的思想的动向所蕴含的成果,还构成了当时的思想家们讨伐并驱逐主要是经由生理学的发展而兴起的心理主义思潮的最强有力的理论工具。

以上文关于布伦塔诺的评述所揭示的人类思维的进步的历史为坐标,就不难看清冯特的思想及其引导的关于心理学作为科学的科学主义传统的理论性质。从这个角度说,尚需补充说明的一个历史事实是,冯特是"当时主要的实验心理学家中唯一缺乏正规哲学训练"的心理学家的哲学家(the psychologist – philosopher)[1]。冯特对哲学及其历史的无知意味着,他既不可能像布伦塔诺那样在肯定的意义上走向现代哲学,并因而亦不能在否定的意义上洞察传统哲学的危机的实质。由此进一步决定了:第一,虽然他在那个时代强有力地倡导实验心理学作为(传统)哲学的替代形式,但就他的心理学作为哲学的思想逻辑而言,依然属于近代哲学的范畴[2],并因而在与主流哲学的对峙关系中,如历史证明的那样,必将为主流哲学的历史所否定;第二,他关于"科学"观念的范畴含义的理解,只能是对诸自然科学所共同表现出的形式特征的抽象,如波林指出的那样,对冯特而言,"科学之意即为实验的"[3];第三,他关于作为心理学本体论基础的"意识"范畴的概念含义的理解,一方面只能依赖于传统哲学的理论资源,另一方面又受制约于从生理学中承袭过来的那种物理主义还原论的理论素朴性,从而在逻辑上陷入困境。其中,第一个方

---

[1] M Kusch, *Psychologism*, London: Routledge, 1995, p.129.
[2] 高申春:《冯特心理学遗产的历史重估》,《心理学探新》2002年第1期。
[3] [美] 波林:《实验心理学史》,高觉敷译,商务印书馆1982年版,第362页。

面规定了冯特思想的一般性质，它意味着，冯特的思想已经从由哲学所代表或体现的人类思维的进步的历史趋势中游离出来而失去其存在的根基；在这个前提下，后两个方面是相互支持、互相促进的，共同塑造着关于心理学作为自然科学的这个在冯特本人的思想中其性质尚模糊不清的理想。

由此，我们可以在宏观上把心理学在德国发展的历史的基本模式概括为：第一，在追求实现关于心理学作为科学的观念的学术实践中，形成了以冯特的实验心理学和布伦塔诺的经验心理学为代表的两个传统；第二，在19世纪末20世纪初的德国文化背景中，在与主流学术的对峙关系中，冯特的实验心理学体系终于遭遇到被否定的历史命运；第三，在德国，作为理论科学的心理学，只有采取从布伦塔诺的经验心理学到胡塞尔的现象学心理学的发展道路，才能既符合它的理智文化传统，又顺应它的历史发展潮流，从而得以生存下来，并共同表达了人类思维的进步的历史趋势。

二 心理学在美国的发展史

综观西方心理学作为一门独立科学的历史发展的过程，我们发现，它虽然诞生于德国，但却是在美国得到充分发展的，而在源头上作为最直接的诱导因素推动心理学在美国发展的理论原型，正是冯特的实验心理学，而不是布伦塔诺的经验心理学。结合上文论证及其结论作为背景，我们立即就可以进一步洞察到如下事实：一方面，正是在德国遭遇了被否定的历史命运的冯特的实验心理学，被美国人接受过来，并在美国以其特殊的方式"兴旺发达"、"繁荣昌盛"及热闹非凡地得到"发展"，终于以一种"唯我独尊"的绝对强势决定了我们今天通行的关于心理学（作为自然科学）的理解方式；但另一方面，德国人接受并加以发展，而且从宏观上说终于引领了20世纪以来的人类思想史的布伦塔诺的经验心理学，却不曾对美国心理学产生实质的影响。同时，上文论证还暗示了，布伦塔诺关于哲学作为心理学，或心理学作为哲学的思考及其引导的现象学心理学的传统或道路，终于揭示了关于心理学作为科学的观念的真理性内涵，并因而拥有着心理学的真理；而冯特的实验心理学作为哲学，无非是尝试以近代哲学的一种特殊的新颖的形式来否定全部的近代哲学,因而是自相矛盾的,由此实现的,也只能是心理学作为科学的伪形式,并将心理学引向谬误。所以,只要我们的视野足够开阔,以人类思维的进步的历史坐标为参照,而不是被动地局限于由美国人经由他们特殊的历史过程为我们塑造的那种极端狭隘的关于心理学作为科学的观念之中,那么,我们立即就可以深刻地感受到,上述历史事实是何等地令人困惑、耐人寻味、发人深省而又令人震惊!这一切究竟是因为什么呢?!它又意味着什么呢?!

若要系统地探讨并回答这些问题,同样是一篇文章的篇幅所不允许的。这里,我们将延续上文用以分析德国心理学史的同样的逻辑框架,来理解美国心理学史。我们已经知道,对于理解关于心理学作为科学的观念而言,关键在于阐明作为心理学本体论基础的"意识"范畴和作为心理学学科理想的"科学"范畴的概念含义,因为正是这两个范畴的综合构成了关于心理学作为科学的观念;对这两个基础范畴的概念含义的理解和阐释,只有在与哲学的血肉相连的关系背景中才是可能的,如布伦塔诺的思想的气质和动向所证明的那样;若将这两个范畴从与哲学的血肉相连的关系背景中切割下来孤立地加以理解,则只能倒退回关于心理学作为科学的观念之兴起所意欲否定的近代哲学及其思维方式,从而陷入自相矛盾,如冯特的尝试所证明的那样。由于德国人作为民族之整体的理论思维的成熟,所以,当他们拥有了布伦塔诺的思想动向及其蕴含的真理之后,他们便足以洞察冯特思想之根本之谬误而抛弃它,冯特的思想也因此不需要被批判便自行走向消亡。——这里有必要附带指出,这里以及下文为了理解心理学的目的而强调理论思维,亦即关于心理学及其理论基础的哲学反思的重要性,不应该被误解为一种屈尊的谄媚;相反,它表达的是一种平等的对话与合作,并因而才能拥有真理,因为,借用恩格斯的话来说,就人类所拥有的不同的知识体系而言,唯有哲学才承载着人类"思维的历史和成就",并因而构成人类其他各种知识体系的大地之母,又因此,就心理学而言,它对哲学的远离,同时也就意味着它放弃了自己存在的根基和坐标,转而成为一个无人看顾的"流浪汉"。这种情况,与在德国相比,在美国更甚,因为美国心理学家的哲学涵养,总体而言,可以说是一代不如一代。从这个意义上说,心理学在美国的发展史,就是这样一个流浪汉的生活史。

以这个逻辑框架为背景，并结合上述历史事实，我们不难估计，美国人的理论思维，如历史证明的那样，就其总体而言，处于冯特的水平而不是布伦塔诺的水平，因此，他们才易于理解并同情冯特而接受他的思想和体系，却不能理解布伦塔诺的思想及其动向，并因而不曾受到他的影响。事实上，从"意识"主题的角度对这个问题的专门研究表明，在理论上与冯特心理学同质的初创时期的美国心理学，在美国文化的背景中得到"繁荣昌盛"的发展，其根本原因不在于它终于获得了关于意识是什么的真理性洞察，并因而将心理学奠定在合乎它自己的逻辑的基础之上，而在于：在美国文化中，它缺乏类似冯特心理学在德国文化中所遭遇到的那种来自于在理论上严肃的哲学家们对它的理论基础的怀疑和挑战。特别是，在这个过程中，它还以德国人意想不到的方式抓住了意识的"有用性"，从而走向机能主义，并由此获得一个得以摆脱类似德国哲学家对它的理论基础的怀疑和挑战的"金蝉脱壳"的机会：专注于关于意识之"有用性"的价值论探讨，而忽视关于意识本身是什么的本体论追究。正是这个主题兴趣的转移，在美国进一步引导着心理学更加远离了它的中心，并逐渐淡忘了它自己存在的基础，似乎对作为它自己存在的唯一合乎逻辑的基础的"意识"范畴的概念含义的阐明，反倒是对它而言无关紧要的。

同样决定于美国人理论涵养，亦即他们哲学涵养的贫乏，关于"科学"的观念，他们亦不能领会并拥有由布伦塔诺开创，又由胡塞尔阐明的那种普遍的、必然的范畴含义。相反，与冯特的情况相类似，这种哲学的无知同样决定了，美国人也只能从对自然科学的形式特征的抽象达到一种对"科学"的范畴含义的理解。这个思想路径决定了，由此达到的这种对"科学"的范畴含义的理解，深陷近代自然科学作为现代人"科学"观念的历史原型之中而不能自拔，并因而决定了，由此形成的"科学"观念，在逻辑上追根究底，就是"自然科学"。因此，追求实现关于心理学作为科学的观念，就是要把心理学发展成为自然科学。然而，通过对自然科学的历史的和理论的性质的深入考察，我们得以揭示自然科学意义上的"科学"与"心理学"之间的异己性和对立性，因为在近代哲学的二元论思维方式中，"科学"是排他地专门针对其中"物质"实体建立起来的，并是在这个范围内有效的人类思维的历史成就，而"心理学"恰恰是排他地专门针对其中"心灵"实体建立起来的，并是在这个范围内有效的人类思维的历史成就。所以，决定于二元论思维方式的逻辑，在二元论思维方式中，"科学心理学"的观念是荒谬的、不可思议的，在这种意义上追求实现关于心理学作为科学的观念，只能是一个不断地自我异化的过程（高申春，刘成刚，待发）。以这个洞察为基础，我们便能理解如下尝试的逻辑的"必然性"及其谬误的本质：在二元论思维方式中，以"科学"为立足点，我们只能把握到"物质"实体及其世界图景作为世界的整体，在这个世界的整体中，不存在"心灵"或"意识"的一丝一毫的影子，所以必须否定"意识"作为心理学的基础范畴，并（通过各种形式的物理主义还原论）把心理学引导到科学唯物主义一元论，从而确立心理学作为自然科学的存在。这就是华生在对二元论思维方式及其包含的丰富的哲学史内涵无知的前提下，人为地把作为心理学研究对象的"行为"强行规定为作为自然科学研究对象的"物质"的"身体"意义上的客观存在，从而发动行为主义革命所依循的思想逻辑。

对于整体地理解美国心理学史而言，还必须指出在这个背景中呈现出的以下三个历史趋势。第一，如前面关于布伦塔诺的评述所已阐明，在人类思维的历史和逻辑中，对"科学"观念的范畴含义的理解，从属于对"意识"范畴的概念含义的理解。但心理学在美国发展的结果，却是倒转了二者之间的关系：必须以"（自然）科学"为准绳来裁制关于"意识"的理解，从而违背了人类思维的历史和逻辑。第二，造成这个结果的最根本的原因，也只能从美国的文化背景，具体说是美国人的理论涵养的贫乏得到说明。事实上，华生的纲领无非是对前面指出的机能主义引导心理学远离它的中心、淡忘它自己存在的根基这一历史趋势在逻辑上的彻底化，所以华生才声称，只有行为主义"才是唯一彻底而合乎逻辑的机能主义"①。第三，虽然华生的纲领就其主题意义而言已被历史否定，但由这个纲领造成的一个历史假象，同样是因为不动脑筋的美国人的理论涵养的贫乏而难以被揭穿，从而构成制约美国心理学史的一种隐而不显，但同时又是无所不在的强大力量。这个历史假象就是，通过普遍地走向行为主义，心理学想当然地认为，华生已经为我们提供了关

---

① Watson J. B., "Psychology as the behaviorist views it", in W. Dennis, Ed. *Readings in the history of psychology*, New York, N. Y.: Appleton – Century – Crofts, Inc., 1948, pp. 457–471.

于心理学作为自然科学的论证——虽然从逻辑上讲,任何人都不可能完成这个论证;任何对这个问题的系统论证,只能走向自己的反面。——此后,在美国心理学的主流历史中,关于心理学能否是自然科学以及心理学在何种意义上是科学等问题就被束之高阁而无人问津;相反,关于心理学作为自然科学的盲目的独断论信念,却成为美国心理学的最高原则,成了它最根深蒂固的、无论如何都不能动摇的它的生命线。

心理学在美国发展的历史所提供的具体内容当然是丰富的、令人眼花缭乱的,不是我们这里关心的主题。上文论证的要旨在于,通过考察心理学在从德国向美国传播的过程中所发生的历史变故,阐明由此塑造的主流的美国心理学所理解的"意识"和"科学"这两个基础范畴的概念含义,从而揭示主流的美国心理学所追求的关于心理学作为(自然)科学的观念在逻辑上的不可能性。因此,我们可以预期,如历史证明的那样,就其主流形式而言,不管美国心理学采取或实现为什么样的理论形态,如机能主义、行为主义或当代认知心理学等,虽然当这种理论形态刚刚兴起时,它似乎给心理学作为自然科学及其实现带来了无限的希望和憧憬,但当它发展到一定程度时,它又必然给心理学的理论局面带来混乱,并暴露出科学心理学的理论基础的危机,乃至于总体地看,危机竟成为科学心理学的一个历史的特质。对此,我们可以利用桑代克关于动物学习的试误说做隐喻的说明,以简化我们的论证。

我们知道,桑代克曾很精巧地为他的实验动物如猫设计了各种迷笼情境,从而诱导出,并得以观察到动物如猫在迷笼中的行为存在及其基本特征:无效地尝试各种错误的动作,又在这个过程中偶然尝试到由迷笼的设计所决定、所要求的若干有效的动作,从而得以逃脱迷笼。由此进一步,我们可以设想,如果桑代克为他的猫设计一个无解的迷笼,那么,我们将会在他的猫身上观察到什么呢?我们将会观察到,一方面,决定于猫的生命冲动的本能,它必然要在迷笼中尝试各种各样试图逃脱迷笼的动作;另一方面,迷笼的无解的性质却又必然地决定了,无论猫在其中做出多少种尝试,这每一种尝试都注定是无效的、失败的。如果桑代克果真如此残忍地为他的猫设计这样一个迷笼,那么,他的猫的生存境况及其命运将注定是可怜的、悲惨的。以此为隐喻的原型基础,结合上文论证的结论,我们便能理解,作为主流的美国心理学,恰似桑代克无解的迷笼中的这只猫:由于作为它的最高原则、作为它的生命线的它关于心理学作为（自然）科学的观念本身是荒谬的、无解的，所以，无论它尝试以什么样的理论内容来充实或实现它自身，这每一种尝试及其实现的理论内容，都必将注定是失败的、无效的。

在这里，还必须从以下两个方面参照德国心理学史来理解美国心理学史的上述特征及其未来。其一，我们知道，德国人因为理论思维的成熟，所以既在肯定的意义上拥有了布伦塔诺及其思想蕴含的真理，又在否定的意义上洞察到了冯特思想就其逻辑而言的谬误，因而发展布伦塔诺的思想而抛弃冯特的思想，他们绝不至于像美国人那样在冯特规定的无解的思想空间内盲目地尝试错误。相反，美国人因为对哲学的无知以及由此决定的他们理论涵养的贫乏，不自觉地陷入冯特规定的这个无解的思想空间，并在其中徒劳地尝试各种在逻辑上注定了的错误。由此也可以理解前面提到的美国心理学在心理学作为整体背景中的那种"唯我独尊"的强势背后的动机的意义和实质：借用弗洛伊德的话来说，这种"强势"，无非是美国心理学在由对"科学"无知而引起的自卑情结的驱使下采取的反向形成的自我防御机制而已，如科克已深刻地指出的那样，对美国心理学家而言，"科学"这个标签"起到了一种安全毛毯的作用"，他们像"拼死抓住"一根救命稻草一样地要抓住它，作为他们用以对抗针对他们和他们的研究的合法性的怀疑和挑战的"护身符"。①

其二，对主流的美国心理学而言，若要真实地摆脱前面指出的如幽灵一般纠缠着它的历史的那种理论基础的危机及其作为桑代克无解的迷笼中的猫的悲惨命运，那么，它就必须像德国人那样洞察到作为它的存在的生命线的它关于心理学作为（自然）科学的观念在逻辑上的荒谬性和无解性，并达到或回归到德国人已经拥有的那种关于心理学作为科学的观念的真理性理解。事实上，在美国心理学作为整体的背景中，与作为它的主流的科学主义传统及其历史相伴而生的，是各种形式的对它的理论基础及其成就的怀疑、挑战或批判性反思。例如，科克通过广泛的文化批判，将由科学主义传统引导的美国心理学的学术实践整体地称为"失去意义的思想活动（ameaningful thinking）"②；吉布森作为最著

---

① T H Leahey, *A history of psychology: main currents in psychological thought*, NJ: Prentice-Hall, 1980, p. 384.

② Leary, D. E., "One Big Idea, One Ultimate Concern: Sigmund Koch's Critique of Psychology and Hope for the Future", *American Psychologist*, Vol. 56, No. 5, 2001, pp. 425-432.

名的知觉心理学家之一则指出,心理学家们"大多认为,我们所要做的工作,就是巩固我们的科学成就。他们的这种自信令我震惊,因为这些所谓科学成就在我看来是微不足道的,而且,在我看来,科学心理学在理论基础方面是站不住脚的。让我们切记,整个心理学事业随时都有可能会像一个手推车一样被颠覆!"[1] 英国心理学家乔因森通过批判地考察作为美国心理学主流历史的行为主义和认知心理学得出结论认为:"现代心理学作为一部历史,它所记录的,不是科学的进步,而是人类理智的退化。"[2] 认真地对待这些批判性的评论或结论,我们发现,这些批判工作据以开展的逻辑的基础,都是对关于心理学按照它的内在本性必然是什么的在理论上尚未自觉的常识水平的洞察。同时,历史证明,以理论上自觉的体系的形式将这个常识水平的洞察实现出来,就是布伦塔诺和胡塞尔倡导的现象学心理学。所以,我们可以预期,以历史的长远眼光来看,当美国人终于有一天在理论上成熟到足以把他们的这些批判工作据以开展的基础系统地阐释出来时,他们便会像德国人那样,既在否定的意义上得以洞察他们的科学主义传统的逻辑的不可能性而抛弃它,同时又在肯定的意义上获得关于心理学作为科学的观念的范畴含义的真理性洞察,并重新追求以此为基础的心理学实践,从而实现美国心理学的整体转换,并以这种方式再现心理学在德国发展的那种历史模式。

三 詹姆斯心理学思想的进展

以上关于美国心理学史的评述同时也暗示了,当美国人终于在理论上、在哲学上达到德国人的那种深度、那种成熟时,那么,这种成熟了的哲学或理论,必将反过来以与德国哲学家怀疑和挑战冯特心理学的理论基础,并最终否定其体系同样的方式和力量,怀疑作为美国心理学主流历史的它的科学主义传统的理论基础,并否定其体系的存在。事实上,

---

[1] Gibson, J. J., "Autobiography" in E. G. Boring and G. Lindzey, eds. *A history of psychology in autobiography* (Vol. 5), New York, NY: Appleton‑Century‑Crofts, 1967, p. 142.

[2] Joynson R. B., "The breakdown of modern psychology", in M. H. Marx and F. E. Goodson, eds. *Theories in Contemporary Psychology*, MacMillan Publishing Co., Inc, 1976, pp. 104–117.

在美国心理学史中，确曾出现过这样一个人，并存在着这样一种理论，即詹姆斯经由心理学的道路而形成的彻底经验主义作为形而上学的哲学。对于阐明并理解本文主题而言，考察詹姆斯心理学思想的进展及其实现的转向是极富启发性的，因为他以他个人的思想进展的形式，最集中地既再现了心理学在德国发展的那种历史模式，又实现了上文预期的美国心理学的必然的未来逻辑：以一种简化的方式来说，詹姆斯心理学思想的出发点，正存在于引导了以冯特为代表的关于心理学作为（自然）科学的观念的那同样的背景之中，并因而与后者具有同质性；但是，他关于由这个出发点蕴含的那种心理学的系统的探索，却是一个不断地突破并超越这个出发点的过程，乃至于最终达到对这个出发点的否定；同时，在这个过程中，引导他逐步走向这个出发点的反面的那个思想的逻辑，以在与这个出发点的关系中此消彼长的方式连续得到逐渐清晰的表达，最终在理论上实现为彻底经验主义作为形而上学的哲学；彻底经验主义作为一个潜在的、巨大的思想空间，就其一切本质的特征而言，与由布伦塔诺开创、由胡塞尔系统阐述的现象学是同质的，因此，其中蕴含的心理学，与现象学所蕴含的心理学，亦即关于心理学作为科学的现象学传统，在逻辑上是同质的。[①]

  为了避免可能的误解，这里有必要就詹姆斯与美国心理学史的关系作如下简要说明。从一种意义上说，詹姆斯作为美国人，当然构成美国心理学史的一个环节。事实上，詹姆斯是在美国倡导现代意义上的科学心理学的第一人，因此可以说是美国心理学的始祖。但是，决定于其教养背景，詹姆斯在思想上可以说是一个真正意义上的"世界公民"；而且，历史证明，他作为思想家是极富原创性的。所以，他不可能将自己局限在某种单一的视野内，而必须追求关于世界和人生的统一的理解。[②]就心理学而言，他虽然以上述出发点作为据以进入心理学的一个台阶，但当他由此进入心理学并细察心理学本身究竟是什么之后，他终于发现，这个出发点原来是一个错误而必须抛弃它，同时为心理学作为心理学本身寻求到了合乎逻辑的基础，这个基础，如前文论证所已暗示，必然同时是心理学的和哲学的。然而，就美国心理学史作为整体的一般趋势而

[①] 高申春，《詹姆斯心理学的现象学转向及其理论意蕴》，《心理科学》2011年第4期。
[②] 高申春：《心灵的适应——机能心理学》，山东教育出版社2009年版。

言，由于上文阐明的美国心理学家哲学涵养的贫乏，恰如他们同情于冯特而不能理解布伦塔诺一样，他们同样是不动脑筋地接受了詹姆斯的对他自己而言作为据以进入心理学的暂时的权宜之计的上述出发点，并对詹姆斯的具体研究工作充满敬意，但却不能跟进詹姆斯思想的进展并进入由此实现的理论转向，因而不能理解这种进展和转向对心理学及其理论基础而言所蕴含的深意。正是这种哲学涵养的差异，最终决定了詹姆斯心理学思想的进展与美国心理学史作为整体二者分道扬镳而走上不同的道路。所以，我们发现，一方面，从詹姆斯的角度说，如墨菲和柯瓦奇指出的那样，"甚至在他的权威极盛的时期他仍然抵制美国心理学中最风靡的思潮；而对于以后流行的倾向，如对智力的测量，他则充耳不闻"[1]；另一方面，从美国心理学史的角度说，它由于不能理解并跟进詹姆斯心理学思想的进展而抛弃了他，或更准确地说是远离了他，并以一种必然会令詹姆斯本人十分不快，但却是美国心理学史作为整体的一般特征的极端庸俗的方式，把他的心理学思想的进展解释为是走向了哲学，似乎他的心理学和他的哲学是分离而不相关的，如舒尔茨给出的解释那样，"《原理》出版后，他感到他已经说了他所知道的关于心理学的一切，所以转向哲学"[2]。

如所周知，从职业归属的表面特征看，詹姆斯一生的事业，从生理学出发，经由心理学的道路而进入哲学。正是与那个时代的德国生理学的密切接触，最初在詹姆斯的思想中孕育出关于由生理学发展出心理学以及心理学作为一门独立科学的信念："看来，心理学开始成为一门科学的时机已经成熟——在神经系统的生理过程与意识的出现（主要是感知形态的意识现象）之间的过渡领域，已经形成了一些定量的研究成果，而且必将有更多的研究成果涌现出来。我正准备钻研这一研究领域所已取得的全部知识，并有可能在这一领域独立地做些研究工作。在海德堡大学，赫尔姆霍茨和一个叫冯特的人已经着手开展这方面的研究工作了，

---

[1] ［美］墨菲、柯瓦奇：《近代心理学历史导引》，林方、王景和译，商务印书馆1980年版，第282—283页。

[2] ［美］舒尔茨：《现代心理学史》，杨立能等译，人民教育出版社1981年版，第142页。

我打算来年夏天赴海德堡聆听他们的教诲。"① 虽然詹姆斯不曾做过冯特的学生，但他无疑非常了解冯特的研究及其进展。从这个背景看，他关于心理学作为一门独立科学的信念，与冯特关于新心理学的构想，形成于并体现了同一个思想趋势，即经由生理学，并与哲学相结合而生成作为一门独立科学的心理学。

詹姆斯关于心理学的系统思考的结果，呈现于 1890 年出版的《心理学原理》。正是在这部著作中，他强有力地表达了心理学正在成为一门"独立"的"自然科学"的一般历史趋势。然而，历史证明，对这部著作及其阐述的观点的理解是极富挑战性的。例如，在完成书稿之后写的"序言"中，他以一种表面看起来似乎是确定无疑的口吻说："在本书中，我自始至终都严守着自然科学的观点。"② 对那些其教养背景不足以理解詹姆斯，并因而喜欢以断章取义的方式来阅读詹姆斯的人而言，他们倾向于把詹姆斯的这个观点从詹姆斯的思想作为鲜活的整体中切割下来，使之成为僵死的教条，似乎詹姆斯是无条件地坚持关于心理学作为自然科学的观点，从而引导了上文评述的美国心理学的主流历史。事实上，詹姆斯对心理学的全部思考，恰如布伦塔诺和胡塞尔一样，都是在与哲学及其历史的血肉相连的紧密联系中进行的。所以，他的思想一方面作为心理学，另一方面作为哲学，构成一个有机统一的整体；也只有在这个有机统一的整体中，才能把握他的具体观点的精髓。以此为背景，就可以理解，他关于心理学作为自然科学的观点，主要是执行一种否定的和保护的职能：就其否定的含义而言，是要以关于心理学作为科学的现代观念，否定无论是以官能心理学表达的理性主义传统还是以联想心理学表达的经验主义传统的近代哲学及其形而上学，他把这种形而上学称为"片面的、不负责任的、糊里糊涂的，又意识不到自己是形而上学的"形而上学；就其保护的含义而言，是要将作为自然科学的心理学与上述形而上学划清界限以保护它免受后者的侵害，因为当这种形而上学"侵入到自然科学中之后，必将（同时）毁坏自然科学和形而上学这两样各

---

① Evans, R. B., "William James and his *Principles*", in Johnson, M. G. & Henley, T. B., eds. *Reflections on The Principles of Psychology: William James after a century*, Hillsdale, N. J.: Lawrence Erlbaum Associates, Publishers, 1990, pp. 11–31.

② James W., *Principles of psychology* (*Vol.*1), New York, NY: Mcmillan and Co, 1890/1907, p. v.

自原本美好的事物"①。但是，对于像詹姆斯这样的思想家来说，如前文论证所已暗示，否定必然同时也就意味着肯定：就形而上学主题而言，他对传统形而上学作为形而上学的伪形式的否定，是要为真理形态的形而上学预留出空间，而这种真理形态的形而上学，正是詹姆斯人生追求的终极目标。结合詹姆斯思想进展的背景看，在经过最后文本化为《心理学原理》的关于心理学的十余年艰苦探索后，他所追求的这种真理形态的形而上学已在其中现出较清晰的轮廓，并在他随后的哲学研究中进一步概念化为彻底经验主义。② 正是这种形而上学，构成了他的全部心理学思考的隐而不显的基础，所以，反过来，当这种形而上学日渐清晰后，他必然要重新规定以此为基础的心理学的性质，从而否定心理学作为自然科学的存在，因为心理学作为自然科学的存在，必然是盲目的和未完成的。所以，当他在"工作"的水平上完成他的"心理学"并准备走向"哲学"时，在《心理学简编》的结尾，他最后耐人寻味地总结说："所以，当我们说'心理学作为自然科学'时，我们一定不要认为这话意味着一种终于站立在稳固基础之上的心理学。恰恰相反，它意味着这样一种特别脆弱的心理学，在它的每一个连接点上，都渗透着形而上学批判的水分；它的全部基本假定和资料，都必须在一个更加广阔的背景中重新加以审视，并被转换成另一套术语。"③

关于彻底经验主义作为形而上学以及心理学在这种形而上学中加以审视将会是什么等的深入考察，均已超出本文范围。这里将满足于以一种历史的形式证明彻底经验主义作为形而上学与现象学的同质性，并因而证明由彻底经验主义奠基的心理学与由现象学奠基的心理学的同质性，二者共同表达了关于心理学作为科学的观念的现象学传统的真理的必然性。事实上，正因为如此，所以，当胡塞尔的现象学终于为世所理解之后，人们得以洞察二者之间的相似性和同质性，并以胡塞尔的现象学为背景框架，重新解读詹姆斯的思想，在西方学术界形成一个蔚为壮观且

---

① James W., *Principles of psychology* (*Vol.*1), New York, NY: Mcmillan and Co, 1890/1907, p. vi.
② [美] 詹姆斯：《彻底的经验主义》，庞景仁译，上海人民出版社1965年版。
③ James W., *Psychology*: *A briefer course*, New York, NY: Henry Holt and Company, 1892, pp. 467-468.

富有成效的研究潮流①②③④⑤⑥，并促进了我们对詹姆斯心理学思想的进展和转向及其理论的和历史的意义的理解，如其中 Wilshire 所指出的那样，在现象学的视域中，"两大卷《心理学原理》中的几乎每一个问题都发生了倒转"，但"整个著作却因此显示出了它以前从未显示出的意义来"⑦。笔者亦曾提出如下隐喻来理解詹姆斯：他的形而上学探索是一个翻越山岭的过程；在翻越山岭之前，他所面对的是他所不能接受的二元论的世界和他对尚未遇见的山岭对面的世界的预想，所以，他在这里对心理学宁愿采取常识的态度；当他翻越过这个山岭之后，他所面对的就是彻底经验主义的世界；《心理学原理》所记录的，是詹姆斯正处于作为形而上学历史分水岭的这个山岭顶峰时的思想。⑧ 这个隐喻同时也意味着，必须以未来的彻底经验主义作为形而上学的视野，反过来透视《心理学原理》作为文本的结构和内容，才能理解詹姆斯心理学思想的真意，并把握其进展和转向所预示的未来历史的方向。

[该文刊于《南京师大学报》（社会科学版）2013 年第 4 期]

---

① Wilshire B, *William James and phenomenology: A study of The Principles of Psychology*, Bloomington, IN: Indiana University Press, 1968.
② Linschoten H, *On the way toward a phenomenological psychology: The psychology of William James*, Pittsburgh, PA: Duquesne University Press, 1968.
③ Wild J, *The radical empiricism of William James*, Westport, CT: Greenwood Press, 1969.
④ Gobar A, "The phenomenology of William James", *Proceedings of the American Philosophical Society*, 1970.
⑤ Stevens R, *James and Husserl: The foundation of meaning*, The Hague, Netherlands: Martinus Nijhoff, 1974.
⑥ EdieJ. M., *William James and phenomenology*, Bloomington, IN: Indiana University Press, 1987.
⑦ Wilshire B, *William James and phenomenology: A study of The Principles of Psychology*, Bloomington, IN: Indiana University Press, 1968, p. 16.
⑧ 高申春：《詹姆斯心理学的现象学转向及其理论意蕴》，《心理科学》2011 年第 4 期。

论心理学作为科学的观念及其困境与出路

一　心理学作为科学的观念的普遍兴起

众所周知，在习惯上，我们一般地倾向于将冯特于1879年在莱比锡大学创办心理学实验室这一偶然的历史事件作为现代意义上的科学心理学诞生的标志。就对于历史发展的最一般趋势的理解，特别是结合后来的所谓"主流"心理学的"成就"来理解冯特的历史地位而言，这种简洁的关于历史的叙事方法，似乎确因其中的"标志"的象征意义而成为可理解的。但事实证明，在关于心理学及其历史的研究中，正是在反复不断地重复着的关于这个历史的这种叙事方式所培育起来的思想的习惯性中，这个叙事所包含的那个"标志"的象征意义逐渐退隐，乃至于最后消失殆尽。与这个逐渐退隐的过程连续地此消彼长地同时形成的，是这样一个思维的定势，即赋予这个偶然的历史事件作为"标志"或"象征"本身以绝对的、作为前提的地位和意义，从而将这个"标志"或"象征"作为思想的工具变性为思想的界限或屏障：由这个"标志"或"象征"所掩盖着的科学心理学思潮之普遍兴起的历史必然性趋势的条件、可能、意义，等等。总而言之，一切与关于心理学作为科学的观念由以兴起的那极端错综复杂的历史动力学过程紧密相关，并因而对于塑造关于心理学作为科学的观念的性质和内涵而言至关重要的问题，都被"打包"置入上述偶然的历史事件作为"标志"之中而不对它们进行深思熟虑的反思的考察，似乎这一切都已经由冯特为我们解决了。

然而，事实上，冯特远没有能够对所有这些问题进行深思熟虑地反思的考察，并因而也不可能解决这些问题。从一个方面来说，冯特因为受他自己的学术视野的局限性的制约，而难以洞察关于心理学作为科学的观念由以兴起的那极端错综复杂的历史动力学的背景和过程，以及其对于塑造我们关于心理学作为科学的观念的性质的理解方式的影响关系；另一方面，与此紧密相关地，他又受他作为生理学家的专业背景的制约，在对那个时代普遍地想当然地认为"科学"就是"自然科学"这个极隐蔽的思想步骤毫无自觉的情况下，倡导关于心理学作为自然科学这个在事实上明确而确定的，但在逻辑上教条式地盲目的信念或理想，认为心理学必须摆脱形而上学的制约并实现为自然科学，才能突破它在历史上停滞不前的僵化状态而获得进步。① 由此，他开创并引导了后来的所谓"主流"的"科学心理学"及其历史的"发展"：所谓"主流"的"科学心理学"的"主流"的特征和地位，正取决于它关于心理学作为（自然）科学的观念或理想在心理学作为整体的背景中的强势存在；也正是对关于心理学作为（自然）科学的观念或理想的追求，构成了"主流"的"科学心理学"的统领一切的、最内在、最强烈、最为始终一贯的历史动机，乃至于由此实现的结果，可以不是"心理学"的，但一定要成为"（自然）科学"的。

关于"主流"的"科学心理学"的历史及其在不同的理论体系中所遭遇的危机和困境，不是本文讨论的主题，但可以总体地指出，如下文所揭示的那样，由于关于心理学作为自然科学的观念违背了关于心理学作为科学的观念的内在逻辑，所以，"主流"的"科学心理学"的历史作为对关于心理学作为自然科学的观念的实践追求，只能是关于心理学作为科学的观念的自我异化，乃至于当我们面对由此塑造成型的心理学或置身于其中时，只要我们还保留着任何程度的，甚至是常识水平的反思意识，并接受这个反思意识的引导，那么，我们就会产生这样的疑惑，即我们所面对或置身于其中的这种心理学，究竟还是不是心理学（本身）？而且，由此造成的心理学的理论局面是足以令人深思的；特别是20世纪80年代以来，这个局面更是变得异常复杂：这种异常的复杂性不仅表现在心理学理论空间的多维度性，即很多种不同的，甚至相互对立的思想潮流并存又相互竞争，而且更主要地表现在心理学理论同一性的危机，即在关于心理学究竟是什么的问题上陷入了日益严重的无政府主义

---

① ［德］冯特：《对于感官知觉的理论的贡献》，《西方心理学家文选》，张述祖等审校，人民教育出版社1983年版，第1—21页。

状态，乃至于这个问题竟成为无法回答的，甚至更因为这个缘故进一步地隐退为心理学家们极遥远的记忆，或是被尘封于心理学家们记忆的最底层成为几乎是无意识的而无人问津。

"主流"的"科学心理学"及其历史与上文揭示出来的关于思想的习惯性或思维的定势是内在地同质的，并因而构成一个逻辑上循环地相互支持的封闭的思想空间。换句话说，只有在上文揭示的思想的习惯性或思维的定势中，由冯特倡导的关于心理学作为自然科学的观念或理想及其引导的所谓"主流"的"科学心理学"才是可能的，但以理论体系的形式对这个观念的历史的展开所暴露出来的，是在如下意义上才能合理理解的黎黑关于心理学史的研究结论，即心理学"似乎"是一门"永远存在危机的科学"①：只要心理学仍然坚持以自然科学作为自己追求实现的目标，那么，无论它采取什么样的理论形式，当这个理论形式在内容上得到充分展开之后，便必然引起上文提到的关于这种心理学还是不是心理学（本身）的疑惑，从而暴露出自然科学的观念或理想作为这种心理学的思想前提或逻辑基础的谬误性质。

上述循环地相互支持的逻辑关系反过来又意味着，如果我们不是在想当然地认为"科学"就是"自然科学"的盲目性中接受并追求实现关于心理学作为自然科学的观念，而是紧密地以这个观念由以兴起的那极端错综复杂的历史动力学过程为背景，系统地追问关于心理学作为科学的观念究竟是什么，那么，我们绝不至于像冯特那样走向关于心理学作为自然科学的观念和道路，而只能像布伦塔诺、胡塞尔及詹姆斯等人那样走向关于心理学作为现象学科学的观念和道路，从而得以洞察关于心理学在现象学作为严格科学的意义上作为科学的观念的必然的真理性含义，又因此而决定性地揭示关于心理学在自然科学的意义上作为科学的观念的逻辑的荒谬性，同时在历史解释的意义上解构并超越上文指出的那个思想的习惯性或思维的定势。

正是对心理学及其历史和它的理论基础的系统的批判性反思，迫使我们不得不回到现代心理学诞生的起点，并以忠实于这个起点所承载的思想史背景的态度，在一方面相对于过去的历史而言这个起点如何在其

---

① ［美］黎黑：《心理学史——心理学思想的主要趋势》，刘恩久等译，上海译文出版社1990年版，第492页。

中兴起，另一方面相对于未来历史而言这个起点如何引导这个思想史背景发生整体转换的研究动机中，重构这个起点作为历史的一个环节，并阐明其思想史的意义。也正是出于这个目的，并结合本文主题，这里在摆脱了上文指出的那个思想的习惯性或思维的定势作为成见的束缚之后，将这个起点明确地概念化为关于心理学作为科学的观念，并将这个观念作为专门的主题加以考察，以实现本文论证的主旨。

从这个意义上说，作为历史事实，关于心理学作为科学的观念在19世纪下半叶的普遍兴起是无疑的，也正是这个观念构成了现代心理学区别于以往的心理学的根本标志。[①] 当然，这个观念不是奇迹般地从天上掉下来的，所以我们也就不能以这个观念为绝对的前提或界限而不反思它由以兴起的背景。这个背景，简而言之，就是文艺复兴以来在近代哲学所隐含的二元论世界观中自然科学的充分发展及其对这个世界观的冲击。无须说，在世界历史的意义上，引导近代史进程，并最终塑造了我们现代人的世界观的主导力量，就是自然科学作为思想的发展；自然科学作为塑造人的世界观的历史动力，其效力正是在19世纪下半叶达到其顶峰，如胡塞尔在反思欧洲科学和欧洲人性的危机的根源时指出的那样，现代人的世界观作为整体，"甘愿唯一而排他地接受实证科学的决定，并盲目于由它们造就的'繁荣'"[②]。概而言之，只有，而且正是在自然科学及其历史和成就塑造的我们现代人的世界观中，关于心理学作为科学的观念才是可能的。

二 心理学作为科学的观念的历史困境

因此，为了理解关于心理学作为科学的观念，就不能不考察这个观念在其中孕育而成，并最终得以兴起的思想史背景：无论如何，这个观念及其在19世纪下半叶的兴起，正是这个"孕育"的关系和过程的结果。同时，如前所述，这样的考察，必须在忠实于这个观念本身的态度

[①] 高申春、刘成刚：《科学心理学的观念及其范畴含义解析》，《心理科学》2013年第3期。
[②] Husser l E., *The crisis of European sciences and transcendental phenomenology: An introduction to phenomenological philosophy* (trans. by D. Carr), IL: Evanston, Northwest University Press, 1970, pp. 5–6.

中进行，才是有效的，而不能受后来的心理学史作为追求实现这个观念的理论尝试的牵累；否则，我们将因为混淆这个观念本身与后来的心理学史作为追求实现这个观念的理论尝试之间的界限而陷入思想的混乱，并特别易于被动地受后来的心理学史的诱导而不自觉地陷入上文指出的关于思想的习惯性或思维的定势，从而也就无法完成这里意欲进行的这种考察。事实上，在心理学作为科学的观念于19世纪下半叶兴起的当时，关于这个观念究竟是什么，其实是不清晰、不确定的，正是这种不清晰性或不确定性，为对这个观念的不同的赋义提供了可能性；后来的心理学史，无非是以理论体系的形式尝试对由此赋义而"确定"了的关于这个观念的理解方式的实现。

当我们以这样的思想态度具体地开展这样的考察时，我们发现，心理学作为科学的观念和这个观念由以兴起的思想史背景及其作为历史动力学的过程，是极端错综复杂的：一方面，这个观念无疑是由这个思想史背景在其历史动力学的过程中孕育而生成的，并因而有可能在一种特殊的思想的直接性或盲目性的掩护下，在这个思想史背景内部寻求实现它自身，但由此实现的结果，却违背了这个思想史背景所隐含的思想逻辑；另一方面，当这个观念兴起之后，它不仅获得相对的独立性而融入那个时代的思想史趋势之中，并构成其历史动力学过程中甚至是最具主导性的思想史力量之一，而且特别是，它作为思想史力量所蕴含的思想逻辑，还反过来指向了对它由以兴起的那个思想史背景的突破，并引导这个思想史背景发生整体转换而构成一个新的思想史背景。换句话说，关于心理学作为科学的观念及其在19世纪下半叶的兴起，构成了人类思想史的两种思想形态的分水岭，并决定或引导了这两种思想形态的分化或过渡。用哲学史的话来说，这就是从近代哲学作为思维方式所隐含的二元论世界观及其实现的思想形态，向现代哲学作为思维方式所追求的一元论世界观及其实现的思想形态的过渡或转换。

对如此错综复杂的思想史背景及其历史动力学过程进行全面分析，只能是系统化的研究专著才能完成的。这里的考察将满足于在心理学的学科范围内在观念的层次上阐明关于心理学作为科学的观念的困境与出路及其决定的心理学史作为思想的一般趋势。在这一节中，我们将参照"主流"的"科学心理学"的历史，并因为正是冯特的思想引导了这个历史而以他为典型代表，在消极的意义上阐明关于心理学作为自然科学的观念的逻辑的不可能性及其引导的思想史困境，以及在这个困境中冯特的思想步骤的盲目性，从而为否定地理解由冯特引导的所谓"主流"的"科学心理学"及其历史，并超越上文指出的那个思想的习惯性提供一个自由的思想空间。下一节则与此相对照地在积极的意义上阐明关于心理学作为科学的观念的真理性含义及其必然的道路。

为了这里的论证目的，并简化其分析程序，我们首先从关于世界观的结构层次的分析入手，并以此为框架概述近代哲学的二元论世界观，然后从中引出关于心理学作为自然科学的观念的逻辑的不可能性，并揭示冯特信仰这个观念的思想步骤的盲目性。

为此，我们将世界观作为整体在结构上分解为它的基本原理作为纲领和它的经验内容作为表象两个层次。就近代哲学的二元论世界观来说，它的基本原理或它的纲领，就是近代哲学作为思维方式的思想逻辑，即关于"精神"或"心灵"，简言之"心"；"物质"或"身体"，简言之"物"（或"身"，其中，"身"的范畴乃"物"的范畴的一种特殊形式或一个子集），作为两个独立"实体"而并列对峙的关于世界作为整体的理解方式。因此，世界作为整体乃是"心"和"物"（"身"）作为并列对峙的两个独立"实体"相加而成之和；在这个世界观中，任何形式的以"心"或"物"（"身"）为基础的一元论的思想冲动，都是对世界作为整体的破坏，并因而违背了这个世界观的思想逻辑。但是，"心"和"物"各自作为抽象"实体"，并不是世界本身，而必须各自实现或表现为作为"意识"现象的精神世界和作为"物质"现象的自然世界才有意义。事实上，笛卡儿在系统怀疑的方法论基础上确立"心"和"物"作为并列对峙的两个独立"实体"，正是要表达，并服从于对作为"意识"现象的精神世界和作为"物质"现象的自然世界之间的原则性差异的洞察。而且，无论是作为"意识"现象的精神世界，还是作为"物质"现象的自然世界，都不像"精神世界"和"自然世界"这两个语词在表面上所暗示的那样，各自构成一个笼统的、不分化的单一存在。相反，作为人类认识史的产物，它们各自取得了以譬如说心理学或一般而言诸精神科学，和物（生）理学或一般而言诸自然科学以历史累积的形式所获得的那些具体知识作为经验内容的存在形式。这些随着历史发展而日渐分化，并在彼此之间形成极其错综复杂的盘根错节的相互关系的具体知识，就构成这个世界观的经验内容或它的表象。

换句话说，在近代哲学二元论世界观的历史发生的背景中，心理学或一般而言诸精神科学及其获得的具体知识，和物（生）理学或一般而言诸自然科学及其获得的具体知识，分别是对"心"和"物"（"身"）各自作为抽象"实体"的内在规定性的具体实现。所以，无论是分别关于这两类知识的理解，还是关于这两类知识之间关系的理解，都必须服从近代哲学作为思维方式对"心"和"物"（"身"）作为并列对峙的两个独立"实体"的设定的思想逻辑：从这个意义上说，世界就其经验内容作为表象而言，必然是这两类知识相加而成之和。正是这个思想逻辑决定了，在近代哲学二元论思维方式中，关于心理学作为自然科学的观念是无法设想的，并因而在逻辑上是不可能的，恰如在"人"及"男人"和"女人"这三个观念中呈现的如下关系模式一样：只有在"男人"和"女人"作为彼此外在的两个观念相加而成之和的意义上才合理地构成"人"观念；无论是关于"男人作为女人"还是关于"女人作为男人"的观念，都是不可设想的。因此，并总而言之，任何形式的关于心理学作为自然科学的观念或理想，是对二元论思维方式的回归，却又违背了二元论思维方式的思想逻辑。

要获得这样的洞察，必须以近代哲学作为思维方式的逻辑和历史为背景，并在与这个背景的紧密联系中系统地反思关于心理学作为科学的观念。但是，上文关于这个世界观的历史发生的过程的分析同时又意味着，它的基本原理或纲领，与它的经验内容或表象，并不是直接地相同一的。作为这个世界观的历史发生的过程的结果，无论是心理学或一般而言诸精神科学，还是物（生）理学或一般而言诸自然科学，特别是它们的那些随着历史发展而日渐分化，并在彼此之间形成极其错综复杂的盘根错节的相互关系的具体知识，却逐渐远离了它们在逻辑上追根究底的意义上以之为基础的二元论思维方式的思想逻辑，并终于在类似冯特那样专门从事例如生理学研究的自然科学家那里挣脱了这个思想逻辑的约束力，从而在理论上走向无政府主义，具体表现为在二元论思维方式中倡导科学唯物主义一元论。正是这种科学唯物主义一元论，在它从作为它的背景的二元论思维方式中游离出来之后所获得的盲目性中，"必然"地规定了关于心理学作为科学的观念的自然科学的理想和道路。从这个背景来说，英国学者马丁·库什指出的如下事实是很耐人寻味的，并有助于稍微展开地说明我们这里的论题："在实验心理学初创时期的主要的心理学家中，冯特是唯一缺乏正规哲学教育的人。"① 这个事实意味着，一方面，关于近代哲学作为思维方式的逻辑和历史，冯特是无知的，他的思想也因此而不受这个逻辑和历史的约束；另一方面，他作为生理学家的自然科学素养，又将他的思想引导到在二元论思维方式中无限地扩张，乃至于最后完全地占据二元论的思想空间并取代二元论思维方式的科学唯物主义一元论的视域，从而在经由生理学的道路走向心理学的过程中，将生理学作为自然科学的性质一并赠予了心理学。换句话说，在由此形成的科学唯物主义一元论的思想视域内，"科学"被想当然地认为就是"自然科学"，因此，心理学必须是或转变成为"科学"，亦即"自然科学"，才能实现它自己的真理。这就是冯特形成关于心理学作为自然科学的观念的思想步骤，虽然从他自己的方面来说，即使是对他自己的这个思想步骤，他也是不甚自觉的。

最后，还可以从相反的方面补充说明的一点是，虽然是以想当然地认为"科学"就是"自然科学"这个极隐蔽，并因而盲目的思想步骤为中介，冯特得以形成关于心理学作为自然科学的观念，但在冯特的思想中，关于心理学作为自然科学这个观念本身是"明确"而"确定"的；这个思想步骤和这个观念及其"明确"而"确定"的性质，反过来将关于心理学作为科学的观念及其是什么的问题掩盖起来而看不到它，从而失去系统的反思并追问这个问题的动机和可能。

三　心理学作为科学的观念的必然道路

关于心理学作为科学的观念，是近代哲学二元论思维方式所培育出来的自然科学及其历史和成就影响我们现代人的世界观的产物，因为正是自然科学及其历史和成就为我们提供并强化了科学的观念；虽然在自然科学的范围内，把"科学"想当然地认为就是"自然科学"，尚不引起逻辑的困难和矛盾，并因而在实践上是可行的，但如果我们像冯特那样超出自然科学的范围，又以这个想当然的思想步骤为中介，将关于心理学作为科学的观念具体规定为心理学作为自然科学，那么，我们便回归

---

① M Kusch, *Psychologism*, London: Routledge, 1995, p. 129.

到近代哲学及其二元论思维方式之中却又违背了它的思想逻辑。因此，人类思想在这里陷入了一个历史的困境；正是关于心理学作为科学的观念将人类思想引入这个困境之中，并通过这个困境集中地暴露了近代哲学作为思维方式的历史的局限性，又暗示着人类思想作为历史的如下逻辑的必然性，即整体地超越它的近代形式而实现为某种新的形式，亦即现代哲学作为思维方式所实现的那种思想形态。所以说，心理学作为科学的观念在19世纪下半叶的悄然兴起，构成一种在以往的历史中不曾有的崭新的思想力量，引导着19世纪思想史的趋势和进程。又因此，阐明关于心理学作为科学的观念必然是什么，构成了那个时代的思想家们的历史使命，如美国哲学家怀特在回顾哲学发展的历史时指出的那样，"到那一个世纪的末期，心理学大有主宰哲学研究的希望"①。

事实上，从人类思想作为历史的发展的角度看，在19世纪末20世纪初，那些真正引导并创造历史的思想家，正是通过对关于心理学作为科学的观念必然是什么的系统的反思和追问，才促成了人类思想从它的近代形式向它的现代形式的整体转换。结合心理学的历史来看，这种系统的反思和追问作为思想的力量，就实现为如布伦塔诺、胡塞尔及詹姆斯等这样的思想家们的思想成就，并通过他们的思想成就将人类思想引导到由现代哲学作为思维方式所塑造的新的世界观形态：在这个世界观形态中，不仅作为近代哲学思维方式及其塑造的世界观的本质特征的关于"精神"或"心灵"和"物质"或"身体"的二元论得以被整体地超越，并在这个新的世界观中重新获得一种统一的一元论解释，而且，诸如"心理学""科学""自然科学"等观念以及它们之间的关系等，也都随着这个世界观形态一起发生了整体性的转换。换言之并简而言之，通过布伦塔诺、胡塞尔及詹姆斯等人的努力，既系统地阐明了关于心理学在现象学作为严格科学的意义上作为科学的观念的必然的真理性含义，又因此而决定性地揭示了关于心理学作为自然科学的观念的逻辑的荒谬性和思想的盲目性。——在这个背景中，关于这后一个方面，还可以提供以下事实，以否定地补充论证上文第二节的主题：细读布伦塔诺、胡塞尔和詹姆斯的著作可以发现，虽然他们非常熟悉冯特的工作，但除了在科学事实的意义上一视同仁地和在历史的意义上礼节性地引述冯特外，

---

① ［美］怀特：《分析的时代》，杜任之译，商务印书馆1981年版，第242页。

他们很少对冯特有正面的积极的评述，就是因为，只要我们在任何水平的系统化的意义上反思和追问关于心理学作为科学的观念，就足以洞察冯特关于心理学作为自然科学的观念的荒谬性。

无论是从心理学史和哲学史还是从人类思想史的角度说，布伦塔诺都应该被理解为突破近代哲学及其思维方式，并开启现代哲学及其思维方式的一个关键的历史人物，所以德国哲学家施太格缪勒特别强调布伦塔诺"对现代哲学所具有的意义"，并把他视为现代哲学的始祖。① 与冯特不同，布伦塔诺是一个受过系统的哲学训练，并对哲学和人类思想及其历史和现状（困境）真正拥有系统的洞察，又对人类未来的命运真正怀有使命感的思想家，他因此才有可能成为现代哲学的始祖。与上文评述的19世纪下半叶思想史的一般趋势相一致，他的思想探索采取了心理学的形式，并表现为通过系统地考察关于心理学作为科学的观念来回答心理学是什么。但与此同时，正因为他是一个开拓者，他也处处表现出一个令人尊敬的开拓者可以理解的各种历史的局限性。概而言之，布伦塔诺尝试系统地表达他那尚未完成的、尚未在内容的细节上得到展开，因而其思想史的意义亦不易被洞察到的思想成果的形式，就是他的心理学。结合本文主题并参照其历史效应，可以认为，布伦塔诺的思想成果，最集中地表现在他关于"意向性"的那一段反复被引证的论述："每一种心理现象，都是以中世纪经院哲学家所说的某一对象的意向的（或心理的）内存在为特征的，是以我们或可称之为——虽然这个说法不是完全没有歧义的——对于某内容的关联性、对于某对象（这里所谓对象，不应该被理解为意指一个真实存在的事物）的指向性为特征的，或者说是以内在的对象性为特征的。每一种心理现象都将某种事物作为对象包含于自身之中，虽然不同种类的心理现象不是以相同的方式将这些事物各自作为对象包含在自身之中。"② 虽然从其字面含义及其在布伦塔诺著作的结构背景中的地位看，这一段论述的目的，是要通过揭示心理现象区别于物理现象的根本特征以阐明心理学是什么，但其中所隐含的世界观结构的整体转换以及转换之后的新世界观，几乎可以说是呼之欲出。当胡塞尔以比布伦塔诺本人更加敏感的思绪洞察到这个潜在的世界观之后，

---

① ［德］施太格缪勒：《当代哲学主流》上卷，王炳文等译，商务印书馆1986年版，第41页。
② Brentano F., *Psychology from an empirical standpoint*, London：Routledge，1995，p.88.

他便执意以世人若不进入他的思想视域并感受他的思想脉动就难以想象的毅力，以他的现象学体系的形式把这个世界观勾画出来。

系统地深入细节中讨论并解释布伦塔诺的这一段论述的潜在的或可能的意义，当然远远超出了本文的范围。值得庆幸的是，从各个方面来看，我们都可以把胡塞尔毕生殚精竭虑地思考的现象学理解为是对布伦塔诺思想的延续和展开，并因而可以在二人思想的相互参照中洞察历史发展的基本方向，虽然对胡塞尔的工作和著作的评述，更是远远超出了本文的范围。这里仅提供以下事实，以说明胡塞尔的思想与布伦塔诺思想的同质性和连续性。虽然布伦塔诺因为年龄和健康的原因不能细读胡塞尔的著作，并因为关于后者的道听途说的意见而对胡塞尔抱有甚至带有敌意性质的误解，但胡塞尔终身对布伦塔诺怀抱的几乎是虔诚的敬意是令人感动的，就是因为没有人比他自己更清楚他自己的思想与布伦塔诺思想之间的关系。所以，德布尔在研究胡塞尔思想的发展时深有感触地说："在研究胡塞尔的这些年里，我日益确信布伦塔诺对胡塞尔的影响具有决定性的意义。"① 施皮格伯格将"严格科学的理想""哲学上的彻底精神""彻底自律的精神气质""一切奇迹中的奇迹：主体性"描述为"胡塞尔哲学构想中的不变项"，② 其中包含的人格因素和思想因素，都可以在布伦塔诺身上看到或明或暗的影子；他甚至不无理由地将胡塞尔对布伦塔诺的颂扬解释为胡塞尔自己的"预言式的自我评价"，并以之作为他对胡塞尔的"代评价"。③

有了这个相互参照的背景关系，我们得以洞察布伦塔诺上述论断的意义及其在胡塞尔思想中的结果。结合本文主题，并就其表达的总的方向来说，这一段论述突显了这样一个主题，即："对象"或"事物"，原来是心理现象或意识的存在属性；正是意向性的活动原理构成或生成了"对象"或"事物"。因此，对于"对象"或"事物"的完全的理解，必将取决于心理学对构成全部心理现象之总域的意识的极其复杂多变的样

---

① ［荷］德布尔：《胡塞尔思想的发展》，李河译，生活·读书·新知三联书店1995年版，第3页。
② ［美］施皮格伯格：《现象学运动》，王炳文、张金言译，商务印书馆1995年版，第123—136页。
③ ［美］施皮格伯格：《现象学运动》，王炳文、张金言译，商务印书馆1995年版，第218—219页。

态、内容、活动及活动的成就或结果等的系统而细密的分析，正是这种系统而细密的分析工作，构成了胡塞尔现象学的实质内容。以这个思想路线来设想自然科学所研究的那些"对象"或"事物"，必将对传统意义上的自然科学的世界观和科学观产生彻底颠覆性的变革意义：自然科学的世界及其具体的事物，原来是在一个"确定的、特殊的意识方式"及其活动的基础上被"设定"的。① 正是以这个洞察为基础，胡塞尔得以区分"自然的思维态度"和"哲学的思维态度"，亦即现象学的思维态度，以及分别作为这两种思维态度的理论的实现的"自然科学"和"哲学科学"，亦即现象学科学，并阐明它们之间的关系。② 虽然胡塞尔终其一生"也很难一劳永逸地确定他对于心理学的态度"③，这既决定于他的思想的认识论旨趣的主导性，也反映了心理学作为科学的观念的复杂性及其阐释工作的难度，但无论如何，在他的思想视域内隐含着的关于心理学在现象学作为严格科学的意义上作为科学的观念及其逻辑的必然性，则几乎是处处都可以感受得到的。简而言之，在胡塞尔的现象学视域内，"科学"意指意识在本质上可能的全部各种活动形式及其具体的内在环节之间的关系所构成的必然性的整体，而对这些活动及其关系的本质的描述和揭示，就是心理学，或现象学。在这个意义上，"心理学"和"科学"必然是内在地相统一的；也只有在这个意义上，心理学作为科学的观念才可以合乎逻辑地加以设想并追求实现它自身。

詹姆斯作为心理学家个人的思想发展，相对独立地为上文揭示的关于心理学作为现象学科学的观念及其必然道路，提供了一个颇富戏剧性的历史的证明。④ 我们知道，与冯特类似，詹姆斯亦是经由生理学的道路进入心理学的，并同样是在生理学作为自然科学的意义上以关于心理学作为自然科学的"假设"为他的全部心理学研究的出发点。但与冯特不同，而与布伦塔诺及胡塞尔类似，詹姆斯也是一个追求系统哲学的思想家。所以，他的《心理学原理》充满了形而上学的思考和探索，并构成他的心理学研究的隐而不显的思想背景。随着他关于彻底经验主义作为形而上学的思考渐趋成熟，他关于心理学作为自然科学的信念亦相应地

---

① ［德］胡塞尔：《纯粹现象学通论》，李幼蒸译，商务印书馆1995年版，第96页。
② ［德］胡塞尔：《现象学的观念》，倪梁康译，上海译文出版社1986年版，第19页。
③ ［美］施皮格伯格：《现象学运动》，王炳文、张金言译，商务印书馆1995年版，第200页。
④ 高申春：《詹姆斯心理学的现象学转向及其理论意蕴》，《心理科学》2011年第4期。

日渐动摇，乃至于当他"完成"他的心理学研究之后，他最后得出结论说："当我们说'心理学作为自然科学'时，我们一定不要认为这话意味着一种终于站立在稳固基础之上的心理学。恰恰相反，它意味着这样一种特别脆弱的心理学，在它的每一个连接点上，都渗透着形而上学批判的水分；它的全部基本假定和资料，都必须在一个更加广阔的背景中重新加以审视，并被转换成另一套术语。"① 只要我们洞察到，彻底经验主义作为詹姆斯的形而上学就其一切本质特征而言，与胡塞尔的现象学是同质的，那么，我们就足以预言，他所暗示的"转换"之后的心理学，只能是胡塞尔意义上的关于心理学作为现象学科学的观念必然要实现出来的理论形态。

[该文刊于《南京师大学报》（社会科学版）2015 年第 3 期，第二作者孙楠]

---

① James W, *Psychology: A briefer course*, New York, NY: Henry Holt and Company, 1892, pp. 467–438.

自然主义心理学的困境与思考

一 引言

综观科学心理学历史发展的过程,我们发现,不管科学心理学采取或实现为什么样的理论形态,虽然当这种理论形态刚刚兴起时,它似乎给关于心理学作为(自然)科学的理想的实现带来了无限的希望和憧憬,但当它发展到一定程度时,它又必然给心理学的理论局面带来混乱,并暴露出科学心理学理论基础的危机,乃至于总体地看,危机竟成为科学心理学的一个历史的特质。无论是冯特意义上的德国的实验心理学,还是美国的机能心理学或行为主义,就它们各自作为科学心理学的理论的实现形式的历史发展过程而言,都经历着或体现了上述普遍的历史模式。作为科学心理学当代理论形态的认知心理学,亦逃脱不了上述普遍的历史模式,并已经在相当程度和规模上表现出了上述历史模式的基本特征。黎黑在系统考察科学心理学的历史后得出结论认为,心理学"似乎"是一门"永远存在危机的科学",而且,他还特别针对认知心理学指出,"危机在持续着"。[①]

近年来,笔者以19世纪思想史趋势为背景,深入考察关于心理学作为科学的观念的性质及其实现的必然道路,又以此为基础得以揭示上文所谓科学心理学——这里为了概念的清晰性称之为自然主义心理学——

[①] [美]黎黑:《心理学史—心理学思想的主要趋势》,刘恩久等译,上海译文出版社1990年版,第492页。

陷入上述历史困境的必然性。①② 这些以纯理论的形式表达出来的研究结论，虽然就其自身的逻辑而言是足够清晰的，但由于特殊的历史背景的缘故，这些结论还难以立即实现其思想的效力。这里意欲简明地概括呈现这些研究结论，然后引入关于无解的迷笼中的桑代克的猫的命运的讨论，以期对自然主义心理学的历史困境提供一个更加直观的隐喻的说明。

二　心理学作为科学的观念的兴起及其实现的必然道路

19 世纪下半叶，伴随着人类思维及其隐含的世界观的历史转型，关于心理学作为科学的观念普遍兴起，并于兴起之后获得相对独立性融入那个时代的思想史趋势而构成其历史动力学过程中，甚至是最具主导性的思想史力量之一。正是对这个观念的真理性含义的探索和追求，引导了 20 世纪思想史进程，如美国哲学家怀特在回顾哲学发展的历史时指出的那样，"到那一个世纪的末期，心理学大有主宰哲学研究的希望"③。

心理学作为科学的观念在 19 世纪下半叶的兴起，是文艺复兴以来在近代哲学所隐含的二元论世界观中自然科学的凯旋式发展影响人的世界观的产物：正是自然科学及其历史和成就为我们提供并强化了"科学"的观念，也只有在由此塑造的我们现代人的世界观中，关于心理学作为科学的观念才是可能的。因此，在心理学作为科学的观念中，其"科学"的观念是以"自然科学"为历史原型的；阐明"科学"的观念及其与作为它的历史原型的"自然科学"的关系，对于理解并追求实现心理学作为科学的观念而言具有生死存亡的关键意义。

只要我们不是从心理学作为科学的观念由以兴起的思想史背景中游离出来孤立地思考这个观念，而是在与这个思想史背景的紧密联系中系统地追问并反思这个观念，那么，我们立即就可以洞察到，以一种简单化的、想当然地认为"科学"就是"自然科学"的朴素态度来对待关于

---

① 高申春，刘成刚：《科学心理学的观念及其范畴含义解析》，《心理科学》2013 年第 3 期。
② 高申春：《西方心理学若干历史发展模式的审视与省思》，《南京师大学报》（社会科学版）2013 年第 4 期。
③ ［美］怀特：《分析的时代》，杜任之译，商务印书馆1981 年版，第 242 页。

心理学作为科学的观念是行不通的。这是因为，近代哲学作为思维方式的思想逻辑决定了，在它的二元论世界观中，"心"的实体和作为对这个实体的理论地系统展开的"心理学"，与"物"的实体和作为对这个实体的理论地系统展开的"自然科学"（其中包括"身"和"生理学"），是同等有效地并列对峙的，并在相加而成之和的意义上共同构成二元论世界观的整体；若想当然地认为"科学"就是"自然科学"，并以此为基础来构想关于心理学作为科学的观念，从而形成关于心理学作为自然科学的观念——下文将阐明，这就是冯特及其引导的所谓主流的科学心理学的思想步骤——，那便意味着，在二元论的世界观中，无限膨胀地赋予"物"和"自然科学"以本体论上有效的地位，乃至于最后完全地占据二元论的思想空间而走向科学唯物主义一元论，从而取消了"心"和"心理学"，但也因此违背了二元论世界观的思想逻辑。所以，人类思想在这里陷入了一个历史的困境，并集中体现于关于心理学作为科学的观念。又因此，反过来说，对关于心理学作为科学的观念及其是什么的系统的反思和追问，必将要求突破"心"和"心理学"及"物"和"（自然）科学"各自在二元论思维方式中所固有的含义，从而整体地超越近代哲学二元论思维方式及其思想逻辑，同时实现在其中关于心理学作为科学的观念能够合理地加以理解的一种新的思维方式，即现代哲学作为思维方式的那种思维方式。从这个角度说，现代哲学的兴起，原来是心理学作为科学的观念追求自我实现的产物；它所确立的，是这个观念能够在系统的合理的意义上加以理解所必然要求的那个思想逻辑。

　　在这个方向上迈出决定性的第一步的，是与冯特同时代的布伦塔诺。为了阐明心理学（作为科学）是什么，他要系统地考察作为心理学研究对象的"心理现象"的根本特征，并特别在与"物理现象"的比较中揭示"心理现象"相对于后者而言的区别性特征："每一种心理现象，都是以中世纪经院哲学家所说的某一对象的意向的（或心理的）内存在为特征的，是以我们或可称之为——虽然这个说法不是完全没有歧义的——对于某内容的关联性、对于某对象（这里所谓对象，不应该被理解为意指一个真实存在的事物）的指向性为特征的，或者说是以内在的对象性为特征的。每一种心理现象都将某种事物作为对象包含于自身之中，虽然不同种类的心理现象不是以相同的方式将这些事物各自作为对象包含在自身之中。"① 总体而言，作为开拓者，布伦塔诺的论证，处处表现出一个过渡性人物的思想典型地具有的那种"粗糙"性、"模糊"性②、两面性等特征。即就这里引证的关于意向性的这一段论述而言，它的含义亦不是没有歧义的：我们既可以从过去历史的眼光来解读它，也可以用未来历史的眼光来解读它，但正是通过这种歧义性，它将未来历史的可能性呈现于其中。当胡塞尔从中洞察到了这种可能性之后，他便执意以他的现象学把这种可能性系统地描述、揭示出来，从而实现人类思想的脱胎换骨式的转换。

概而言之，这一段论述突显了这样一个主题，即："对象"或"事物"，原来是心理现象或意识的存在属性。因此，对于"对象"或"事物"的完全的理解，将取决于心理学对构成全部心理现象之总域的意识的极其复杂多变的样态、内容、活动及其成就等的系统而细密的分析。——这种分析工作，将构成胡塞尔现象学的实质内容。以这个思想路线来设想自然科学所研究的那些"对象"或"事物"，必将对传统意义上的自然科学的世界观和科学观产生彻底颠覆性的变革意义：自然科学的世界及其具体的事物，原来是在一个"确定的、特殊的意识方式"及其活动的基础上被"设定"的。③ 正是以这个洞察为基础，胡塞尔得以区分"自然的思维态度"和"哲学的思维态度"，亦即现象学的思维态度，以及分别作为这两种思维态度的理论的实现的"自然科学"和"哲学科学"，亦即现象学科学，④ 并阐明它们之间的关系：自然的思维态度只有被放置在现象学的思维态度的背景中才是可理解的；自然科学乃现象学科学的一个特例。

总之，在胡塞尔的现象学视域内，"科学"意指意识在本质上可能的全部各种活动形式及其具体的内在环节之间的关系所构成的必然性的整体，而对这些活动及其关系的本质的描述和揭示，就是心理学，或现象学。在这个意义上，"心理学"和"科学"必然是内在地相统一的；也只有在这个意义上，心理学作为科学的观念才可以合乎逻辑地加以设想并追求实现它自身。

---

① Brentano F., *Psychology from an empirical standpoint*, London: Routledge, 1995, p. 88.
② [德] 施太格缪勒：《当代哲学主流》上卷，王炳文等译，商务印书馆1986年版，第86页。
③ [德] 胡塞尔：《纯粹现象学通论》，李幼蒸译，商务印书馆1995年版，第96页。
④ [德] 胡塞尔：《现象学的观念》，倪梁康译，上海译文出版社1986年版，第19页。

三　自然主义心理学的内在动机及其历史困境

上文论证意在阐明，在人类思想作为整体的历史发展脉络中，由布伦塔诺开创、胡塞尔发展的现象学，构成20世纪以来人类思想史的主流；引导这个主流历史的思想动力，正是对关于心理学作为科学的观念的系统的反思和追问；在这个主流中，关于心理学作为科学的观念，只有在现象学科学的意义上加以理解才是合乎逻辑的，并必然实现为现象学心理学。

然而，在心理学作为一门独立的科学学科的范围内，由布伦塔诺和胡塞尔这样的思想家所代表的那种关于心理学作为现象学科学的思维方向，不仅不构成主流，反而被排挤得无影无踪。——从各个方面来说，这个现象都是足可令人深思而耐人寻味的。相反，在心理学作为一门独立科学及其历史的范围内，占绝对优势的主流地位的，是由冯特引导的那种不曾有人认真地、系统地、深思熟虑地加以反思和论证，（并因）而只是笼统地和一般地称之为"科学心理学"的传统。那么，这种心理学究竟在何种意义上是"科学"的呢？换句话说，这种"科学心理学"作为对关于心理学作为科学的观念的含义的进一步规定，究竟给这个观念带来了什么呢？

时至今日，以心理学为专业的人，当因为不论何种原因而面对这个追问时，虽然一方面，他对此多少感到有些不自在，但另一方面，他在一种笼统的而不细察其具体步骤的思想和情绪状态中对这种"科学心理学"的信念是十足地、同时也是盲目地确信的，而且，他的这个信念与"自然科学"之间所隐含的，也就是同样笼统而不细究其具体内容的具有千丝万缕的联系。这种思维态度和思想状态，是一脉相承地从冯特那里承袭下来的。

自冯特以降，在心理学作为专业学科的范围内，由于各种极其错综复杂的历史的和个人的原因——其总的表现可以借用弗洛伊德的话来说，是因为对哲学及其历史的无知而形成的自我防御机制——，人们普遍形成这样一个思维的定势，即心理学必须远离哲学，而且，似乎它越远离哲学，便越接近科学。由此造成的可能的结果，是使心理学从人类思想作为整体中游离出去而失去根基，因为，在人的世界中，如果说有哪一种思想形态承载了全部人类思维的历史和成就，那便是哲学。以冯特为例来说，这意味着，他关于心理学作为科学的观念的思考，失去了近代哲学二元论思维方式的思想逻辑的约束，从而有可能回归到近代哲学却违背了它的思想逻辑，同时又在理论上对这一切无所自觉。另一方面，他作为生理学家的自然科学素养，使他在从生理学走向心理学的过程中，将生理学在自然科学的意义上作为科学的观念和性质，一并赠予了心理学。总之，如上文对相关背景的讨论所暗示的那样，冯特因为对哲学及其历史的无知，所以不能在与心理学作为科学的观念由以兴起的思想史背景的紧密联系中系统地追问并反思这个观念，而是在想当然地认为"科学"就是"自然科学"的盲目性中走向关于心理学作为自然科学的观念。这就是所谓"主流"的"科学心理学"的最高原则。确实，所谓"主流"的"科学心理学"的"主流"的特征和地位，正取决于它关于心理学作为（自然）科学的观念或理想在心理学作为整体的背景中的强势存在；也正是对关于心理学作为（自然）科学的观念或理想的追求，构成了"主流"的"科学心理学"的统领一切的、最内在、最强烈、最为始终一贯的历史动机，乃至于由此实现的结果，可以不是"心理学"的，但一定要成为"（自然）科学"的。正是为了突显"主流"的"科学心理学"之最高原则背后所隐藏着的"自然科学"的实质，并与现象学视域内关于心理学在现象学作为严格科学的意义上作为科学的观念相区别，这里将历史上所谓"主流"的"科学心理学"具体地称为自然主义心理学。

结合上文第一部分的论证，我们立即就可以洞察到，这种自然主义态度的关于心理学作为自然科学的观念，违背了心理学作为科学的观念的内在逻辑。所以，"主流"的"科学心理学"的历史作为对关于心理学作为自然科学的观念的实践追求，只能是关于心理学作为科学的观念的自我异化。由此实现的任何理论体系，就它作为思想的逻辑而言，必然是无效的，如前面在导言部分关于科学心理学历史发展过程的概述所生动证明的那样。也正是这种逻辑的无效性，才是前面引述黎黑的研究结论的深层原因：只要心理学仍然坚持以自然科学作为自己追求实现的目标，那么，无论它采取什么样的理论形态，当这个理论形态在内容上得到充分展开之后，必然会暴露出自然科学的观念或理想作为这种心理学的思想前提或逻辑基础的谬误性质。不仅如此,而且,就由此实现的任何理论作为体系的形式而言,则必然是虚假的,乃至于当我们面对由此塑造成型的心理学或置身于其中时,只要我们还保留着任何程度的,甚至是常识水平的反思意识,并接受这个反思意识的引导,那么,我们就会产生这样的疑惑,即我们所面对或置身于其中的这种心理学,究竟还是不是心理学(本身)?正是针对类似科学心理学的那些科学门类由于对"科学"的无知而构成的诸理论体系,美国哲学家瓦托夫斯基在科学哲学的水平上极敏锐地指出,"有些时候这种综合的热情会走向极端,导致出各种空想的体系和包罗万事万物的痴想的统一性,这类统一性在批判的考察下就会烟消云散,而且这种体系和统一性常常只不过是科盲者的良好的愿望和追求首尾一贯性的虔诚希望的表现"[①]。虽然瓦托夫斯基作为科学哲学家,不是在专门的心理学史的意义上形成这一评述的,但由于他对科学心理学,特别是行为主义和认知心理学的熟悉和深入钻研,行为主义和认知心理学作为科学心理学的理论的实现形态,一定构成他据以形成这一评述的思想要素的背景之一,所以,只要我们同时熟悉科学心理学的历史和瓦托夫斯基的科学哲学思想,那么,当我们阅读这一段评述并将它专门应用于科学心理学时,我们便不由得在批判的维度上从内心油然生起一种酣畅淋漓的快感。

四 以桑代克的猫为原型的隐喻的说明

以上所完成的论证,无论就其主题内容、还是就其逻辑结构而言,都是极简明、极紧凑的。这决定于其中涉及的诸主题及其相互关系的极端的错综复杂性;若要展开地进行全面的分析和讨论,只能是以广泛而有效的文本理解和思想史阐释为基础的系统化的研究专著才能完成的。例如,关于胡塞尔及其现象学,如果我们不能以他的文本为基础进入他的思想视域并感受他的思想脉动,那么,上文揭示的关于心理学作为科学的观念只有经由现象学的道路才能实现它自身的必然性这一结论,就

[①] [美]瓦托夫斯基:《科学思想的概念基础——科学哲学导论》,范岱年译,求实出版社1989年版,第13页。

显得似乎是无关痛痒的；相反，只要以他的文本为基础，并得以进入他的思想视域、感受他的思想脉动，那么，上文作为结论揭示的那个必然性，其逻辑的力量就不能不被真切地感受到，并以同样是逻辑上必然的方式转化成我们的生命和思想的内在支柱。同样，关于冯特及其引导的自然主义心理学传统，如果我们不能系统地深入历史的细节之中，并将这每一个细节作为思想史的要素放置在它发生于其中的思想史背景中细察它作为思想的具体步骤，那么我们便难以洞察其中几乎每一个关键的思想步骤的偶然性和盲目性，更难以在整体上洞察上文所揭示的自然主义心理学的内在动机及其历史困境；相反，只有通过细察其中每一个思想步骤及其盲目性，才能理解上文关于自然主义心理学必然构成心理学作为科学的观念的自我异化及其深层原因的结论，进而实现这个结论对于否定地理解所谓"主流"的"科学心理学"及其历史所隐含的思想解放的效用。

在这里，我们面临着一个思想交流的困境，这个困境，实质上是作为本文主题的自然主义心理学的困境的一个特殊形式。为了克服这个困境对于我们的思想及其相互交流的制约作用，这里尝试以无解的迷笼中的桑代克的猫为原型，隐喻地说明自然主义心理学的困境。这个隐喻的说明作为写作策略，是笔者在很多情况下抑制不住想要加以执行的，因为通过这个隐喻的说明，能够以更加直观的形式和更加令人震惊的效果将自然主义心理学的困境的实质揭示出来。笔者希望，读者有可能受这个令人震惊的效果的引导，尝试去执行上文暗示的那种广泛而有效的文本理解和思想史阐释的工作，并在此基础上独立地，同时也必将是必然地走向这里以理论的形式呈现出来的结论。

我们知道，桑代克是以关于动物学习的实验研究而著名的，又以对实验动物行为表现的观察为基础，系统地提出关于学习的试误说。他当然是很精巧地为他的实验动物如猫设计了各种迷笼情境，从而诱导出，并得以观察到动物如猫在迷笼中的行为存在及其基本特征：无效地尝试各种错误的动作，又在这个过程中偶然尝试到由迷笼的设计所决定、所要求的若干有效的动作，从而得以逃脱迷笼。这里，我们关心的当然不是他的实验范式和他的理论解释，而是要通过思想实验的形式揭示其中隐含的对于本文主题的意义。因此，我们设想，如果桑代克为他的猫设计一个无解的迷笼，那么，我们将会在他的猫身上观察到什么呢？我们将会观察到，一方面，决定于猫的生命冲动的本能，它必然要在迷笼中尝试各种各样试图逃脱迷笼的动作；但另一方面，迷笼的无解的性质却又必然地决定了，无论猫在其中做出多少种尝试，这每一种尝试都注定是无效的、失败的。如果桑代克果真如此残忍地为他的猫设计这样一个迷笼，那么，他的猫的生存境况及其命运将注定是可怜的、悲惨的：永无止境地尝试各种注定失败的无效动作，直到它在其中耗尽其生命力而死亡；或者，除非他的猫能够获得某种内在的神力足以打破桑代克为它设计的迷笼，从而获得彻底的解放。以此为隐喻的原型基础，我们可以设想，有史以来的所谓"主流"的"科学心理学"作为尚未实现的观念，就是桑代克的猫；作为这种心理学的最高原则的关于心理学作为自然科学的观念或理想，由于它违背了心理学作为科学的观念的内在本性，所以注定是无解的；在这个最高原则作为注定无解的迷笼中，"科学心理学"就像桑代克的猫一样徒劳地尝试各种错误的动作，如前面提到的冯特意义上的德国实验心理学、美国的机能心理学、行为主义、认知心理学等；但这个迷笼的无解的性质却必然地决定了，无论"科学心理学"尝试以什么样的理论内容来充实或实现它自身，这每一种尝试及其实现的理论内容，都必将注定是无效的、失败的。

对自然主义心理学而言，这个隐喻的说明隐含着一个巨大的意义空间，几乎可以涵盖以自然主义心理学为主题的思考所可能涉及的一切问题。限于篇幅，这里仅以一个确定的历史事实为例给出提示性的说明。前面曾指出，在自然主义心理学中，不曾有人认真地、系统地、深思熟虑地思考并论证作为它的最高原则的关于心理学作为自然科学的观念或理想。事实上，这个问题是不能如此加以思考和论证的；如此加以思考和论证，必然走向自己的反面，如詹姆斯的思想进展所证明的那样。[1] 简而言之，詹姆斯与冯特类似，亦是经由生理学的道路进入心理学的，并在与冯特类似的意义上以关于心理学作为自然科学的"假设"为他的全部心理学研究的出发点；但换言之，他又是一个与布伦塔诺及胡塞尔类似的追求系统哲学的思想家，而且，他的心理学和他的哲学也是血肉相连地紧密联系的整体，所以，他关于上述"假设"的系统研究的结果是，"所以，当我们说'心理学作为自然科学'时，我们一定不要认为这话意味着一种终于站立在稳固基础之上的心理学。恰恰相反，它意味着这样

---

[1] 高申春：《詹姆斯心理学的现象学转向及其理论意蕴》，《心理科学》2011年第4期。

一种特别脆弱的心理学，在它的每一个连接点上，都渗透着形而上学批判的水分；它的全部基本假定和资料，都必须在一个更加广阔的背景中重新加以审视，并被转换成另一套术语"①。在这个过程中，他痛切地感受到，对心理学（作为科学的观念）实现它自身而言，关于心理学作为自然科学的"假设"或信念，是一个非彻底打破不可的牢笼；当他获得这样的洞察之后，他便义无反顾地、同时也是淡定地走向了以彻底经验主义作为形而上学的形式表现出来的那种与布伦塔诺及胡塞尔同质的思维方向，以满足他的科学良心。

亦如前所述，作为自然主义心理学最高原则的关于心理学作为自然科学的理想在逻辑上注定是无解的，因此，就像身陷无解的迷笼中的实验动物只能以习得的无助适应其环境而失去活力一样，这种心理学在这种无解的框架内亦逐步失去活力而退化为科克所说的"失去意义的思想活动"②。时至今日，关于心理学究竟是什么，我们除了教条式地一般地说它是一门（自然）科学外，在关于它的原则的问题上，我们越来越显得无话可说。事实上，20世纪80年代以来，心理学的理论局面已变得异常地复杂并持续至今而成为现时代心理学的学术生态。这种异常的复杂性不仅表现在心理学理论空间的多维度性，即很多种不同的，甚至相互对立的思想潮流并存，又相互竞争，而且更主要地表现在心理学理论同一性的危机，即在关于心理学究竟是什么的问题上陷入了日益严重的无政府主义状态，乃至于这个问题竟成为无法回答的，甚至更因为这个缘故进一步地隐退为心理学家们极遥远的记忆，或者说被尘封于心理学家们记忆的最底层成为几乎是无意识的而无人问津。对这个事实的深入而系统的分析，最后都回溯到关于心理学及其作为科学究竟是什么这个根本问题，正是这个问题，而不是其他任何问题，才是对心理学而言生死攸关的。

[该文刊于《华中师范大学学报》（人文社会科学版）2016年第6期，第二作者邱赤宏]

---

① James W, *Psychology: A briefer course*, New York, NY: Henry Holt and Company, 1892, pp. 467–468.

② 高申春：《心理学的困境与心理学家的出路——论西格蒙·科克及其心理学道路的典范意义》，《社会科学战线》2010年第1期。

困惑与反思：关于理论心理学的理论思考

在现时代的、以"（自然）科学"为其自我认同的主基调的心理学学术生态中，时常有人质疑，理论心理学究竟是什么？有什么用？在这种质疑声中，还透露出一种几乎不需要深入反思就可以感受得到的，而且往往是"自信"的高高在上的否定的态度。而专门从事理论心理学的人，就其多数而言，在面对这种否定的态度时，虽然于内心保有一种"正义"的怨恨和抗议，但在现实中却也只能谦卑地和被动地回应这种质疑，甚至受胁迫于作为这种否定态度之后盾的科学主义的强势存在而在实践上与之合流。这些事实既暴露了心理学作为整体的内部分裂，又暗示着其中极端错综复杂的历史动力学关系。若以理论心理学为立足点来审视，这些事实还尤其显得令人困惑、发人深省。为了消解这种困惑，并肯定地回答理论心理学及其使命是什么，首先需要认清这种否定的态度，并阐明其兴起的根据。

实际上，否定和肯定是辩证的统一体：否定以肯定为前提而排斥自我的幻象和异己者。因此，若没有肯定的自我，就不会有自我的幻象和异己者，否定的力量也就无从兴起；相反，否定的力量的存在，无论是自觉的还是不自觉的，在逻辑上必然暗示着自我与非我的对立。具体说来，以"（自然）科学"为其自我认同的所谓"主流"的"科学心理学"，经过一个多世纪的发展，似乎确定地拥有了它自己的范式、它自己的同一性，并由此划定了它的范围、规定了它的性质。它对所谓理论心理学的近乎本能的质疑和否定，则意味着，相对于它自身而言，后者或是一个多余的赘物，因而不是必要的；或是在其中隐含了对它的否定，因而与之构成一个相互否定的张力空间。——不用说，为了理解这个张力空间，还需要对所谓理论心理学可能隐含的对"科学心理学"的否定及其根据进行同样的分析和澄清。——为此，就有必要进一步追问，如此根深蒂固地，甚至是教条式地和天经地义地被普遍接受了的"科学心理学",究竟是什么?

以这个张力空间为背景,我们得以理解,在非反思的层面上,亦即就其表面的特征和价值而言,"科学心理学"这个名称,似乎完满而明确地规定了心理学的全域:心理学是一门(自然)科学。实际上,对这种"科学心理学"及其历史的系统分析表明,正是对作为"(自然)科学"的存在地位的追求,构成了它的统领一切的、最内在、最强烈、最为始终一贯的历史动机,乃至于由此实现的结果,可以不是"心理学"的,但一定要成为"(自然)科学"的。因此,在"科学心理学"的范围内,在不考虑其历史动机带来的理论结果的前提下,在如下两层意义上,"理论心理学"必然成为无用的和多余的。其一,就理论心理学作为关于心理学是什么的纲领性元理论追求的意义上,因为"科学心理学"已经在这个问题上获得了(一种虽说是似是而非的,但无论如何也是)明确而确定的答案:一门(自然)科学。其二,如现实中多数情况下表现出来的那样,试图对科学心理学所取得的经验研究资料进行理论的综合,以描述科学心理学的一般特征、揭示其发展的普遍规律,或论证这种心理学作为(自然)科学的本质规定,等等。所有这些工作作为理论心理学,实属"科学心理学"的题中应有之意,却不能像实证的经验研究那样为之做出实质的贡献。又因此,在这两层意义上,所谓"理论心理学"普遍遭到来自"科学心理学"的质疑,甚至否定,是完全合乎"科学心理学"的"情理"的。

然而,对心理学作为整体而言不幸的是,上述"科学心理学"关于心理学作为"(自然)科学"的观念或理想,未曾经受系统而严密的论证,并因而构成一个盲目的信念。换句话说,"科学心理学"是在无知于"心理学"究竟是不是"(自然)科学"的前提下,出于某种情感的驱动,人为地把心理学规定为"(自然)科学",由此将心理学引导到自然主义的科学主义道路。在心理学作为整体的思想空间内,这里所指出的这种"盲目""无知""人为的规定"等,构成了詹姆斯通过直观地分析人类思维及其过程所揭示出来的那种思想的"神秘的一跳",并暗示了其作为思想步骤的非法性。正是在诸如此类的作为思想步骤的这些"神秘"的"跳跃"中,隐藏着"科学心理学"及其历史的全部秘密。换一种更加直白的,并因而几乎可以肯定会引起多数人无法承受的情绪震荡的表达方式来说,如果心理学不是"(自然)科学",那么,对于"科学心理学"关于心理学作为"（自然）科学"的观念及其历史追求而言，这究竟意味着什么呢?! 事实上，在与"科学心理学"有关的历史中，如果说有人曾在多少可以称得上是系统而严密的意义上论证过关于心理学作为"自然科学"的观念，那便是詹姆斯；但他的论证的结果，却是走向了这个主题的反面，这就是他在《心理学简编》的结论中所表达的他的最后的观点："当我们说'心理学作为自然科学'时，我们一定不要认为这话意味着一种终于站立在稳固基础之上的心理学。恰恰相反，它意味着这样一种特别脆弱的心理学，在它的每一个连接点上，都渗透着形而上学批判的水分；它的全部基本假定和资料，都必须在一个更加广阔的背景中重新加以审视，并被转换成另一套术语。"在詹姆斯据以达到这一结论的思维水平上，面对"科学心理学"对关于心理学作为"（自然）科学"的观念的实际追求的历史及其内容，我们不禁联想到在科学于近代早期兴起的初期，洛克针对当时借"科学"之名而兴起的各种思想潮流发出的如下感慨："毫无意义的说话方式和语言的滥用，长时期被当作科学的奥秘；很少或毫无意义地误用的艰深的语词，由于长期使用，却有权被误认为渊深的学识和思辨的高峰，因而，无论要使说者或听者相信这些语词不过是无知的掩饰和真正知识的障碍，均非易事。"

这里关于"科学心理学"及其历史的这种批判的反思的分析，从一个方面暗示着，心理学作为整体，似乎尚未在系统地合乎逻辑的意义上奠定它自己的基础。这是因为，在心理学作为整体的背景中，上述"科学心理学"既自视为又普遍地被接受为心理学的"正统"，但这个"正统"的前提，即关于心理学作为"（自然）科学"的观念，是未经系统论证的，而对这个观念的系统论证，却必然要走向自己的反面。由此，我们得以回到现代心理学的起点，并摆脱作为教条的"科学心理学"对我们的束缚而获得思想的自由。正是在这个思想的自由中，孕育出了最本质意义上的理论心理学、并规定了它的使命：真正在纲领性元理论追求的意义上系统地合乎逻辑地探寻，心理学，就它的内在本性而言，必然是什么。

一旦我们回到心理学的这个起点，我们就拥有了一个敞开的视域，得以洞察并判断现代心理学作为整体的历史发展的是非曲直。无疑，决定性地促成现代心理学与一切传统形式的心理学相决裂而获得新生的思想史力量，是心理学作为科学的观念；这个观念的兴起，是自然科学自近代以来至19世纪的发展塑造我们现代人世界观的产物：正是自然科学及其历史和成就为我们提供并强化了"科学"的观念，也只有在由此塑造成型的这个世界观中，心理学作为科学的观念才是可能的。在这里，必须参照以哲学史的形式凝结着的人类思维的理论形态及其历史转换，才能彻底地把握这个观念作为19世纪思想史趋势中最具主导性的思想史力量的实质，并在此背景中得以理解和确认，正是作为对这个观念的真理形态的实现的那种心理学，构成了全部人类思想乃至人类生活的基础。因此，一方面，在这个观念兴起之前的思想史背景中，也就是在近代哲学作为思维方式中，这个观念是不可能的；若一定要在其中设想心理学作为科学的观念，那么，这个观念只能呈现为心理学作为自然科学的观念，却也因此违背了近代哲学二元论思维方式的思想逻辑。但另一方面，如上所述，心理学作为科学的观念无论如何又以某种不可避免的必然性兴起于19世纪的思想史背景，从而使人类思想在这里陷入一个历史的困境。只有通过系统地合乎逻辑地阐明关于心理学作为科学的观念必然是什么，才能引导人类思想走出这个困境而进入现代哲学作为思维方式的新的理论形态。换句话说，现代哲学的兴起，原来是心理学作为科学的观念追求自我实现的产物；它所确立的，乃这个观念能够在系统地合理的意义上加以理解所必然要求的那个思想逻辑。

在这个思考的方向上，我们立即就联想到像布伦塔诺和胡塞尔以及詹姆斯、卡西尔这样的思想家们的工作。概而言之，他们的思想追求，就其历史动机而言，是要寻求一种在本体论上以人类精神或意识为基础、并因而在认识论上以心理学为基础的对世界的统一的理解；就其理论内容而言，共同指向了这样的认识，即：包括（自然）科学及其为我们构建的对象世界在内的全部"事实"，原来是（人类）意识的存在属性，并因而普遍地服从（人类）意识的活动原理。借用胡塞尔的语言来说，在现象学的视域内，"科学"意指意识在本质上可能的全部各种活动形式及其具体的内在环节之间的关系所构成的必然性的整体，而对这些活动及其关系的本质的描述和揭示，就是心理学，或现象学。在这个意义上，"心理学"和"科学"必然是内在的相统一的；也只有在这个意义上，心理学作为科学的观念才可以合乎逻辑地加以设想，并追求实现它自身而成为现象学心理学。在这里，理论心理学作为对关于心理学作为科学的观念必然是什么的系统追问，与现象学心理学作为以具体的理论内容对这个观念的实现，必然是内在地统一的。而且，由此实现的这种心理学，与全部人文世界以及作为其理论表达的人文社会科学，也必然是水乳交融地统一的，并构成它们的基础而执行为它们奠基的逻辑职能。

以如此理解的理论心理学为背景，上文关于"科学心理学"及其历史的批判地反思的分析，从另一个角度来看又意味着，理论心理学还因此兼具一种否定的职能，即解构这种"科学心理学"并揭示它作为心理学的伪形式的实质。这就是本文开篇所指出的现时代心理学学术生态中那些令人困惑的事实的根源。总之，从各个方面来看，对于心理学最终实现它自身而言，理论心理学不仅是必要的和急迫的，而且还将有很长、很艰难的路要走。

［该文刊于《苏州大学学报》（教育科学版）2017年第2期］

第四部分
心理学的形而上学基础

科学的含义与心理学的未来

一 "科学心理学"的概念疑问

"科学心理学"这个名称是很耐人寻味的。从字面上看,它似乎既是"心理学",又是"科学"。但是,在经过批判的眼光审视之后,我们将发现,这两者,它似乎都不是。在"科学心理学"中,就它作为"心理学"而言,关于心理学按照它的内在本性必然是什么这样一个根本性的问题,从来不曾得到认真的追问和系统的思考。波林在考察心理学诞生的生理学背景时所获得的一个极其敏锐的理论洞察,可以作为我们分析的切入点。他指出,19世纪上半叶的生理学,多以动物实验为手段,这就决定了"运动生理学走在感觉生理学的前头";这个时期"关于感觉的研究,多以感觉器的物理学为对象";与此同时,虽然"生理学家不易处理感觉的问题",因为"他没有机械的纪录器可以钩住一个动物的感觉神经的中端",但他在"自己身内却有可以接触到的直接经验。歌德、普金耶、约翰内斯·缪勒、E. H. 韦伯,以及后来的费希纳,A. W. 福尔克曼和赫尔姆霍茨都就他们自己受了刺激后的经验求出法则";"很明显,这个研究与心理学的关系更加密切的部分就采用了一种非正式的内省法;换句话说,就是利用人类的感觉经验,经常是实验者本人的经验。这种缺乏批判的内省法若能产生任何其他科学家都易于证明的结果,我们便不必将此法精益求精,也不必予此法以一名称,更不必提出现代行为学所提出的唯我主义的问题……近代的科学家尽可能避免这种认识论的问题。……这些学者完成了这种种观察,可却没有对于其中一个因素即经验的性质作批评性的讨论"。① 对经验的性质作批评［判］性的讨论！无疑，这不是生理学家作为科学家的任务，而是心理学家作为哲学家的任务。然而，波林的洞察却揭示并意味着，正趋向于心理学的生理学家，包括作为心理学创始人的冯特在内，不曾对"经验"或"意识"及其"性质"作"批评性的讨论"，因而难以获得对"经验"或"意识"及其"性质"的真实有效的把握。事实上，在这个过程中，他们逐步形成这样一个普遍的思想趋势，即把非物质的意识及其过程等同于物质的神经过程，把"意识"设想为是与自然科学的"物"同样性质或同一层次的存在。这个思想趋势与心理学的自然科学认同相互支持，共同塑造着心理学的科学主义传统。然而，"意识"的存在及其运动原理与"物质"的存在及其运动原理之间的差异是基本的、原则性的，而"意识"恰恰是心理学作为一门科学据以成立自身的根基，是心理学据以获得或塑造它的理论同一性的最内在的规定性因素。所以，不对"经验"或"意识"及其"性质"作"批评性的讨论"，同时也就是放弃对心理学是什么这一根本问题的追问和思考。

从另一个角度来说，就"科学心理学"作为"科学"而言，关于科学是什么、心理学究竟能否是一门科学，以及心理学在何种意义上是一门科学等，亦未曾得到认真的追问和系统的思考。特别是，"科学"这一概念的含义远不是清晰而单一的，因而更增加了这里所讨论的问题的复杂性。首先可以指出，"科学心理学"所追求的"科学"，绝不是布伦塔诺和胡塞尔追求"严格科学的哲学"及"严格科学的心理学"那种意义上的"科学"，这是毫无疑问的。其次，处于科学心理学传统之中的心理学家们天真地相信，他们的心理学是一门自然科学，是自然科学意义上的"科学"。甚至批评家们大多也是在这个意义上来理解科学心理学作为"科学"的。然而，这种相信同样是一个未经审视、未经批判的盲目的信念。这是因为，心理学作为自然科学的存在，原来不是一个自然的生长过程，而是外在地模仿诸如物理学、生物学等自然科学的结果。因此，对心理学而言，物理学、生物学等自然科学意义上的"科学"，是一个从外部强加给它的特征或规定，而不是它自己内在固有的。从这个意义上说，心理学按照它的内在本性不是自然科学意义上的"科学"，至少是不

---

① ［美］波林：《实验心理学史》，高觉敷译，商务印书馆1981年版，第91页。

能如此断定的。事实上,"科学心理学"作为自然科学意义上的"科学"的观念,已经受到了越来越强有力的挑战。最后,一方面,作为自然科学的巨大成功及其历史成就塑造人的世界观的效果之一,在不需要如学术探讨所必需的那种逻辑之严密性的日常态度中,"科学"被一般地等同于"真理";另一方面,虽然科学心理学构成西方心理学的主流趋势,并在它的若干历史时期呈现出繁荣昌盛的表象,但事实证明,从长远的眼光看,"科学心理学"作为"心理学"是一门历史的危机的科学,因而难免持续地遭遇来自各个方面的批评与挑战,如黎黑指出的那样,不仅"在学院的范围内,心理学家的科学地位在他们的自然科学同事们之间经常是受到怀疑的",而且"在更为世俗的水平上,心理学也不被看作一门真正的科学"。① 作为应对这种处境的策略,"科学心理学"意义上的心理学家们便刻意地要把心理学与"科学"相等同,似乎只要他们与"科学"沾上边,他们便拥有了真理,成了真理的代言人,并由此将这种意义上的"科学"幻想为心理学的终极目标。科克深刻地洞察到,并无情地揭露了由这层关系掩盖着的背后的真相。他指出,对心理学家而言,"科学"这个标签"起到了一种安全毛毯的作用",他们像"拼死抓住"一根救命稻草一样地要抓住它,作为他们用以对抗针对他们和他们的研究的合法性的怀疑和挑战的"护身符"。② 从这个意义上说,心理学作为"科学"而存在的基本原理,与其说是理性的、科学的,不如说是情绪的、动机的。

二 "科学"的范畴含义的哲学阐明

如上文所述,在心理学追求"科学"的历史中,关于"科学"是什么、心理学与"科学"是何关系,以及心理学在何种意义上可以实现为"科学"等问题,都不曾得到认真的追问和系统的思考。这个历史充分暴露了心理学的"科学"追求的盲目性。就目前看来,对这种局面的唯一

---

① [美]黎黑:《心理学史——心理学思想的主要趋势》,刘恩久等译,上海译文出版社1990年版,第493页。

② T H Leahey, *A history of psychology: main currents in psychological thought*, NJ: Prentice - Hall, 1980, p. 384.

可取的补救措施，就是参考现代哲学，特别是科学哲学对"科学"的范畴含义的阐明，从而有助于理解心理学追求"科学"的历史动机及其未来走向。

　　无疑地，对现代人而言，"科学"这个概念的历史原型是自然科学。因此，首先必须要了解自然科学的历史和性质，才能理解心理学与科学的关系。同样无疑的是，自然科学及自然科学意义上的"科学"，是近代人类思维的特定的历史产物，因而是以近代哲学的二元论思维方式为背景的，并只有在这个背景中才有意义。结合对心理学、科学及其相互关系问题的思考，关于近代哲学的二元论思维方式，明确地指出以下两个主题背景是必需的。其一，在二元论思维方式中，作为自然科学研究对象的"物质"或"身体"，与作为心理学研究对象的"意识"或"心灵"，虽然它们本身在原则上是相互对峙、彼此对立的，但只有二者相加而成之和，才构成二元论世界图景的整体，因为这就是二元论思想逻辑的本意。因此，在世界观的意义上，无论是坚持唯物主义一元论，还是坚持唯心主义一元论，都是对世界图景作为整体的破坏，由此把握到的世界，都是残缺不全的，所以我们才有唯物主义思想路线和唯心主义思想路线之间连续不断的斗争史。其二，在二元论思维方式中，自然科学意义上的"科学"，是以非此即彼的排他的方式专门针对其中的"物质"实体及其世界图景而建立起来，并是在这个范围内有效的人类思维的历史成就；在与此相对应的意义上可以说，"心理学"恰恰是针对其中的"心灵"实体及其世界图景而建立起来，并是在这个范围内有效的人类思维的历史成就。在这个背景中，"科学"和"心理学"必然构成人类思维所拥有的两种不同性质的知识体系，二者之间即使不说是彼此对立的，也必然是相互无关的，并共同构成二元论思维方式的世界图景的整体。因此，一方面，既不能用"科学"所揭示的关于"物质"或"身体"的存在逻辑，来取消"心理学"所揭示的关于"意识"或"心灵"的存在逻辑，也不能相反地用"心理学"所揭示的关于"意识"或"心灵"的存在逻辑，来取消"科学"所揭示的关于"物质"或"身体"的存在逻辑；另一方面，既不能用"科学"所揭示的关于"物质"或"身体"的存在逻辑，来说明"意识"或"心灵"的存在，也不能相反地用"心理学"所揭示的关于"意识"或"心灵"的存在逻辑，来说明"物质"或"身体"的存在。

以这个分析框架为背景来看,"科学心理学"的观念是难以设想的;而且,在这个背景中,如果心理学一定要实现为"科学",那么,它就必然要走向自我异化,从而暴露出"心理学"与"科学"之间的敌对性。这是因为,在二元论的思维方式中,"科学"的形式必然要求心理学以自然科学对待"物质"或"身体"同样的方式来对待"意识"或"心灵"(这就是科学心理学的历史中盛行的各种形式的物理主义还原论),而这个要求在逻辑上的彻底化,就是对"意识"或"心灵"的否定,从而也就否定了心理学据以成立自身的本体论基础。换句话说,对心理学追求"科学"的实现和存在而言,它只能,而且必须在从本体论意义上否定"意识"或"心灵"的同时,又在认识论意义上将"科学"所揭示的关于"物质"或"身体"的存在逻辑当作世界图景的整体,并在其中把它自己的对象如"意识""行为"等强行规定为"物质"意义上的客观存在。历史上,心理学以这种方式实现为"科学"的典型形式,就是华生的行为主义。

以现代哲学的眼光来看,正是"行为"范畴给二元论的思想逻辑带来困难,并使之陷入困境,因为"行为"这个范畴,从肯定的意义上说,它既是"意识"的或"心理"的,又是"物质"的或"身体"的;从否定的意义上说,它既不是纯粹主观的"意识"或"心灵",也不是纯粹客观的"物质"或"身体"。因此,要获得对"行为"范畴的合乎逻辑的理解,就不能局限于近代哲学的二元论思维方式,要么赋之以"意识"或"心灵"的主观的解释,要么赋之以"物质"或"身体"的客观的解释,而必须整体地超越二元论的思想逻辑,并重新确立一种崭新的整体论意义上的一元论的思想逻辑,如作为现象学历史发展之当代趋势的具身性主题所追求的那样。事实上,作为当代人类思维之前沿性主流趋势的具身性主题,正是在由"行为"范畴所揭示的二元论思维方式及其逻辑的不可能性中寻求突破的出路,并因而表达了人类思维及其历史的普遍的进步趋势。

然而,以华生为代表的追求"科学"的心理学家们,却不是以人类思维及其历史的这个进步趋势为坐标,并由以进入类似具身性主题所实现的那种一元论的思想逻辑,而是倒退回二元论的思想逻辑,从而将"行为"范畴人为地强行规定为"物质"意义上的客观存在,并由此把心理学作为关于"行为"的科学纳入自然科学体系。① 以这样的"行为"范畴为基础实现的行为主义作为科学心理学,当然既不是"心理学",也不是"科学"。相反,我们发现,行为主义作为心理学的科学哲学,构成了瓦托夫斯基警示提防的那种科学哲学的表现形式之一:"有些时候这种综合的热情会走向极端,导致出各种空想的体系和包罗万事万物的痴想的统一性,这类统一性在批判的考察下就会烟消云散,而且这种体系和统一性常常只不过是科盲者的良好的愿望和追求首尾一贯性的虔诚希望的表现。"②

与近代哲学背景中"科学"观念的狭隘性相比,现代哲学及其科学哲学传统以更加宏观的人类思想史为背景,阐明了"科学"的范畴含义,并延续着人类思想的历史。事实上,对"科学"的范畴含义的阐明,是推动哲学思维的现代转换的历史动力之一。一方面按现代哲学的理解,不存在抽象的"科学":科学作为人类把握世界的一种知识形式,必然同时关涉它的知识的对象、质料或实质。因此,必须同时从它的形式和它的质料或实质两方面出发——事实上是从这两个方面的统一出发——才能完整地理解或把握"科学"的本意,并实现科学。在这个前提之下,就它的形式而言,科学表现为一个逻辑上首尾一贯的系统化的概念体系。但从另一方面看,历史证明,在"科学"的观念已经普遍盛行并取得占绝对优势的支配地位的现代世界,特别是对于处在这个背景之中的心理学而言,从质料或实质的方面来理解"科学"的范畴含义,远比从形式方面来理解"科学"的范畴含义重要得多。从这个意义上说,"科学心理学"作为"科学"的全部秘密,正隐藏在这门"科学"的对象、内容或质料之中。换句话说,"科学心理学"作为"科学"地存在的有效性,取决于我们对"科学心理学"作为"科学"的对象、内容或质料——亦即对"意识"是什么——的理解或回答;在关于"意识"的一种理解方式中,"科学心理学"将真正实现为真实的科学,如胡塞尔追求"严格科学的哲学"或"严格科学的心理学"那种意义上的"科学";而在关于"意识"的另外一种理解方式中,"科学心理学"作为"科学"所实现

---

① Watson J. B., "Psychology as the behaviorist views it", in W. Dennis, Ed. *Readings in the history of psychology*, New York, N. Y.: Appleton – Century – Crofts, Inc., 1948, pp. 457–471.

② [美]瓦托夫斯基:《科学思想的概念基础——科学哲学导论》,范岱年译,求实出版社1989年版,第13页。

的,必将如瓦托夫斯基所指出的那样,是"空想的体系"和"痴想的统一性","批判的考察"必将揭示,这种"空想的体系"和"痴想的统一性",不过是"科盲者"的"良好愿望"和"虔诚希望"的表现而已。

按照卡西尔的解说,"人类经验的原初材料是处在一种全然无秩序的状态之中的";科学乃继语言、神话、宗教之后,人类赋予自己经验的"原初材料"以秩序、组织或结构的那同一种生存的必然性要求在现代世界的实现形式。① 确实,正是在人类经验的"原初材料"中,隐藏着包括"科学"在内的全部人类生活的秘密的核心。胡塞尔将这个秘密的核心理解为"一切奇迹中的奇迹",② 他也正是通过对人类经验的"原初材料"的性质的批判性反思,洞悉到了人类思维的两种理论态度,即"自然的思维态度"和"哲学的思维态度"或现象学的思维态度,并通过他的努力指明了,其中"自然的思维态度",原来是"哲学的思维态度"或现象学的思维态度的派生物。这个区分立即预示了"科学"一词的两种不同的范畴含义及其有效性的领域或限度。其中,自然的思维态度无疑也是以人类经验的"原初材料"为"基础"的,但这种态度同时非反思地,亦即在理论上盲目地"导致对实体存在的间接设定":"在自然的思维态度中,我们的直观和思维面对着事物,这些事物被给予我们,并且是自明地被给予,尽管是以不同的方式和在不同的存在形式中,并且根据认识起源和认识阶段而定。"③ 这种思维态度的历史的实现,就是我们现在拥有的自然科学,它直接面对"事物",面对"间接设定的"的"实体存在",却意识不到从经验的"原初材料"到"事物"或"实体存在"的"设定"的过渡或"超越",原来是自然科学意义上的"科学"的认识论盲点。从这个意义上来说,"科学"不应该是心理学的目的,而成为心理学的对象:心理学通过对人类认识如何"超越"经验的"原初材料"而达到对"事物"的把握的必然性的直观阐释,化解自然科学意义上的"科学"的这个认识论盲点,从而帮助"科学"走向自觉。

胡塞尔为他自己确定的任务,就是具体地,并尽可能系统地阐明从人类经验的"原初材料"到"事物"的"超越"的过程和机理,并实现

---

① [德] 卡西尔:《人论》,甘阳译,上海译文出版社1985年版,第264页。
② [美] 施皮格伯格:《现象学运动》,王炳文、张金言译,商务印书馆1995年版,第135页。
③ [德] 胡塞尔:《现象学的观念》,倪梁康译,上海译文出版社1986年版,第22页。

为譬如说在《逻辑研究》中所完成的那种无论就规模还是就深度而言都堪称是"前无古人，后无来者"，从而得以勘定"意识经验的基本文法"① 的分析工作。——这里顺便指出，正因为这是一个具有普遍的人类历史意义的任务，所以，不只是胡塞尔一个人意识到了这个任务并以之为自己的使命，它也普遍地以各种形式为20世纪那些真正具有人类历史的眼光和深度的思想家共同认识到。例如，在卡西尔的文化哲学体系中，他以自己的方式提出了这个任务，并贡献了他自己的智慧。所以，他在指出"正是科学给予我们对一个永恒世界的信念"的同时也指出，"但另一方面，科学并不是单独地完成这个任务"；"人早在他生活在科学的世界中以前，就已经生活在客观的世界中了。即使在人发现通向科学之路以前，人的经验也并不仅仅是一大堆乱七八糟的感觉印象，而是一种有组织有秩序的经验"②。在詹姆斯以"纯粹经验"为基础范畴的彻底经验主义的形而上学体系中，也隐含着一种关于"科学"的类似的理解方式。在不那么系统化的意义上，瓦托夫斯基也对这个任务有所意识："从科学与常识的联系中理解科学并在这里发现科学与人文学的共同根源，如此所达到的对科学的理解与通过研究科学本身所达到的理解不同。"③ ——胡塞尔将他据以实施这个任务的那种思想态度称为哲学的或现象学的思想态度，并坚信，只有作为这种思想态度的理论的实现的现象学，才是真正严格意义上的"科学"。所以，在哲学或现象学的思维态度中，蕴含了一种完全不同的关于"科学"的范畴含义。虽然胡塞尔本人不曾对这种"科学"的范畴含义作专门的说明，但根据他的著作，其明确的含义是不难把握到的。根据施皮格伯格的解说，在胡塞尔的理解中，"科学表示由理性联结起来的知识系统，其中每一个步骤都是按照必然的顺序建立在它前的步骤之上的。这种严格的联结要求在基本的洞察方面达到最大的清晰性，而在基本洞察之上建立进一步的陈述时要依照有条不紊的顺序。这就是哲学要想成为真正科学的哲学所应该达到的那种严格

---

① Findlay J N. "Translator's introduction (abridged)", in Husserl E, *Logical investigations* (Vol. 1), New York: Routledge, 2001, p. lxxviii.

② ［德］卡西尔：《人论》，甘阳译，上海译文出版社1985年版，263页。

③ ［美］瓦托夫斯基：《科学思想的概念基础——科学哲学导论》，范岱年译，求实出版社1989年版，第12页。

性"①。只有在"科学"一词的这个意义上,心理学才能是"科学",而且必然是最严格意义上的"科学"。

三 心理学的抉择和未来

上文从"科学心理学"的目的而展开的关于"科学"的范畴含义的颇富"哲学"味道的讨论,无疑将会在心理学作为"专业"的范围内普遍引起一种狐疑:这一切与心理学及科学心理学有何关系?面对这种狐疑,我们除了哀叹这真是一种不幸之外,也必须拿出勇气直面它,并利用我们的智慧化解它,因为,从过去历史的眼光看,这种狐疑正决定于,并体现了"科学心理学"的自我抉择;从未来历史的眼光看,也正是这种狐疑构成了阻碍心理学真正实现它自身的一道厚重的思想屏障。换言之,这种狐疑作为关于心理学的思想态度,对心理学的存在而言,是生死攸关的。

上文论证同时也暗示了,从近代哲学所实现的思维方式向现代哲学所实现或追求的思维方式的过渡,是人类思维及其历史的不可逆转的进步的趋势,并因而构成我们据以理解心理学及其历史和它的理论基础的思想的坐标。以这个思想坐标为背景,我们立即就可以把握"科学心理学"的历史性质。从一个方面来说,促成心理学作为"科学"的发展的历史动力,是要远离哲学,似乎心理学远离哲学的同时自然地就是向科学的接近;从另一方面来说,哲学思维实现从它的近代形式向它的现代形式的过渡,是发生在心理学作为一门独立科学诞生之后的事情。所以,心理学远离哲学的历史趋势决定了,现代哲学所实现的思维方式及其蕴含的世界图景,是作为"科学"的心理学所不了解的。正因为如此,在心理学作为"科学"的范围内,对"科学"的范畴含义的理解,绝不是发生在上文讨论据以展开所依赖的如胡塞尔、卡西尔、瓦托夫斯基等人的思想的水平上,而是发生在如瓦托夫斯基所说的那种"通过研究科学本身所达到的理解"的水平上。所以,对于理解"科学心理学"的信念

---

① [美]施皮格伯格:《现象学运动》,王炳文、张金言译,商务印书馆1995年版,第129页。

及其作为"科学"而言,更加亲切的概念史背景是实际发生了的科学的历史所塑造的"科学"的形态。这种"科学",如前所述,就是胡塞尔所洞悉到的"自然的思维态度"在理论上的实现,也就是我们现在所拥有的物理自然科学。关于这种科学,瓦托夫斯基概括说:"科学从事实验;作出发现;进行测量和观察;它建立起解释事物的方式和原因的各种理论;发明出技术和工具;提出建议和安排;它作出假设并进行检验;它提出种种有关自然界的问题并加以解答;它进行猜测、反驳、证实和否证;它将真理与谬误相区分,将明智与愚蠢相区分;它告诉你如何达到你想要去的地方,如何做你想要做的事情。"① 这种"科学"所具备的所有这些特征,都可以在"科学心理学"的信念及其历史追求中亲切地观察到,就是因为这种"科学心理学"是自觉地以对这种"科学"的模仿而实现出来的。

然而,关于这种"科学心理学"作为"科学"的历史及其产物,我们同样可以借用瓦托夫斯基针对一般科学而指出的这样一个困境:"在我们这种矛盾心理的根源处,存在着这样一种感觉,即不知怎么地科学已经为它的成功付出了代价。"② 事实上,在心理学的范围内,批评家们在不那么系统化的意义上,亦洞察到并指出了心理学作为"科学"的追求和实现所付出的代价,其典型的研究结论如英国心理学家乔因森所指出的那样,"现代心理学作为一部历史,它所记录的,不是科学的进步,而是人类理智的退化"③。对于瓦托夫斯基所指出的这种"不知"的"怎么",只有从譬如"科学心理学"将科学的形式特征从科学作为它的形式和质料的统一中抽象出来,并进而仅仅从其形式特征来理解科学的那种狭隘观点中解脱出来,并如瓦托夫斯基那样通过考察"科学"怎样"从前科学的种种前后联系中"产生出来的历史过程,④ 或者如卡西尔那样通

---

① [美]瓦托夫斯基:《科学思想的概念基础——科学哲学导论》,范岱年译,求实出版社1989年版,第7页。
② [美]瓦托夫斯基:《科学思想的概念基础——科学哲学导论》,范岱年译,求实出版社1989年版,第8页。
③ Joynson R. B. , "The breakdown of modern psychology", In M. H. Marx and F. E. Goodson, eds. *Theories in Contemporary Psychology*, MacMillan Publishing Co. , Inc, 1976, pp. 104 – 117.
④ [美]瓦托夫斯基:《科学思想的概念基础——科学哲学导论》,范岱年译,求实出版社1989年版,第58页。

过把科学的问题"往下追溯到更远的根源",① 才能有所知并自觉其结果。所以，瓦托夫斯基进一步指出，"但是对于科学的许多畏惧以及许多期望都是建立在无知的基础之上的"②，这个"无知"，就是无知于科学怎样"从前科学的种种前后联系中"产生出来的历史，无知于科学在人类历史中的"更远的根源"。特别是对于心理学这门特殊的"科学"来说，还必须真切地体验到胡塞尔关于"自然的思维态度"和"哲学的思维态度"及其差异性的洞察，才有可能超越"科学心理学"作为"科学"的历史及其产物所引起的种种困境，并跟进人类思维作为整体的历史进入现代哲学的理论视域，得以追求并实现类似胡塞尔的现象学作为"严格科学的哲学"或"严格科学的心理学"那种意义上的"科学"。只有这样，心理学才能在理论上既获得关于它的历史的自我否定的勇气，又获得关于它的未来的自我确认的力量，在放弃它在历史上以"科学心理学"的形式所追求的、以近代哲学思维方式为背景的那种狭隘的科学观的同时，转而以现代哲学及其阐明的"科学"的范畴含义为参照，谋求实现它的理论思维方式的整体转换，进而有可能实现按照它的内在本性必然是什么的那种真正严格意义上的"科学"的形态。

关于心理学按照它的内在本性必然是什么的那种在真正严格意义上"科学"的理论形态的构想和论证，已超出本文的主题和篇幅，并将构成心理学在未来实现它自身的长期而艰难的任务。这里可以一般地指出其意义。施皮格伯格在向实证主义和行为主义作为文化气质盛行的国度介绍现象学时评述说："我相信，适当而不是夸大其辞地介绍的现象学……在英美哲学的现在这个关头有其明确的使命。我认为，现象学的某些分析可能有助于消除横在真正经验主义道路上的某些障碍。我所指的特别是狭隘的实证主义和独断的行为主义，它们要对英美范围以内和英美范围以外的哲学界或非哲学界对哲学的挫折感和贫乏感负主要责任。"③ 把这个评述中的"哲学"替换为"心理学"，其意义是同样甚至更加真实而有效的。时至今日，主要作为美国文化史产物的所谓主流心理学，依然

---

① ［德］卡西尔:《人论》，甘阳译，上海译文出版社 1985 年版，264 页。
② ［美］瓦托夫斯基:《科学思想的概念基础——科学哲学导论》，范岱年译，求实出版社 1989 年版，第 9 页。
③ ［美］施皮格伯格:《现象学运动》，王炳文、张金言译，商务印书馆 1995 年版，第 5 页。

乐于把自己标榜为"自然科学"或自然科学意义上的"科学",并以此感到荣耀。身处这种心理学之中的心理学家,虽然当他沉浸于他自己的研究工作时,他对于他自己的研究工作的"科学"的性质和价值是心怀满意的,但当他暂时地从他的研究工作中抽身出来而回归日常生活、并因而获得更加开阔的生活视野和更大的心灵自由时,却又对自己工作的价值和意义深感迷惘。心理学家的这种生存状态同样是很耐人寻味的,因为正是在这种迷惘中,既包含着对历史的自我否定的原始冲动,又孕育着对未来的自我实现的一线希望。

［该文刊于《上海师范大学学报》（哲学社会科学版）2012 年第 4 期,第二作者祁晓杰］

科学心理学的观念及其范畴含义解析

一 引言

如所周知,自19世纪中叶以来,关于心理学作为科学的观念或理想普遍兴起,并构成心理学家们理论追求的目标。而且,正是对这个目标的追求及其实践,是现代意义上的科学心理学区别于以往的哲学心理学的根本标志;也正是追求实现这个理论目标的百余年学术实践所取得的理论内容,塑造了现代意义上的科学心理学及其历史作为整体的基本面貌。然而,在科学心理学正在孕育并诞生的那个时代,无论是关于"科学"是什么的理解,还是关于"心理学"是什么的理解,都还很不清晰,所以,关于"科学心理学"这个观念的理论内涵以及由此决定的它的范畴含义的理解,自然也是不清晰的。因此,追求实现科学心理学理想的学术实践,也必然表现为在盲目性的黑暗中摸索着前进的历史过程。

今天的我们作为历史的后继者,由于拥有历史透视的优越性,终于发现,关于科学是什么的探索和理解,与关于心理学是什么的探索和理解,是密切关联、相互制约的:在关于科学是什么的一种理解方式中,蕴含着一种关于心理学是什么的理解,而在关于科学是什么的另一种理解方式中,蕴含着另外一种关于心理学是什么的理解;反之亦然,在关于心理学是什么的一种理解方式中,蕴含着一种新的思想的力量,这种思想的力量必将拓展关于科学的范畴含义的理解,从而同时实现关于心理学、科学及科学心理学的理解方式的整体转换,但关于心理学的另外一种理解方式,无非是对旧有的思想要素的重新排列,由此实现的科学心理学,只能是心理学与科学之间的一种貌合神离的外在的机械组合,并将导致科学心理学作为心理学的自我异化。正是关于科学是什么的探索和理解与关于心理学是什么的探索和理解之间密切关联、相互制约的这种错综复杂的关系，决定了追求科学心理学理想的学术实践及其实现的科学心理学观念的理论内涵的差异性，也塑造了科学心理学观念的范畴含义的差异或对立。结合心理学的现实的历史，我们可以具体地指出，这种差异性的历史的实现，就是现在我们所熟知的在心理学作为科学的整体的背景中，它的现象学传统或道路与它的科学主义传统或道路之间的对峙关系。因此，我们才发现，这两个思想传统的心理学家，各自坚信他们自己的心理学是真正严格意义上的"科学的"，同时又否定对方的心理学的科学性，或挑战它的非科学性。

那么，"科学心理学"究竟是什么呢？心理学究竟在何种意义上是"科学"呢？上述两个思想传统的心理学家各自的坚持与否定或挑战，究竟是一种我们可以以类似无政府主义的态度同时加以接受或欢迎的平行关系呢？抑或它们的对立反映或体现了某种普遍的历史的和逻辑的必然性？只有通过对关于科学和关于心理学的探索和理解的上述错综复杂关系的历史分析，才能阐明科学心理学观念的范畴含义，并回答上述问题，进而有效地理解科学心理学的历史，并批判地反思它的理论基础。

二 关于科学观念的范畴含义的理解史概述

上述背景讨论意味着，心理学作为科学的发展史，与关于科学的范畴含义的理解史是紧密交织在一起而彼此不能分离的，乃至于可以说，不了解关于科学的范畴含义的理解史，就不可能真正理解心理学及其作为科学的发展史。所以，为了理解心理学及其作为科学的历史，并在此基础上阐明科学心理学观念的范畴含义，还必须批判地考察关于科学的范畴含义的理解的历史。

首先可以确定无疑地指出的是，对现代人而言，科学观念的历史原型是自然科学。因此，为了理解科学的观念，就必须要了解自然科学的历史和性质。然而，自文艺复兴以来，自然科学以它自己的方式在它自己的各领域内稳定而连续地积累知识并取得进步，至19世纪中叶时已发展成为足以支配人的世界观的人类历史的主导力量之一。——从这个背景看，关于心理学作为"科学"的观念，只有在由自然科学的充分发展所塑造的这种世界观中才是可能的；事实上，从这个意义上说，心理学作为"科学"的观念的兴起，正是以此为背景的。——但是，关于自然科学究竟是什么，关于它的历史、它的性质、它的方法、它的发展规律，以及它的社会历史作用等，关于所有这些超出了由自然科学本身的自主发展所形成的那些作为自然科学的理论内容之外的问题，尚未引起人们的反思和探索。——但我们发现，正是这些问题所隐含的答案，构成了自然科学及其发展以及我们据以理解自然科学的基础。——对这些问题的系统研究也都是19世纪中叶以后才开始的，并形成了诸如（自然）科学史、科学哲学、科学社会学等专门的研究领域，从而逐步深化了我们对自然科学以及在"自然科学"观念的基础上衍生出来的"科学"的观念的理解。

关于科学的观念和自然科学作为它的历史原型之间的关系，形成了两种若以历史的坐标为参照则立即可以把握到其逻辑的形态或方向之不同的理解方式。其一是因为受制约于由自然科学的历史成就而引起的情感力量，赋予自然科学以真理的普遍意义，似乎只有（自然）科学才是真理，并构成我们的世界图景的整体。在这种理解中，科学被一般地等同于自然科学，是对历史地、分门别类地实现了的诸自然科学的统称。由此形成的科学的观念，决定于其历史发生的逻辑，被笼罩在自然科学作为它的历史原型的阴影之中，而不可能超越自然科学。由关于科学的这个观念引导的科学心理学的追求与实践，就是要把心理学发展成为自然科学意义上的科学或它的一个学科门类。

历史地看，自然科学是人类思维的一个特定的历史形态的产物。用最具理论概括力的话来说，人类思维的这个历史形态，就是（西方）近代哲学，它所遵循或体现的思想逻辑，就是关于"物质"或"身体"与"心灵"或"意识"的二元分裂或对峙。以近代哲学的这种二元论的思维方式为背景，我们立即就可以把握到以下两个主题。第一，作为自然科学研究对象的"物质"或"身体"，与作为心理学研究对象的"心灵"或"意识"，虽然它们本身在原则上是相互对峙、彼此对立的，但只有二者相加而成之和，才构成二元论世界图景的整体，因为这就是二元论思想逻辑的本意。因此，在世界观的意义上，无论是坚持唯物主义一元论，还是坚持唯心主义一元论，都是对世界图景作为整体的破坏，由此把握到的世界，都是残缺不全的。第二，在二元论思维方式中，自然科学是以非此即彼的排他的方式专门针对其中的物质实体及其世界图景而建立起来,并是在这个范围内有效的人类思维的历史成就,而心理学恰恰是针对其中的心灵实体及其世界图景而建立起来、并是在这个范围内有效的人类思维的历史成就。在这个背景中,"科学"和"心理学"必然构成人类思维所拥有的两种不同性质的知识体系,二者之间即使不说是彼此对立的,也必然是相互无关的,并共同构成二元论思维方式的世界图景的整体。因此,一方面,既不能用科学所揭示的关于物质或身体的存在逻辑,来取消心理学所揭示的关于心灵或意识的存在逻辑,也不能相反地用心理学所揭示的关于心灵或意识的存在逻辑,来取消科学所揭示的关于物质或身体的存在逻辑;另一方面,既不能用科学所揭示的关于物质或身体的存在逻辑,来说明心灵或意识的存在,也不能相反地用心理学所揭示的关于心灵或意识的存在逻辑,来说明物质或身体的存在。

然而,受到关于科学作为自然科学的观念的制约,关于心理学作为自然科学的科学心理学传统,深陷二元论的思维方式,却又对它自己的这个处境不甚自觉,于是坚定地用自然科学所揭示的关于物质或身体的存在逻辑来取消心理学所揭示的关于心灵或意识的存在逻辑,或是用自然科学所揭示的关于物质或身体的存在逻辑,来说明心灵或意识的存在,从而使它自己作为心理学走向了自我异化。[①] 这就是在关于心理学作为自然科学的科学心理学传统中,各种形式的物理主义还原论大行其道的根源,也是为什么瓦托夫斯基针对一般科学的一个论断当应用于心理学的主流历史时尤其易于引起共鸣的根本原因:"在我们这种矛盾心理的根源处,存在着这样一种感觉,即不知怎么地科学已经为它的成功付出了代价";"但是对于科学的许多畏惧以及许多期望都是建立在(对科学的)无知的基础之上的。"[②]

正是面对(自然)科学的自主发展就要把我们的世界图景变得残缺不全的危险,19世纪末20世纪初的思想家们开始深入反思(自然)科学的性质,并由此将我们关于(自然)科学的理解引导到现代哲学作为人类思维的一个新的历史形态。——事实上,这种反思构成了推动哲学思维的现代转换的历史动力之一。这就是关于"科学"的观念及其与自然

[①] 高申春、祁晓杰:《科学的含义与心理学的未来》,《上海师范大学学报》2012年第4期。
[②] [美]瓦托夫斯基:《科学思想的概念基础——科学哲学导论》,范岱年译,求实出版社1989年版,第8、9页。

科学作为它的历史原型之间关系的第二种理解方式。

按现代哲学的理解，不存在抽象的"科学"：科学作为人类把握世界的一种知识形式，必然同时关涉它的知识的对象、质料或实质。因此，必须同时从它的形式和它的质料或实质两方面及其统一出发，才能完整地理解或把握"科学"的本意，并实现科学。在这个前提下，就它的形式而言，科学表现为一个逻辑上首尾一贯的系统化的概念体系。但历史证明，在"科学"的观念已经普遍盛行并取得占优势支配地位的现代世界，从质料或实质的方面来理解科学的范畴含义，远比从形式方面来理解科学的范畴含义重要得多。例如，瓦托夫斯基就在科学哲学的水平上指出："从科学与常识的联系中理解科学并在这里发现科学与人文学的共同根源，如此所达到的对科学的理解与通过研究科学本身所达到的理解不同。"① 按卡西尔的解说，"人类经验的原初材料是处在一种全然无秩序的状态之中的"②；科学是继语言、神话、宗教之后，人类赋予自己经验的原初材料以秩序、组织或结构的那同一种生存的必然性要求在现代世界的实现形式。确实，正是在人类经验的原初材料中，隐藏着包括科学在内的全部人类生活的秘密的核心。胡塞尔也正是通过对人类经验的原初材料的性质的批判性反思，洞悉到了人类思维的两种理论态度，即"自然的思维态度"和"哲学的思维态度"或现象学的思维态度，并通过他的努力指明了，其中自然的思维态度，原来是哲学的思维态度或现象学的思维态度的派生物。这个区分立即预示了"科学"一词的两种不同的范畴含义及其有效性的领域或限度。其中，自然的思维态度无疑也是以人类经验的原初材料为基础的，但这种态度同时非反思地"导致对实体存在的间接设定"："在自然的思维态度中，我们的直观和思维面对着事物，这些事物被给予我们，并且是自明地被给予，尽管是以不同的方式和在不同的存在形式中，并且根据认识起源和认识阶段而定。"③ 这种思维态度的历史的实现，就是我们现在拥有的自然科学，它直接面对"事物"，面对"间接设定的"的"实体存在"，却意识不到从经验的"原初材料"到"事物"或"实体存在"的"设定"的过渡或"超越"，

---

① ［美］瓦托夫斯基：《科学思想的概念基础——科学哲学导论》，范岱年译，求实出版社 1989 年版，第 12 页。

② ［德］卡西尔：《人论》，甘阳译，上海译文出版社 1985 年版，第 264 页。

③ ［德］胡塞尔：《现象学的观念》，倪梁康译，上海译文出版社 1986 年版，第 22、19 页。

原来是自然科学意义上的科学的认识论盲点。——从这个意义上来说，"科学"不应该是心理学的目的，而成为心理学的对象：心理学通过对人类认识如何"超越"经验的"原初材料"而达到对"事物"的把握的必然性的直观阐释，化解自然科学意义上的科学的这个认识论盲点，从而帮助科学走向自觉。——胡塞尔为他自己确定的任务，就是具体地，并尽可能系统地阐明从人类经验的"原初材料"到"事物"的"超越"的过程和机理，并实现为譬如说在《逻辑研究》中所完成的那种无论就规模还是就深度而言都堪称是"前无古人，后无来者"，从而得以勘定"意识经验的基本文法"①的分析工作。正是在这种分析中，蕴含着一个全新的关于科学的观念。按施皮格伯格对胡塞尔的解释，这个科学的观念就是："科学表示由理性联结起来的知识系统，其中每一个步骤都是按照必然的顺序建立在它先前的步骤之上的。这种严格的联结要求在基本的洞察方面达到最大的清晰性，而在基本洞察之上建立进一步的陈述时要依照有条不紊的顺序。这就是哲学要想成为真正科学的哲学所应该达到的那种严格性。"②

因此，与在近代哲学思维中所把握到的科学的观念被笼罩在自然科学作为它的历史原型的阴影之中不同，现代哲学思维中的科学的观念，是要通过自然科学作为它的历史原型的台阶而超越自然科学，以达到一种关于"科学"本身的普遍理解，在这种理解中，自然科学成了科学的一种特殊的表现形态。对此，我们还可以通过对布伦塔诺的开创历史的思维动向及其在胡塞尔那里产生的思想成果的考察，回过头来进一步地加以理解。

三　关于科学的现象学理解与科学心理学的现象学道路

在现代哲学背景中，导向关于心理学作为科学的现象学传统的那种

---

① Findlay J N, Translator's introduction (abridged), in Husserl E. *Logical investigations*, Vol. I, New York: Routledge, 2001, p. lxxviii.
② ［美］施皮格伯格：《现象学运动》，王炳文、张金言译，商务印书馆1995年版，第129页。

关于自然科学及科学观念的范畴含义的理解方式的思想路线，源自于布伦塔诺的心理学思考，正是布伦塔诺的这种心理学思考，开启了包括胡塞尔的现象学在内的关于自然科学及科学的一种新的理解方式。在《经验观点的心理学》一书中，为了论证心理学是什么，布伦塔诺区分了心理现象与物理现象，并论证了它们之间的本质的差异性。在这些论证中，最引人注意，而且对后来的历史真正产生了广泛而深远的影响，并将彻底改变我们对自然科学的理解方式的一点，就是他关于心理现象之"意向性"的那一段论述。他指出："每一种心理现象，都是以中世纪经院哲学家所说的某一对象的意向的（或心理的）内存在为特征的，是以我们或可称之为——虽然这个说法不是完全没有歧义的——对于某内容的关联性、对于某对象（这里所谓对象，不应该被理解为意指一个真实存在的事物）的指向性为特征的，或者说是以内在的对象性为特征的。每一种心理现象都将某种事物作为对象包含于自身之中，虽然不同种类的心理现象不是以相同的方式将这些事物各自作为对象包含在自身之中。在表象中，有某种事物被表象；在判断中，有某种事物被肯定或否定；在爱或恨当中，有某种事物被爱或被恨；在欲望当中，有某种事物被欲望，如此等等。"① 对此，他并进一步补充说明道："这种意向的内存在是心理现象所独有的特征。没有哪一种物理现象表现出与此相类似的特征。所以，我们可以以这样的说法来定义心理现象：它们是那些意向地将某一对象包含在它们自身之中的现象。"②

仔细推敲布伦塔诺的这一段论述可以发现，如他自己所已感觉到并指出的那样，其中的内容不是没有歧义的。事实上，我们可以指出，亦如有关布伦塔诺的研究文献所证明的那样，这些内容可以引导出多种不同的甚至是相互对立的解释。客观地说，这种歧义性不是布伦塔诺的过错，而是人类思维的历史的局限性所决定的。关于这些问题，这里当然不能展开讨论，但需要指出的是，布伦塔诺的这种关于心理学的思考，隐含着一种关于自然科学的理解方式，这种理解方式，虽然他自己没有能够明确地把它揭示出来，但终于成为他的学生胡塞尔终身探究，并取得历史性突破的理论主题之一。总的来说，这一段论述突显了这样一个

---

① Brentano F, *Psychology from an empirical standpoint*, London: Routledge, 1995, p. 89.
② Brentano F, *Psychology from an empirical standpoint*, London: Routledge, 1995, p. 89.

主题，即："对象"或"事物"，原来是心理现象或意识的存在属性。因此，对于"对象"或"事物"的完全的理解，必将取决于心理学对构成全部心理现象之总域的意识的极其复杂多变的样态、内容、活动及活动的成就或结果等的系统而细密的分析，这种系统而细密的分析工作，将构成胡塞尔的现象学心理学的实质内容。以这个思想路线来设想自然科学所研究的"对象"或"事物"，必将对传统意义上的自然科学的世界观和科学观产生彻底颠覆性的变革意义：自然科学的世界及其具体的事物，原来是在一个"确定的、特殊的意识方式"及其活动的基础上被"设定"的①——这种意识方式及其活动，就是胡塞尔总体地称之为"自然的思维态度"的那种意识方式及其活动；"不管物理的物是什么，……它们都是作为可经验的物理物而存在的。正是经验本身规定着它们的意义，而且，由于我们在这里谈论的是实际存在的物理物，所以，正是实显的经验（actual experience）本身在其已明确地确定了秩序的体验联结体（definitely ordered experiential concatenations）中进行这样的规定。但是，如果包含在经验之中的各种心理过程，特别是知觉物理物的那种基本的心理过程，能够被我们加以本质的考察，而且，如果我们能够在这些心理过程中分辨出本质的可能性和必然性（恰如我们显然能够做到的那样），并因而能够明证地追踪受动机支配的体验联结体的本质上可能的各种变体，那么，结果就产生了我们的事实经验的相关物，这个相关物被称作'现实世界'，作为多种可能世界和周围世界之中的一个特例，而这些可能世界或周围世界，无非是'体验的意识（an experiencing consciousness）'这个观念的在本质上可能的各种变体的相关物，而'体验的意识'在各种不同情况下包含着秩序性程度不同的体验联结体"②。这种本质地考察并明证地追踪"体验的意识"在各种不同条件下本质上可能的各种变体，并把握其必然性，实质上就是胡塞尔所说的"哲学的思维态度"或现象学的思维态度。

通过胡塞尔的论证，我们可以看到，自然的思维态度只有被放置在哲学的或现象学的思维态度的背景中，才是可理解的，它实际上是由现

---

① ［德］胡塞尔：《纯粹现象学通论》，李幼蒸译，商务印书馆1995年版，第96页。
② Husserl E, *Ideas pertaining to a pure phenomenology and to a phenomenological philosophy* (*First book*), Hingham, MA: Kluwer Boston, Inc., 1982, p.106.

象学的本质考察所揭示出来的意识的极其复杂多变的活动形式的一个特例。在这个意义上可以说，自然科学无非就是意识的这种特殊的活动形式以具体的理论内容得到充实的实现，而作为自然科学研究对象的"事物"或"物理世界"，不是超越意识之外的自在实体，而是意识在特定条件下所包含的体验联结体受它自身的必然性的支配而作出的"设定"，或者说是它的相关物。由此，我们可以进一步把握到以下三点。第一，如果我们把现象学的本质考察对意识的全部各种活动形式及其具体的内在环节之间的关系或必然性的揭示理解为心理学，那么，自然科学便成了心理学的极特殊的形式或内容之一。这就是前面说自然科学不应该是心理学的目的，而应该成为心理学的对象的更深一层的含义。第二，在这个理解背景中，经由自然科学的存在而引申出的科学的观念，其范畴含义可以恰当地规定为意识的全部各种活动形式及其具体的内在环节之间的关系所构成的必然性的整体。这种意义上的科学，亦即胡塞尔所说的现象学的科学，正因为它是必然的，所以是普遍有效的真理。而且，对于意识的全部各种活动形式及其具体的内在环节之间关系的揭示，只有通过现象学的本质考察、通过在直观中洞察意识内容的意义，才是可能的，所以，这种意义上的科学，也必然是最严格意义上的科学，如前面已经引述过的施皮格伯格对胡塞尔的解释所显示的那样。第三，由于由布伦塔诺和胡塞尔开创的这种关于科学的范畴含义的理解方式及其思想路线，是最紧密地在与他们关于心理学按照它的内在本性必然是什么的不懈追问的关系背景中形成的，所以，这种意义上的科学，是必然地、内在地与心理学相统一的，由此形成的科学心理学的观念及其实践的道路，就是现象学心理学的道路。换句话说，关于心理学作为科学的观念，只有实现为这种意义上的科学，才能真正实现它自身。

四 关于科学的自然科学理解与科学心理学的科学主义道路

以上讨论是以人类思维的进步的历史为坐标，对"科学"及"科学心理学"观念的范畴含义的阐明，并从这个特定的角度，补充说明人类思维的进步的历程。然而，亦如所周知，对关于心理学作为科学的观念或理想的历史追求，由布伦塔诺和胡塞尔开创的上述现象学的传统或道路，远未构成心理学史的主流；相反，构成心理学作为整体的历史发展的主流趋势的，是由冯特引导的科学主义传统或道路。在由冯特引导的关于心理学作为科学的科学主义传统中，当然也包含着一种关于科学的范畴含义的理解，而且，从这个角度说，主流的科学心理学就是对这种意义上的科学的追求和实现。所以，还必须在与布伦塔诺和胡塞尔所阐明的现象学传统的关于科学的范畴含义的理解方式的对照关系中，尽可能阐明由冯特引导的主流的科学心理学关于科学的范畴含义的理解方式，进而才有可能揭示由此实现的科学心理学的理论性质及其内在本质。

在具体地进行这种阐述之前，略费笔墨指出如下事实是值得的，因为这个事实对于理解我们这里正在讨论的问题而言颇具启发性。如所周知，就文本而言，胡塞尔的著作是晦涩的；就思想而言，胡塞尔的论证是细密而难懂的。上文为了阐述胡塞尔关于自然科学及科学的观念的理解而引证的那一段论述，就已经证明了这一点：如果不能以现象学意义上的明证的直观进入胡塞尔的思想视域，那么，上文所引述的那一段文字，其背后的意旨是难以把握到的。但尽管有这种理解的难度，毕竟胡塞尔阐明了在现象学的视域中，自然科学及科学究竟是什么，所以我们才能够以上述简明的方式把他关于自然科学及科学的思想呈现出来，并据以把握其中蕴含的关于心理学作为科学的观念的范畴含义。

然而，当我们试图以同样的策略来对待导向关于心理学作为科学的科学主义传统的那种关于自然科学及科学的范畴含义的理解方式时，我们却面临着一个意想不到的困难，因为严格说来，在关于心理学作为科学的科学主义传统的历史中，不曾有人系统而认真地论证过，它所追求的科学究竟是什么。这既决定于，也体现了科学主义传统的关于心理学作为科学的观念在理论上的盲目性。事实上，这里虽然不能展开论证，但可以总体地指出的是，任何在逻辑上彻底的意义上系统地尝试关于心理学作为它的科学主义传统所追求的那种科学的论证，都必将走向自己的反面；在心理学的历史中，如果说有人曾做过类似这样的工作，那便是詹姆斯，而詹姆斯心理学思想的发展却终于走向了作为他的心理学思想的出发点的对立面。[①] 因此，反过来说，正因为关于心理学作为科学的

---

① 高申春：《詹姆斯心理学的现象学转向及其理论意蕴》，《心理科学》2011年第4期。

科学主义传统不曾系统而认真地论证它所追求的科学是什么，所以它不可能洞察到它所追求的这种科学与心理学本身之间的异己的、对立的性质，并因而在盲目性中坚持不懈地追求这种科学，由此塑造了作为主流的科学心理学的充满理论盲路的历史。

关于导向心理学作为科学的科学主义传统的那种关于科学的范畴含义的理解方式或思想路线，我们只能笼统地说，在这种理解方式中，科学就是自然科学，或者说，科学被等同于自然科学，是从外部对自然科学作为科学的一般特征的描述或概括。如此理解的科学的范畴含义，就是瓦托夫斯基所说的那种"通过研究科学本身所达到的"关于"科学"的理解。关于这种科学，特别是它的形式特征，瓦托夫斯基概括说："科学从事实验；作出发现；进行测量和观察；它建立起解释事物的方式和原因的各种理论；发明出技术和工具；提出建议和安排；它作出假设并进行检验；它提出种种有关自然界的问题并加以解答；它进行猜测、反驳、证实和否证；它将真理与谬误相区分，将明智与愚蠢相区分；它告诉你如何达到你想要去的地方，如何做你想要做的事情。"① 虽然对置身于科学主义传统的心理学家而言，瓦托夫斯基关于这种科学及其特征的这个描述，必然显得更加亲切得多，因为他们所实践的科学心理学，正是自觉地以对这种科学的模仿而实现出来的，但结合前面的论证及其结论，不难理解：其一，这种意义上的科学和自然科学，只有在近代哲学的二元论的思维方式中才是有意义的，而不可能达到如布伦塔诺和胡塞尔所达到的关于科学和自然科学的那种统一的一元论的理解；其二，以这种关于科学和自然科学的理解为基础形成的科学心理学的观念，若被放置到前述人类思维的进步的历史坐标中加以考量，则立即可以发现，它不是顺应人类思维的进步的历史，并对这个历史做出自己的贡献，而是倒退回已被现代哲学及其思维方式否定或超越了的近代哲学及其思维方式之中，并因而决定了，它本身作为观念，无非是对彼此外在、相互对峙的两个旧有的思想要素即"（自然）科学"和"心理学"的机械组合。关于这一点，英国心理学家 Joynson② 通过考察作为主流的科学心理学经由行为主

---

① ［美］瓦托夫斯基：《科学思想的概念基础——科学哲学导论》，范岱年译，求实出版社1989年版，第7页。

② Joynson R. B., "The breakdown of modern psychology", in M. H. Marx and F. E. Goodson, eds. *Theories in Contemporary Psychology*, MacMillan Publishing Co., Inc, 1976, pp. 104 – 117.

义到认知心理学的"发展",也得出类似的结论认为,"现代心理学作为一部历史,它所记录的,不是科学的进步,而是人类理智的退化"。

正因为如此,所以,虽然科学主义传统的科学心理学构成了心理学史的主流,并在它的历史中取得丰富的理论内容——关于这个历史,我们这里不能展开论述——但就其实质而言,这种意义上的关于心理学作为科学的观念,无非是心理学追求实现为自然科学的存在的理想。从这个意义上说,正是对这个理想的追求,构成了科学主义传统的心理学的思想发展的几乎可以说是支配一切的、最高的历史动机:心理学可以不关心它自己是什么,亦即不关心关于它按照它自己的内在本性必然是什么的追问,但它一定要实现为自然科学的存在,而不管如此实现的它作为自然科学的存在是否还是它自身。Koch 曾把这种科学心理学的存在及其实践称为"失去意义的思想活动"(ameaningful thinking)①,并暗示了由此实现的科学心理学,只能是对心理学作为科学本身的异化。笔者亦曾在历史批判和理论反思的基础上指出,科学主义传统的心理学的历史发展轨迹,正是它能否作为自然科学意义上的科学而存在的尚未澄清的理论性质,与它的历史的科学追求之间的理论张力的历史展现。② 事实上,但凡熟悉作为自然科学的科学心理学的历史的人都知道,与这个历史相伴而生的,是各种形式的对这个历史的批判性反思;这些批判工作据以展开的根据,在逻辑上追根溯源,就是各种自觉程度不同的对上述现象学传统所揭示的关于科学及科学心理学观念的范畴含义的理论洞察,而这些批判工作所指向的一般结论,则都是对关于心理学作为自然科学的观念的质疑和否定。以未来历史的眼光来看,在主流的科学心理学的范围内,与它自己在肯定的意义上所取得的理论内容相比,对它的这些否定意义上的批判的意见或声音,是更加值得注意、值得欢迎的,因为正是在这些批判的意见或声音中,蕴含着心理学将在真正意义上全面实现为科学的可能和希望。

(该文刊于《心理科学》2013 年第 3 期,第二作者刘成刚)

---

① Leary, D. E., "One Big Idea, One Ultimate Concern: Sigmund Koch's Critique of Psychology and Hope for the Future", *American Psychologist*, Vol. 56, No. 5, 2001, pp. 425 – 432.

② 高申春:《范式论心理学史批判》,《自然辩证法研究》2005 年第 9 期。

科学心理学的观念与人文科学的逻辑奠基

一 引言

在其作为一门专业学科的水平上，关于心理学和它的历史发展及其理论职能等，我们有着几乎讲不完的故事和似乎谁也说服不了谁的争论，还经历着同时被一些人寄予厚望，又遭到另一些人拒绝甚至否定的困惑或尴尬。但是，当我们回归到常识的水平时，却可以拥有一个论者颇可引以为自豪、听者亦无从反驳的关于心理学的说法：但凡有人存在的地方，就有心理学。正因为这个说法是常识的，所以它的意义是普遍的，而且，当我们尝试以反思的态度进一步深究它的含义时，便可以引申出多种不同的理论思考的方向。例如，这话似乎可以意味着：心理学的实质内容，暂且不管它会是什么，无论就其在共时性思维中展现的广度，还是在历时性思维中折射的深度，都与人的存在及其活动和历史是同构的；正是构成心理学的那些实质内容，描述并表征了人之为人的独特的规定性——人因此才成为人；包括科学和人文科学在内的全部人的世界，就其属人的性质而言，必然是构成心理学之实质内容的那些要素和过程的结果，并以之为基础；如此等等。概言之，这个说法以常识特有的性质和方式，包含着并表达了心理学真理的胚芽，虽然如詹姆斯指出的那样，但这并不意味着，对这个常识的任意形式的概念发挥，都将是自在地对心理学真理的实现。[①] 专业心理学家的职业本分，就是努力以实质的理论内容来充实上述说法潜在地包含的心理学观念，以确立心理学的理

---

① James W., *Principles of psychology* (Vol.1), New York, NY: Mcmillan and Co, 1890/1907.

论同一性,并因而才能胜任并执行他们及其学科在人类社会生活作为整体中承担的理论职能。因此,反过来说,能否胜任并执行这种职能,成为我们据以检验一种心理学体系之真理性的途径之一。

事实上,以上述常识的理解为出发点,从其中隐含的心理学在人类社会生活和人类思想世界中承担的职能或使命的角度构思心理学必然是什么,是引导现代意义上的科学心理学历史发展的动力之一,由此形成的就是在现代心理学作为整体的背景中,为论证方便起见可以统一地称之为现象学心理学的传统或道路。也正因为如此,尽管现象学心理学作为心理学的实质内容远未达到完成的状态,但无论如何,如20世纪以来的思想史所普遍证明的那样,它以其已经取得的成就富有成效地实现了为在广义上甚至包括自然科学在内的全部人文世界奠定基础的逻辑职能,从而促进了人类思想的发展。这个关系还反过来意味深长地暗示着,只有现象学心理学才是对心理学按照它的内在本性必然是什么的理论表达。所以,回顾历史,我们发现,从布伦塔诺到胡塞尔的连续的思想发展,正是在与人类思想作为整体的关系背景中,明确而自觉地以心理学为主题,积极地探寻它必然是什么,并由此在获得关于心理学是什么的肯定回答的同时,实现心理学对人文科学的逻辑奠基。从另一角度看,当我们考察20世纪思想发展的一般趋势如卡西尔的符号形式哲学时,我们发现,其中隐含着一种系统化的关于心理学必然是什么的理解:正是这种心理学在它作为体系中执行着逻辑奠基的职能,但也正是因为这种心理学在其中未能上升为主题,或者说是这种心理学在其中作为主题的缺位,才决定了这个体系的未完成性或不彻底性;为了澄清这个体系的结构,就不得不将其隐而不显的心理学明确地揭示出来,而由此揭示出来的心理学,就其一切本质特征而言,与现象学心理学是一致的和同质的——正是以这种被动的方式,这个体系肯定地暗示了心理学必然是什么,并由此为它的现象学道路提供了一个独立的历史证明。①

总之,只有当心理学在按照它的内在本性必然是什么的追问中获得其理论的实现时,它才能有效地执行为全部人文科学奠定基础的逻辑职能;反过来说,只有以人类思想作为整体为背景,并在这个背景中通过

---

① 高申春、甄洁:《卡西尔与心理学的现象学道路》,《华中师范大学学报》(人文社会科学版)2018年第6期。

考察并阐明心理学在其中承担的职能,才能揭示心理学按照它的内在本性必然是什么,并追求实现其理论的形态。从本质上讲,这两个方面是互相促进而系统地统一的。同时,这个关系还从否定的方面暗示着,一切以异化的形式实现的心理学,都不可能真正承担起为人文科学奠基的逻辑职能,并因而违背了我们的常识。

二 科学心理学观念的兴起及其引导的思想史困境

19 世纪中叶,科学心理学的观念,亦即关于心理学作为(一门)科学的理想普遍兴起。概言之,这个观念的兴起是极端错综复杂的思想史背景的产物,特别是自然科学自近代以来连续进步的历史和成就塑造我们现代人世界观的产物。① 但无论如何,它在兴起之后便立即获得相对独立性而融入那个时代的思想史趋势,并构成其历史动力学过程中甚至是最具主导性的思想史力量之一:正是对这个观念的真理性含义的探索和追求,引导了 20 世纪思想史进程,并促成了人类思维方式及其隐含的世界观的历史转型。

只要我们不是从这个观念由以兴起的思想史背景中游离出来孤立地思考它,而是在与这个思想史背景的紧密联系中系统地追问并反思它,我们立即就可以洞察到,以一种简单化地、想当然地认为"科学"就是"自然科学"的朴素态度来对待这个观念是行不通的。这是因为,近代哲学作为思维方式的思想逻辑决定了,在它的二元论世界观中,"心"的实体和作为对这个实体之理论展开的"心理学",与"物"的实体和作为对这个实体之理论展开的"自然科学"(其中包括"身"和"生理学"),是同等有效地并列对峙的,并在相加而成之和的意义上共同构成二元论世界观的整体;若想当然地认为"科学"就是"自然科学",并由此构想心理学作为科学的观念,从而形成关于心理学作为自然科学的观念,那便意味着,在二元论世界观中,无限膨胀地赋予"物"和"自然科学"以本体论上有效的地位,乃至于最后完全地占据二元论的思想空间而走

---

① 高申春、刘成刚:《科学心理学的观念及其范畴含义解析》,《心理科学》2013 年第 3 期。

向科学唯物主义一元论，从而取消了"心"和"心理学"，也因此违背了二元论世界观的思想逻辑。所以，在近代哲学二元论思维方式中，关于心理学作为（自然）科学的观念是不可设想的。这也是以下历史事实的根本原因：直到19世纪中叶，伴随着近代历史及自然科学的发展，不时兴起以自然科学为依据倡导"科学心理学"的动机和方案，其典型代表者如赫尔巴特的设想①，但都未能真正融入并主导近代人类及其思想的历史。只是到了19世纪中叶，自然科学以其连续进步的历史而累积起来的成就给人以如此深刻的印象，乃至于在塑造我们现代人的世界观方面产生了其他任何思想力量难以匹敌、越来越具有决定性的影响，并以一种在当时我们还不能理解其性质的必然性将人类思想普遍引导到科学的道路。正是在这个世界观背景中，心理学作为科学的观念才随着这种历史的必然性一起兴起。

因此，表面看来，人类思想在这里陷入了一个历史的困境，将人类思想从这个困境中拯救出来，便成为那个时代思想家们的历史使命。由于心理学如后来的历史所证明的那样，在人类思想作为整体中占据着一个极特殊的地位，这个困境还特别集中地体现在关于心理学作为科学的观念或理想。又因此，反过来说，对心理学作为科学的观念及其是什么的系统的反思和追问，必将要求突破"心"和"心理学"及"物"和"（自然）科学"各自在二元论思维方式中所固有的含义，从而整体地超越近代哲学及其思维方式和思想逻辑，同时实现在其中关于心理学作为科学的观念能够合乎逻辑地加以理解的一种新的思维方式，即现代哲学作为思维方式的那种思维方式。从这个角度说，现代哲学的兴起，原来是心理学作为科学的观念追求自我实现的产物；它所确立的，是这个观念能够在系统的合理的意义上加以理解所必然要求的那个思想逻辑。也正因为如此，所以，结合20世纪以来思想发展的实际历史来看，正是由此实现的这种科学心理学，为现代世界及其具体存在形态作为人文科学奠定了基础。

---

① 参见高觉敷《西方近代心理学史》，人民教育出版社1982年版。

三　布伦塔诺的科学心理学理想

在这个方向上迈出决定性的第一步的，是作为现代心理学创始人之一的布伦塔诺。与同时代人相比，他更有效、更强有力地代表了心理学作为科学的观念正在兴起的思想史趋势，并为心理学在后来由胡塞尔揭示出来的现象学作为严格科学的意义上实现为科学铺平了道路。

如上文所已暗示，科学心理学观念的兴起，就其肯定的方面说，是自然科学及其历史和成就影响并塑造我们现代人世界观的产物；但就其否定的方面说，是对以二元论思维方式为根本特征的传统哲学危机的反应。在这个背景中，如德国学者 Martin Kusch[①] 强调的那样，与被称为"生理学家的哲学家（physiologist - philosopher）"的冯特等人相比，布伦塔诺是一个受过系统的、严格的哲学训练的哲学家。这个历史事实的理论意义是很耐人寻味的，这里虽限于篇幅不能展开，但可以结合上文论证指出其一般特征。概言之，布伦塔诺关于科学心理学观念的构想，是系统地以 19 世纪中叶思想史发展的一般趋势为背景的。因此，一方面，他无论如何都不会走向上文所揭示的那种自然主义的科学心理学道路；另一方面，由此构想的科学心理学观念，必定是这样一种观念或理想，它足以打破并超越上文所揭示的人类思想因心理学作为科学的观念若按自然主义态度加以理解则必然陷入的那个历史困境，而人类思想却因此重新获得一种新的统一性和新的基础，从而发生类似格式塔心理学所说的那样的整体转型。在转型之后的思想世界，布伦塔诺所理想的科学心理学，将不仅是"真正的哲学事业"，而且正是这种心理学为包括认识论、逻辑学、伦理学、美学等在内的全部哲学问题以及文化、教育、政治、法律等全部人类事业奠定了"基础"。[②]

必须以人类思想作为整体及其在 19 世纪发展的这个一般趋势为背景，才能洞察或把握到布伦塔诺的科学心理学理想为人类思想世界引入的全新的因素和动力，如施太格缪勒指出的那样，他"把意向性强调为

---

① M Kusch, *Psychologism*, London：Routledge, 1995.
② Brentano F, *Psychology from an empirical standpoint*, London：Routledge, 1995.

意识的特征，便使对意识内容的理解发生了决定性转变"①。特别是如所周知，布伦塔诺的思想远未构成一个完成了的体系，细究他的著作可以发现，其中很多概念和论证都是极富歧义性，甚至在上下文中相互矛盾的。这一切，不是布伦塔诺的过错，而是人类思想的历史局限性决定的。这个事实恰恰证明了，与自然主义传统不同，布伦塔诺的科学心理学理想构成了人类思想作为整体及其历史发展的一个必然环节，正是通过这个环节，人类思想才得以超越上述历史困境而获得新生。换言之，布伦塔诺作为一个过渡性，并因而具有关键性意义的思想史人物，他的概念及其表达的思想的歧义性，虽然一方面显示了对过去历史的继承性，但另一方面，而且更主要的，正是通过这种歧义性，他同时将未来历史的可能性呈现于其中。当我们如胡塞尔那样洞察到这种可能性，并以理论将这种可能性实现出来时，我们将建立起一个全新的世界。

历史证明，布伦塔诺的长远重要性在于为了阐明心理学是什么而揭示出来的"心理现象"的本质特征："每一种心理现象，都是以中世纪经院哲学家所说的某一对象的意向的（或心理的）内存在为特征的，是以我们或可称之为——虽然这个说法并非完全没有歧义——对某内容的关涉、对某对象（这里所谓对象，不应被理解为意指一个真实存在的事物）的指向为特征的，或者说是以内在的对象性为特征的。每一种心理现象都将某种事物作为对象包含于自身，虽然不同的心理现象不是以相同的方式将这些事物各自作为对象包含于自身。"② 因此，具体地对每一种心理现象"如何"将它自己的"对象""包含于"它"自身"之中的描述性阐明，就成为心理学的实质内容。无疑地，这一段论述同样是歧义性的：如果首先确认其中的"对象"或"事物"的存在，必将陷入上文揭示的思想困境；相反，若首先确认其中"意向"的存在，那么，"对象"或"事物"便失去其存在的本体论优先性，而成为"心理现象"作为"意向"的活动产物——由此，"心理现象"，并因而心理学，就获得了相对于"物理现象"，并因而物理学或广义而言自然科学的本体论优先性，并由此构成后者的基础。这后一个方面作为未来思想的可能性，在胡塞尔的现象学中才得到了实现。

---

① ［德］施太格缪勒：《当代哲学主流》上卷，王炳文等译，商务印书馆1986年版。
② Brentano F, *Psychology from an empirical standpoint*, London：Routledge，1995.

四 胡塞尔的现象学心理学追求

我们最好是将从布伦塔诺的经验心理学到胡塞尔的现象学心理学的发展看作同一个思想人格通过不断探索而渐趋成熟的过程，只有这样，才能在相互参照，并因而相互补充的解释中同时更加合理地理解二者思想动机的本质特征及其内在联系，并把握其发展的必然性。否则，如历史已经证明的那样，将会引起各种无论是分别针对二者各自的思想还是针对二者思想的发展关系的误解。例如，从布伦塔诺方面来说，在1911年出版的《经验观点的心理学》第2版"前言"中，他在概述其思想自1874年第1版以来的变化时，特别强调了一个最根本的变化："我不再坚持这样的观点，即认为心理的关系竟可以以某种不是真实存在的事物作为它的对象。"① 结合上文对他关于意向性的那一段论述的分析，这个变化就表现为一个历史的倒退，并否定了其中蕴含的未来历史的可能性；而胡塞尔思想的起点，恰恰在于对这种可能性的初步洞察，他一生的努力，正是以现象学及现象学心理学将这种可能性实现出来，同时得以超越过去的历史。所以，德布尔②在深入研究胡塞尔思想的发展后感慨地说，"在研究胡塞尔的这些年里，我日益确信布伦塔诺对胡塞尔的影响具有决定性的意义"，并指出，在起点上，胡塞尔几乎是"未加批评地肯定了"布伦塔诺关于"物理现象"和"心理现象"的区分，并在此基础上完成了他自己的区分："他区别了两个截然不同的领域，即原初内容的或物理现象的领域和活动的或心理现象的领域"，由此预示了他自己思想发展的未来方向。

若以胡塞尔为参照来理解布伦塔诺，那么几乎可以说，他的全部现象学的构思和探索，就是要将布伦塔诺上述关于意向性的论述隐含的思想空间系统地揭示出来：只要忠实于明证的直观而不盲目地首先确认"对象"或"事物"的存在，我们就可以洞察到，意识的那第一性的、积

---

① Brentano F, *Psychology from an empirical standpoint*, London：Routledge，1995.
② 参见［荷］德布尔《胡塞尔思想的发展》，李河译，生活·读书·新知三联书店1995年版。

极活动的，但自身不稳定的意向性，必须以各自独特的活动方式构建自己特有的"对象"，并与之结合，才能稳定地实现为作为"事物"的现实意识，这就是胡塞尔的 Noesis – Noema 结构。质言之，这一论述突显了这样的主题："对象"或"事物"，原来是心理现象或意识的存在属性；对于"对象"或"事物"的完全理解，将取决于对构成全部心理现象之总域的意识的极其复杂多变的样态、内容、活动及其成就等的系统而细密的分析。换言之，自然科学的世界及其具体事物，原来是一个"确定的、特殊的意识方式"以其活动为基础而"设定"的。① 胡塞尔由此得以区分自然的思维态度和现象学的思维态度，以及分别作为两种思维态度之理论实现的自然科学和现象学科学，并阐明二者的关系：自然的思维态度只有被放置在现象学的思维态度的背景中才是可理解的;② 自然科学乃是现象学科学的一个特例。总之，在胡塞尔的视域内，"科学"意指意识在本质上可能的全部各种活动形式及其具体的内在环节之间的关系所构成的必然性的整体，而对这些活动及其关系的本质的描述和揭示，就是心理学，或现象学。在这个意义上，"心理学"和"科学"必然是内在地相统一的；因此，心理学作为科学的观念才可以合乎逻辑地加以设想并追求实现它自身。③ 这就是胡塞尔的现象学心理学。

　　胡塞尔的现象学或现象学心理学是有史以来最艰深晦涩的思想体系之一，他的思想发展也是一个极其艰难曲折的过程，而且，即使如此，他的思想作为体系最终也未能以完成的形式得到实现。这些问题不是本文要研究的主题，但构成本文论证的必要背景。总而言之，与布伦塔诺一样，胡塞尔也是系统地在人类思想作为整体的背景中按心理学适得其所的位置来构想心理学的，所以，现象学心理学才不仅是科学心理学观念的本质内涵的实现，而且还真正在其中执行着它必然承担的理论职能。事实上，我们知道，胡塞尔是作为专业数学家开始其职业生涯的，他之所以走上哲学的道路，最初是要在布伦塔诺的描述心理学中寻求数学的概念基础；他据以构想，并终身坚持不懈地发展现象学的目标之一，就是要为包括哲学、心理学及其他一切学科在内的人类知识提供一个先验

---

① 参见［德］胡塞尔《纯粹现象学通论》，李幼蒸译，商务印书馆1995年版。
② 参见［德］胡塞尔《现象学的观念》，倪梁康译，上海译文出版社1986年版。
③ 高申春：《胡塞尔与心理学的现象学道路》，《南京师大学报》（社会科学版）2012年第1期。

的、绝对的可靠基础,虽然这并不意味着他的这个理想在完全的意义上实现了。①

五　卡西尔论人文科学的逻辑

阅读卡西尔著作的人,都不能不对以下事实产生很深刻的印象,即在他的著作中,充满了各种不同类型的心理学的材料和讨论,乃至于很难设想,如果没有这些心理学的材料和讨论,他的思想还能否成型、他的论证将如何展开。深入的研究表明,对于卡西尔的思想建构来说,这些心理学的材料和讨论,不是他的著作的表面特征,而具有根本的决定性意义。事实上,如果将这些材料复原到它们在心理学中的原生态,那么,从这些材料的机械汇集中,是不可能呈现出它们在卡西尔著作中才呈现出来的全部意义的。换句话说,卡西尔对这些材料的使用和讨论,遵循着一个统一的思想原则,并服务于一个明确的理论目标;这个统一的思想原则,就是蕴含在他的思想中的心理学,而这个明确的理论目标,就是要论证他的全部思想作为体系的基础。然而,因为卡西尔不曾以心理学为专业,他未能将他思想中蕴含的这种心理学明确地主题化而实现其全部意义,也因此制约了他的思想作为体系的完成。所以,揭示并阐明卡西尔能够据以使用并讨论这些材料背后的原则,并由此将他的心理学主题化,既是系统地理解他的思想的必要条件,亦有助于批判地反思和澄清心理学的科学性质。②

如所周知,卡西尔是以其"文化哲学"的体系和成就而闻名于世的。所谓文化哲学就是广义而言的人文科学,以诸如神话、宗教、语言、艺术、历史、(自然)科学等各种人类文化现象为研究对象,其目标是要"洞见这些人类活动(作为不同的文化形态)各自的基本结构,同时又能使我们把这些活动理解为一个有机整体",并在这个有机整体中阐明这些

---

① 高申春:《胡塞尔与心理学的现象学道路》,《南京师大学报》(社会科学版)2012年第1期。

② 高申春、甄洁:《卡西尔与心理学的现象学道路》,《华中师范大学学报》(人文社会科学版)2018年第6期。

相互不同的活动或文化形态的"一个共同的起源"①。如卡西尔自己反复不断地指出的那样,他的文化哲学只构成他的符号形式哲学的应用、解释或说明,并因而以后者为基础。当我们转而细究其符号形式哲学,特别是它的基础时,我们发现,正是在这里隐藏着他据以使用和讨论各种心理学材料的思想原则。因此,如果我们得以将这个思想原则作为心理学揭示出来,那么,我们将理解,正是这种心理学为他的文化哲学作为人文科学奠定了基础,而且,正因为这种心理学是他的文化哲学作为人文科学的基础所必然要求的,所以,也只有这种心理学才是科学心理学的观念在理论上得到实现的必然形态。

确实,卡西尔据以构想符号形式哲学作为体系的最初的思想动机,是他于1917年以"符号形式"概念获得的关于意识的本质结构的初步洞察。② 从某种意义上说,符号形式哲学作为体系的建构,就是对"符号形式"概念的理论内涵的逐步清晰、逐步系统化的阐释,而"符号形式"概念作为对意识的"本质结构"的洞察,在理论上的实现当然就是心理学。概而言之,在符号形式哲学作为体系中,卡西尔将这个洞察概念化为意识的"代显功能":意识的某一个内容,替代地显现着另一个内容,或反过来说,在意识的某一个内容中,并(只有)通过这个内容,另一个内容才能得到(替代的)显现。③ 用"符号"概念来说,代显功能就是"符号化功能":在意识中,替代地显现另一个内容的那个内容,因为这种代显关系而成为相对于被代显内容而言的"符号"。例如,在言语活动或音乐欣赏中,我们具体听到的,无非是那声音作为意识的内容,但在"声音"中并通过它,"语义"或"旋律"作为意识的另一项内容却得到了显现。如果我们无论如何得以超越概念体系作为外部特征的制约而进入他们的思想之中,那么,卡西尔对全部心理学材料的使用和讨论,立即就让我们普遍地联想到布伦塔诺和胡塞尔的思想,这绝不是偶然的。事实上,以一方面是卡西尔的思想,另一方面是布伦塔诺和胡塞尔的思想为基础,在二者之间进行相互参照、相互补充的解释和说明,我们将

---

① 参见 [德] 卡西尔《人论》,甘阳译,上海译文出版社1985年版。
② Gawronsky D. "Ernst Cassirer: His Life and His Work", in Schilpp P A, ed. *The Philosophy Of Ernst Cassirer*, Evanston, Illinois: The Library Of Living Philosophers, Inc, 1949.
③ Cassirer E, *The Philosophy Of Symbolic Forms (Volume One: Language)*, New Haven: Yale University Press, 1953.

获得若没有这种参照或补充就意想不到的效果;① 这种相互参照、互相补充的解释和说明，不仅在揭示他们思想的共同方向的基础上得以阐明科学心理学的观念必然是什么，而且有助于以实质的理论内容推进了这个观念的实现。

（该文刊于《心理学探新》2019 年第 3 期，第二作者甄洁）

---

① 高申春、杜艳飞:《卡西尔哲学思想的概念探微》,《吉林大学社会科学学报》2018 年第 5 期。

胡塞尔时间心理学思想初探

任何心理体验都是一个时间的过程。或许正因为如此，时间研究才在心理学中突显为一个具有重要意义的主题或领域。从心理学创立初期的反应时研究开始，到现在，时间心理学已逐步发展成为包括时间认知、时间人格等丰富内容的系统学科。这种研究领域的不断扩展，一方面，与认知神经科学和脑成像技术等新兴研究领域和研究方法的出现密切相关；另一方面也是时间心理自身复杂性的必然要求。因此，对时间心理的研究需要多方法、多取向、多学科综合进行。又因此，对实验的科学心理学而言，借鉴并有可能吸收和融合人文取向心理学的研究成果，势必有助于其时间心理学思想的完善和发展。

胡塞尔作为现象学的创立者和现象学心理学的开拓者，就曾对时间意识进行过深入的分析，并形成他独特的时间心理学思想。在其毕生殚精竭虑的学术生涯中，胡塞尔都十分重视时间意识的研究，将时间意识分析称作整个现象学领域中"最困难的问题"[1][2]和"极为重要的实事"[3]。时间意识分析不仅是其现象学心理学的有机组成部分，也是其先验现象学的重要内容。本文以胡塞尔的现象学为背景，对他关于时间意识的思考成果作一概括的说明，以期引起时间心理学研究者的注意和兴趣。

一　对客观时间的排除

在对时间意识进行分析之前，胡塞尔首先遵循现象学还原的要求，

---

[1] ［德］胡塞尔：《内时间意识现象学》，倪梁康译，商务印书馆2009年版，第328页。
[2] ［德］胡塞尔：《纯粹现象学通论》，李幼蒸译，商务印书馆1997年版，第204页。
[3] ［德］胡塞尔：《内时间意识现象学》，倪梁康译，商务印书馆2009年版，第387页。

对客观时间进行排除。这种要求源于"面向实事本身"的现象学的思想态度和胡塞尔在哲学上的"彻底精神"①。胡塞尔认为,在日常生活和自然科学中,我们总是预设了独立于心灵的实在存在,并将其作为我们思维和研究的前提。这种非反思的自然思维态度恰恰阻碍了哲学成为一门严格的和彻底的科学。因此,我们需要通过现象学还原,悬置在日常生活和科学思想中对客观时间之存在的设定以及一切有关客观时间的理论观点,从而专注于时间意识本身。所谓悬置绝不是对存在的否定或消除,而是以一种类似加括号的方式对整个自然世界存而不论,以求一种"无前提性"的哲学。正是以这种本真的思想态度,胡塞尔发现一切意识体验都具有时间性的本质特征,并且揭示了这一时间体验的原初形态。

所谓客观时间,包括"世界时间、实在时间、自然科学意义上的自然时间以及作为关于心灵的自然科学的心理学意义上的自然时间"②,等等。总而言之,不管是规定着我们日常生活作息的钟表时间,还是作为天文学、地质学、物理学等自然科学研究对象的自然时间,都不是现象学的素材。现象学所要研究的是"显现的时间",是"纯粹主观的时间意识",是"意识进程的内在时间"。③ 对于这种时间,我们具有不容怀疑和否认的明见性,并且只有在此基础上,客观时间才得以构造出来。

值得注意的是,胡塞尔特别提到了对"心理学意义上的自然时间"的排除,并举例说:"也许有人会有兴趣去确定一个体验的客观时间,此外,也许是一项有趣的研究,即确定:一个在时间意识中被设定为客观时间的时间与现实的客观时间处于什么样的关系之中……但所有这些都不是现象学的任务。"④ 而现在看来,这作为时距估计等问题显然属于并且早已成为时间心理学的研究内容。在这里,"现实的客观时间"指的是物理时间,而"在时间意识中被设定为客观时间的时间"就是时间心理学中所指的心理时间。之所以对它们进行排除,是因为心理学作为一门事实性的经验科学,"主要兴趣是通过试验从量上确定客观的刺激和主观的反应之间的关系",其中,"'心理的东西'……与它的物理的部分处于

---

① [美] 施皮格伯格:《现象学运动》,王炳文、张金言译,商务印书馆2011年版,第126页。
② [德] 胡塞尔:《内时间意识现象学》,倪梁康译,商务印书馆2009年版,第35页。
③ [德] 胡塞尔:《内时间意识现象学》,倪梁康译,商务印书馆2009年版,第34—35页。
④ [德] 胡塞尔:《内时间意识现象学》,倪梁康译,商务印书馆2009年版,第34—35页。

同一水平上"①。作为心理学研究对象的时间意识或者说心理时间，无论是对时间的感知、理解、情绪体验还是在此基础上的行动倾向，都暗含了包括自然时间和时间意识的"心理—物理"相关物即人体在内的客观自然之存在的设定。胡塞尔对经验性的意识研究以及意识的神经学基础均不感兴趣，他所关注的是时间意识的本质结构，并且通过对包括时间意识在内的一切意识结构的直观阐明，使作为"严格的科学"的现象学为包括心理学在内的一切科学提供一个可靠的基础。在此意义上，他坚信，现象学的时间意识分析为自然科学意义上的心理学的时间意识研究之基本概念和系统结构的澄清和批判提供了必需的本质洞察。

二　内时间意识分析

（一）作为纵意向性的内时间意识

胡塞尔的现象学在某种意义上可以说是一门构造学说，其核心问题是"意向对象"如何通过意识活动而构造出来，或者说，意识活动如何通过为感性杂多赋予意义而使"意向对象"显现出来。由此，意向性作为意识行为与对象的相互关系，首先是指"意识总是关于某物的意识"，这也是我们通常所理解的意向性的含义。在此基础上，胡塞尔区分了作为原生内容的感性材料和带有意向性特性的体验。意向性活动激活并统握感性材料，从而构成了意向对象，这就是构造的"立义内容—立义"（apprehension‑content — apprehension）模式。但是，仅仅停留在这一层面还不能解决最终的构成问题。首先，物理对象总是有角度地被给予的，也就是说，我们当下总是不能知觉到某个物理对象所有的侧面。如果我们改变位置以观察对象的某个隐藏的侧面，那么先前看到的另外几个侧面就会消失在我们的视域之外。但是，我们所意向的却是一个超越了单个被给予性的完整的对象。这种将所有不同侧面综合为一个统一对象的过程只能是时间性的。其次，感性质料并不呈现为静止不变的，否则我们就不可能把握到变化的或者具有某种进程的对象——胡塞尔将这种自

---

① ［美］施皮格伯格：《现象学运动》，王炳文、张金言译，商务印书馆2011年版，第193—194页。

身包含着时间延展的对象称为时间客体。换言之，我们之所以能够把握到时间客体，就在于我们的意识不是静止的，而是一个连续的意识流。那么，我们如何能意识到客体的延续？这正是时间意识研究所要回答的。最后，这一考察层级并没有涉及先验主体性自身的构成。也就是说，时间意识还是我们自身感知的可能性条件。我们原初拥有的，只能是自我的生活当下，而不是包括了生活过去和生活未来的整个自我。因此，自我即便是先验的，也仍然是时间性的构造的结果。

这一系列问题的解决需要我们深入到对时间意识的分析之中。一个个体之物是一个感性杂多的统一。感觉内容在每个瞬间一再变化，我们所把握到的却始终是这同一个对象，因此，"必须有一个行为在此，它支配性地包容了内容的统一，只要这个统一是在关注活动的每一瞬间中的内容"①。我们将目光朝向意向对象，在每个时间点中都有一个完整的事物被构造，这也就是意识的"横意向性"；但是，与此同时，我们也体验到了某种延续，它使事物作为时间性的统一而在意识流中凸显出来，而且这种对延续的感知本身也具有时间性。尽管此时，我们对这种感知的体验是前反思的和非课题化的，即它不构成我们注意的焦点，对象本身才是我们的注意所在，但是当我们"过渡到对这个感知的感知，时间意识的奇迹便会开显出来"②。区别于通常意义上横向指向的意向性，胡塞尔将关于时间意识的意向性称为"纵意向性"，而意识进行时所伴随的对意识自身的意识，被胡塞尔称作"内意识"。因此，胡塞尔将其对时间意识的分析称为"内时间意识现象学"。

（二）内时间意识的结构分析

让我们转向具体的时间客体的显现，来考察我们究竟如何会有关于客体延续的意识。假设我们正在听一段旋律。只要旋律一直持续着，就总有一个当下的延续点被我们完全本真地感知到。旋律不断进行，不断有新的延续点进入现在，而这一个现在点在我们的意识中总是处于在先的位置。但是，如果我们所把握到的只是一个无延展的现在点，我们所听到的就只有单个的音符，那么对旋律的感知就是不可能的。事实显然并非如此。如前所述，感知本身也是一个具有时间延展的时间客体。"延

---

① ［德］胡塞尔：《内时间意识现象学》，倪梁康译，商务印书馆2009年版，第181页。
② ［德］胡塞尔：《内时间意识现象学》，倪梁康译，商务印书馆2009年版，第332页。

续的感知是以感知的延续为前设的"①，胡塞尔认为这一点是"明见无疑"的。但是，如果把感知的延续理解为由若干现在点组成的"串"或者"链"，这仍然与实际的时间经验不相符，因为我们听到的也不是断续的、跳跃的音符，而是音符的融合和接续所组成的旋律。事实上，当我们反思本原的时间经验，就会发现现在点并不是一个如同数学点一样无广延的时间点，而是具有某种"晕圈"。

假设我们正在听的旋律由 A、B、C 几个音符组成。我们的意识总会指向旋律的现在阶段，也就是说，在每个现时当下都有一个对音符的意向被充实。首先是 A，而后依次是 B、C，胡塞尔把对"声音—现在"的意识称为"原印象"（primal impression）。当 B 接替 A 被原印象所指向时，我们对 A 的意识并没有立即消失，而是将 A 作为刚刚曾在之物而"滞留"（retention），同时，还在"前摄"（protention）中朝向即将到来的 C（如果是我们所不熟悉的旋律，前摄就是对将要到来音符的某种不确定的意向）。而后，C 响起，B 在滞留中被意识到，依次不断行进。因此，我们当下的时间意识实际上具有"滞留—原印象—前摄"的三重结构。"原印象"作为现在核（"now core"）总是伴随着"滞留"和"前摄"组成的时间晕，只有在这个时间晕中，我们才能当下直接地感知到时间客体的延续。

对于滞留和前摄，在以下特殊情况中可以得到更好的理解。一种情况是，当整段旋律结束后，我们在一小段时间里仍然感觉到它在回响着，仿佛"余音绕梁"。刚开始我们很清晰地把握到这段曾在的旋律，而后清晰性不断降低。用胡塞尔自己的话来说，进程的清晰部分在向过去回坠时会"缩拢"（contracted）自身并且昏暗起来，形成一种"时间透视"。这时存于意识中的就是一个连续的滞留。另一种情况是，乐曲演奏到中途突然停止，这时我们具有的是一种"匮缺感、不足感、或多或少强烈的阻碍感，有可能还带有意外感、讶异感和失落的期待感"②。简言之，我们在前摄中具有对将要响起的音符的意向，但这种意向却总是得不到当下感知的充实。当然，这只是针对某个具体时间客体的显现而言；事实情况是，滞留、原印象、前摄总是相互伴随着共同组成当下的感知行

---

① ［德］胡塞尔：《内时间意识现象学》，倪梁康译，商务印书馆2009年版，第54页。
② ［德］胡塞尔：《内时间意识现象学》，倪梁康译，商务印书馆2009年版，第184页。

为。另外，有必要对滞留和另外两种行为作出区别：一是，滞留不同于对真正的余音的感知。前者是对刚刚曾在之物的意识，后者则是对一个真正的声音的当下感知，尽管这个声音已经非常微弱。二是，滞留并非我们通常所说的回忆——胡塞尔称后者为"再回忆"或"再造"。滞留作为时间晕的一个要素不能独立存在，它必须以一个先行的原印象作为出发点。并且，如同原印象本原地构造着现在，滞留以体现而不是再现的方式本原地、直接地构造着过去。时间客体就在由原印象、滞留和前摄组成的广义的感知行为中构造起来。而（再）回忆同感知行为一样具有"滞留—原印象—前摄"的结构，但它只是仿佛的感知，是以再现的方式对曾被感知过的时间客体的当下化，而不是切身的感知。这种区别同样存在于前摄和期待之间，只不过这两者都是前指未来的。

（三）滞留的连续统：时间图式

每个当下瞬间的感知行为都不是一个纯粹的点，而是一个延展的面，这是胡塞尔的时间意识理论与传统时间观的一个重大区别。对于这个"直观的横截面"，理解的关键在于，滞留不单是对上一个相位（phase）中曾在之物的意识，而是一个持续变异的连续统（continuum）。在上面的例子中，某一时刻原印象 B 伴随着滞留 A，下一时刻 C 取代 B 响起时，伴随原印象 C 的不仅有滞留 B，还包括了保留在 B 中的滞留 A。胡塞尔将每个瞬时当下持续变异的滞留组成的集合，亦即滞留的连续统比作一个彗星尾，这个彗星尾有一个"现在核"。也就是说，我们把这一当下"把握为现在"，在其中有一个音符被当场呈现，而对于已经过去的音符则在滞留中"同时"被我们模糊地意识到。为了便于理解，笔者用图 1 表示一个当下瞬间的滞留的连续统。在图 1 所表示的当下瞬间中，我们拥有对音符 C 的直接感知，即 C 作为一个原印象被给予我们，我们把意识到 C 的这一个当下把握为"现在核"。刚刚过去的 B 作为滞留 B_c（C 作为原印象时，对 B 的滞留）在边缘意识中被我们知觉到。然而，滞留不仅只是对刚刚发生的 B 的意识。在 B 中保留的对在 B 之前的音符 A 的意识，也在这一个当下变异为伴随着原印象 C 的滞留 A_c（C 作为原印象时，对 A 的滞留）。A 之前的音符同样作为滞留而保存下来，只不过是以更为模糊、更为微弱的方式，而这一系列渐弱的滞留便构成了一条长长的"彗星尾"。

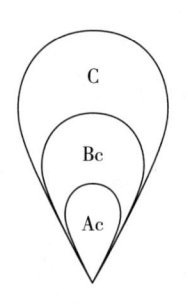

图 1　滞留的连续统

图 1 表示了一个当下意识的横截面，这个横截面是一个滞留的连续统。对一个时间客体的完整感知行为作为时间上延展着的对象，是由若干个这样当下意识的横截面相接组成的连续，每个横截面都代表了一个瞬时当下的意识。因此，感知行为实际上是"一个连续统的连续"，具有双重的连续性。胡塞尔采用时间图示的方法对这种双重连续性作了更为清楚的说明（见图 2）。在图 2 中，XX' 代表了客观时间中对音乐的总体感知。我们感知 A，而后 B，而后 C，在 XX' 中每一刻只有一个点作为现在点处在意识中。但是，对 A 的意识并不随着 A 的结束而消失，而是由原印象 A 变异为滞留 A_B、滞留 A_C……持续向过去下坠，图中的垂线表明了这一持续变异过程。当 B 是现在的时候，我们具有对 A 的意识 A_B，然后 C 成为现在，A_B 变异为 A_C，而对 B 的意识则变异为 B_C，如此随着旋律的继续而向过去下坠。与此同时的是一个"弱化"（weakening）过程，亦即滞留的意义内容不断模糊，最终成为背景中的"空乏"（emptiness），也就是前面提到的"时间透视"。所谓"空乏"并非虚无，而是"被遗忘了的但始终还在起作用的时间意识背景"[1]，胡塞尔也把这种"背景意识"称作"无意识"。图中的斜线 $B-A_B$、$C-B_C-A_C$ 代表了一个个相互接续的当下意识，即如图 1 所示的"横截面"。处在斜线中的每个点都是同时的，并且每条斜线都表明了以横坐标上的点为"彗核"的一整个"彗星尾"（参照图 1）。

---

[1] 倪梁康：《现象学的始基——对胡塞尔〈逻辑研究〉的理解与思考》，广东人民出版社 2004 年版，第 185 页。

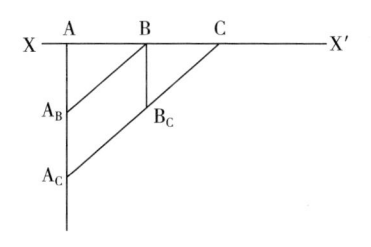

图 2　时间图示①

通过这一系列的滞留，每个音符的顺序被保留下来，我们也就有了对一段旋律的感知。当然，本文给出的图示只描绘了滞留的情况，这种描绘对于前摄也同样适用，只不过后者是朝向将来的。在这里，指出很多人都曾有过的一个体验或许会有助于理解这一过程，即：当我们被要求唱出某首不很熟悉的歌曲时，我们可能无论如何都记不起怎样唱。但是，当被提醒第一个音符之后，整首歌就都可以很流畅地唱下来了。在心理学中，这属于时间顺序记忆研究的内容。而在现象学的观点看来，这种回忆恰好就是对某个"滞留—原印象—前摄"持续变化结构的当下化。

因此，意识流的每一个相位都具有一个固定的形式，即"一个现在通过一个印象构造自身，而与这印象相连接的是一个由诸滞留组成的尾巴和一个由诸前摄组成的视域"②。需要注意的是，上述时间点、相位或者片段只是为了方便描述而从意识流中抽象地分离出来的，它们不可能自为地存在，因为意识流作为一个不断变化的连续统是一个不可分割的统一。

三　客观时间的构造

为了研究时间意识的构成，胡塞尔首先进行了对客观时间的排除。那么，这里何以又谈及客观时间的构造问题？如前所述，排除并非对客

---

① ［德］胡塞尔：《内时间意识现象学》，倪梁康译，商务印书馆2009年版，第279页。
② ［德］胡塞尔：《内时间意识现象学》，倪梁康译，商务印书馆2009年版，第151页。

观时间的消除，而是一种"存而不论"，从而对其进行重新解释。所谓排除实际是对自然观点的排斥，在这一观点中，对象被认为是独立于意识的客观存在。而胡塞尔的兴趣在于，对象通过何种方式被给予我们，以至于我们产生了对客观存在的信仰。如黑尔德所说，"胡塞尔的所有构造分析都受一个基本意图的引导，即解释自在存在、客观存在是如何对意识成立的"，并且"这也适用于时间分析"。① 因此，在对主观时间意识的现象学分析基础上，胡塞尔关心的是这样一个问题，即客观时间如何在主观的时间意识中构造出来。而在心理学中，主观时间是对客观时间进行心理表征和加工提取的结果，二者恰好遵循了方向相反的研究路径。客观时间具有如下特征，即"'现在序列'中较早的'现在'是曾是的'当下'；将来的'现在'是尚被期待的当下"②。这样，客观时间就成为由一系列现在点构成的同质的线性时间。

胡塞尔首先要解决的是关于同一时间位置的意识如何成立的问题。这一问题与时间客体的构造问题密切相关，因为"所有客体化都是在时间意识中进行的"③。我们听一段旋律，感知的各个现在相位持续地向过去回坠，形成变异的连续统，但我们却始终具有关于它的同一对象意向，并且认为这段延续着的旋律的每个时间点都在客观时间中有着固定位置。换句话说，不管是在感知中，还是在滞留和回忆中，我们始终都将它把握为这同一段旋律，或者干脆说，将它把握为"它"。其次，客体化的产生在于，一方面，尽管客体的各个现在相位都产生立义的持续变异，但是每个相位却始终具有相同的感觉内容；另一方面，每个现实现在都创造一个新的现在点，这个现在点可以通过原印象得到定义，而各个原印象在原初时间位置上的差异使得各个相位即使具有相同的质料也仍然可以相互区分，由此原印象成为个体性的源泉。最后，在立义变化的连续统中，各个客体点同一地得到持留，而这个个体的同一性也就是时间位置的同一性。

而后，胡塞尔讨论了回忆在客观时间构建上的作用。首先，回忆作

---

① ［德］胡塞尔：《生活世界现象学》（黑尔德编），倪梁康、张廷国译．上海译文出版社2005年版，第19页。

② ［德］黑尔德：《时间现象学的基本概念》，靳希平等译，上海译文出版社2009年版，第49页。

③ ［德］胡塞尔：《内时间意识现象学》，倪梁康译，商务印书馆2009年版，第98页。

为一种"当下化"的行为使我们可以重复体验先前被感知之物,从而确立了时间客体的同一性。其次,回忆行为本身是现时当下的,而它又可以将任何一个曾经的现在点当下化为一个"时间直观的零点",在那个曾经的现在点上也可能进行着再造行为……如此进行,我们便可以一步步地向过去不断回溯。同时,再造行为同感知行为一样具有一个时间晕,通过再造形成了时间域的相互"叠推"。在时间域的"叠推"之中,沿着一再被认同的客体性,我们可以确立犹如固定链条的时间秩序,在这一秩序中,任何一个时间片段都具有一个固定位置,并且可以一直延展到现实现在。最终,"在时间河流中、在持续向过去的下坠中,一个不流动的、绝对固定的、同一的、客观的时间构造其自身"①。

四 总结与启示

胡塞尔现象学心理学的时间意识研究排除了客观时间之存在的信仰,面向纯粹的时间体验本身,探求时间意识本源的被给予性,并从主观时间意识的结构入手,探讨了客观时间的构造问题。这种研究理路与当代时间心理学的研究模式有着很大的不同,而这种不同来源于实验的科学心理学与现象学心理学之间的差异。在理论假设上,前者以自然时间的存在为前提,通过比较主观时间与客观时间之间的差异来研究时间心理的认知机制及其对个体行动倾向的影响等;后者则以绝对的明证性为标准,回溯到观念的起源上,力求建立一门"无前提性"的科学。在研究方法上,前者注重精确的实证分析,以信息加工系统为类比对时间心理的认知机制进行解释性说明;后者采用本质还原和本质直观的方法,严格描述时间意识的自身呈现,对时间意识的本质结构进行直观阐明。因此,心理学所谓"主观时间"是对自然时间表征和加工的产物,它在时空和因果方面从属于物理世界,自然环境和人的身体构成其存在的条件,并且可以通过实验研究主观时间与其物理相关物之间的关系;现象学则

---

① [德]胡塞尔:《内时间意识现象学》,倪梁康译,商务印书馆2009年版,第96页。

是"关于纯粹意识本身的科学"①，自然时间的存在不是其前提，而恰恰是时间意识构造的结果。但事实上，时间心理学与现象学的时间意识研究恰恰有着相同的课题，并在此意义上构成两个平行的学科。研究思路的差异性并不应该被看作这两种科学相互隔绝的壁垒，反而更彰显出二者对彼此的价值所在。如胡塞尔所言："任何一个体验都可以在现象学的观点中内在地被理解为纯粹现象，每个体验也可以在附加的心理学观点中超越地被理解为心理物理的自然现象。"② 因此，"每个现象学的认识都可以通过相应的和随时可能的转释而转变为一种理性心理学的认识，而后转变为经验心理学的认识"③。

胡塞尔认为，实验心理学是解释心理活动的因果性规律及其生理基础的阐释性科学，但是，我们不能把这种解释性的理论假定当成对现象本身的本质洞察。另外，实验心理学一直非常注重自身的科学地位，但是，仅方法上的科学性尚不足以保证心理学成为一门真正的科学。在此意义上，现象学心理学可以看作对自然科学意义上的心理学理论的"前提批判"。通过对时间意识的恰当描述和对基本概念的彻底澄清，胡塞尔的时间意识分析为任何时间心理学研究方案就其理论基础而言提供了一个批判的、反思的维度，并因而有助于更好地理解和评价时间心理学的各种理论模型。

［该文刊于《西南大学学报》（社会科学版）2013年第6期，第二作者李瑾］

---

① ［德］胡塞尔：《文章与讲演（1911—1921年）》，倪梁康译，人民出版社2009年版，第77页。
② ［德］黑尔德：《时间现象学的基本概念》，靳希平等译，上海译文出版社2009年版，第122页。
③ ［德］胡塞尔：《文章与讲演（1911—1921年）》，倪梁康译，人民出版社2009年版，第124页。

胡塞尔与心理学的现象学道路

就历史发展的一般趋势而言，人们都承认，胡塞尔及其倡导的现象学，对20世纪思想史进程产生了决定性的影响。这种影响不限于胡塞尔本人专攻的哲学领域，而且广泛渗透于范围广大的多种其他学科，其中特别包括心理学。从一定程度上说，这种历史效应是胡塞尔治学理想的实现，因为他据以构想现象学的目标之一，就是要为包括哲学、心理学及其他一切学科在内的人类知识提供一个先验的、绝对的可靠基础。当然，这既不意味着胡塞尔的现象学就是人类知识的这样一个基础，也不意味着哲学、心理学或其他任何一门科学因为接受现象学的影响而如胡塞尔希望的那样转变成为真正科学的哲学、真正科学的心理学等，这同样是被历史证明了的。这其中包含着极其错综复杂的关系。本文将从心理学这一专门科学的角度，尝试阐述胡塞尔及其现象学与心理学之间的关系，特别是这种关系对于心理学而言究竟意味着什么。

一 心理学的兴起及其学术性格的塑造

如果在一定程度上可以称胡塞尔为心理学家的话，那么很显然，他不属于第一代的心理学家，而属于第二代的心理学家。这意味着，当胡塞尔开始其学术生涯时，心理学已经以某种或某些历史的形式实现了，并构成他据以思考他自己的问题的背景和资源。正是与作为背景和资源的这些历史地实现了的心理学的关系，既构成了他思想发展的动力，又决定了他思想发展的方向。从这个线索来看，必须通过对对于胡塞尔而言历史地实现了的心理学及其学术性格的阐明，才能把握他的思想发展的源头及其内在的脉动。

当然，这里不可能在专门史的意义上考察心理学，而满足于指出其历史发展的一般趋势，正是对这种一般趋势的把握才是紧要的。事实上，在关于心理学的专门史研究中，无论是在历史观的层次上还是在阐释具体论题的层次上，都表现出不同观点之间的巨大差异性，甚至是分歧和对立。这些差异、分歧和对立，本身就是这里所讨论的历史趋势的表现形式，并反过来强化着作为这些历史趋势之实际内容的诸心理学体系的理论性质。

19世纪中叶的生理学发展，为关于心理学作为一门独立科学的信念提供了走向实现的第一个步骤，虽然生理学本身不可能发展成为心理学。波林准确地把握了这个趋势。他指出，这个时期的生理学多以动物实验为手段，这就决定了"运动生理学走在感觉生理学的前头"，而"关于感觉的研究，多以感觉器的物理学为对象"；另外，虽然"生理学家不易处理感觉的问题"，因为"他没有机械的纪录器可以钩住一个动物的感觉神经的中端"，但他在"自己身内却有可以接触到的直接经验。歌德、普金耶、约翰内斯·缪勒、E. H. 韦伯，以及后来的费希纳，A. W. 福尔克曼和赫尔姆霍茨都就他们自己受了刺激后的经验求出法则"；"很明显，这个研究与心理学的关系更加密切的部分就采用了一种非正式的内省法；换句话说，就是利用人类的感觉经验，经常是实验者本人的经验。这种缺乏批判的内省法若能产生任何其他科学家都易于证明的结果，我们便不必将此法精益求精，也不必予此法以一名称，更不必提出现代行为学所提出的唯我主义的问题……近代的科学家尽可能避免这种认识论的问题。……这些学者完成了这种种观察，可却没有对于其中一个因素即经验的性质作批评性的讨论"①。

对经验的性质作批评性的讨论！无疑地，这不是生理学家的任务，而是哲学家的任务。——事实上，数千年来，哲学家们在这个问题上做出了无数的尝试，既欢享进步的喜悦，又饱尝失足的悲哀；人类经验及其领域的不断扩展，人类历史的连续进步，就其根本而言，正是他们的这些努力的结果。——从这个意义上说，生理学必须与哲学相结合才能生出心理学。然而，一方面由于"经验"作为概念其内涵的丰富性和歧义性，另一方面由于"经验"作为存在其性质的复杂性和隐蔽性，对经验的性质作批判性的讨论实非易事。正是在这里，潜藏着全部心理学以

---

① [美]波林：《实验心理学史》，高觉敷译，商务印书馆1981年版，第91页。

及关于它的存在性质的历史塑造和关于它的历史发展的理论解释的秘密。

由于历史的偶然性，生理学与哲学相结合而生成心理学这一关键步骤，由冯特在莱比锡大学实现。然而，如英国学者马丁·库什所指出的那样，在当时有实质影响力的主要的心理学家中，冯特是"唯一缺乏正规哲学教育的人"①。事实上，冯特不曾受过任何系统意义的哲学训练。无论是在心理学作为哲学的意义上对哲学而言，还是在心理学作为心理学的意义上对心理学而言，这个历史事实从一开始就是一个危险的信号和不祥的预兆。

尽管与心理学专门史研究中的流行观点相对立，这里还是要强调，对冯特而言，他所倡导的实验心理学是作为哲学而获得其存在的合法性的，虽然是一种新型的哲学，而不是传统意义上的哲学。事实上，在那个时代，促成心理学作为哲学诞生的主要的知识社会学背景因素，是传统哲学的终结和实证自然科学的发展对哲学事业的挑战，其中，后者还特别强化着前者的衰败景象。这里所谓传统哲学的"终结"，就是那个尽人皆知的哲学史背景：随着黑格尔哲学体系的完成，任何局限于近代哲学思维方式的哲学家都将无所作为。我们现在知道，要改变哲学的这种衰败景象，合乎逻辑的历史进路是突破近代哲学的思维方式，重新思考"经验"或"意识"的性质及其存在样式，从而将哲学从它的近代形式引向它的现代形式。从这个背景不难理解，冯特"缺乏正规哲学教育"这个事实决定了，他不可能真正洞察那个时代的哲学危机的内在实质并在此基础上有所作为；相反，他倒更深切地有感于自然科学的发展对哲学的冲击，于是采用自然科学方法，特别是他自己擅长的生理学方法来研究哲学，从而把哲学改造成"科学"的哲学，即实验心理学，作为对传统哲学的替代，并构成德国哲学史的一个环节。笔者曾就这个背景主题作过系统的探讨，并得出结论认为，冯特创立实验心理学的哲学企图，是要在现代哲学背景下，以自然科学的实证方法为依托，以它的"科学"形式为理想，建立一个以近代哲学精神为基础的理论体系。——其中所谓"科学"，乃形式的，而非实质的，如波林所指出的那样，对冯特等人

---

① M Kusch, *Psychologism: A Case study in the sociology of philosophical knowledge*, London: Routledge, 1995, p.129.

而言,"科学之意即为实验的"①。正是这个精神实质决定了冯特的实验心理学作为一个哲学史尝试的无效性,并可以预期地将被哲学自身的历史所否定。

冯特对于"经验"或"意识"作为哲学主题及其历史的无知,以及与此相关地,一方面,他对传统哲学的"改造"主要是方法论的而不是理论的;并因而另一方面,在他的实验心理学体系中,方法的权重远大于对象或主题的权重,这一切还必须对心理学由于复杂的历史原因而获得其独立的社会身份并与哲学相分离后的发展方向负责。首先,在他的实验心理学体系中,心理学与真正的哲学是相互疏离的,由此孕育了未来心理学逐步远离哲学的信念特质和实践追求,似乎心理学对哲学的远离同时也就意味着它向科学的接近。其次,他的方法论的具体性质强化了心理学的自然科学认同,在这种自然科学的思维态度中,"经验"或"意识"只能被设想为是与自然科学的"物"同样性质或同一层次的存在,从而使心理学失去了切中"经验"或"意识"之本性的机会。最后,他的体系的方法论权重逐步演化为心理学中的方法中心论,并由此使心理学及其研究在理论上逐渐蜕化为美国心理学家西格蒙·科克所说的"失去意义的思想活动"(ameaningful thinking)。②

与冯特同时倡导一种新型的心理学作为传统哲学的替代,并以这种心理学作为医治哲学之方的,是布伦塔诺。但与冯特不同的是,布伦塔诺是一个受过系统哲学训练的思想严谨,且拥有敏锐的洞察力和直观能力的哲学家。无论是对传统哲学的批判,还是对他自己"新"哲学的构想,他都是以他自己关于哲学的理论性质及其发展的内在历史的深刻洞察为基础的,这个洞察集中体现为他的那个著名的关于哲学史四阶段论的发现。③ 在这个洞察的基础上,为了"拯救"哲学并寻求它的连续进步的发展道路,他进一步设想:"心理学应该是对哲学进行必要改造的适当工具,也是重建科学形而上学的适当工具。"④ 正是这个信念,不仅决定

---

① [美]波林:《实验心理学史》,高觉敷译,商务印书馆1981年版,第109—111页。
② Leary, D. E., "One Big Idea, One Ultimate Concern: Sigmund Koch's Critique of Psychology and Hope for the Future", *American Psychologist*, Vol. 56, No. 5, 2001, pp. 425 – 432.
③ Gilson E., "Franz Brentano's interpretation of medieval philosophy", in L. L. McAlister, ed. *The philosophy of Brentano*, London: Gerald Duckworth, 1976, pp. 56 – 67.
④ [美]施皮格伯格:《现象学运动》,王炳文、张金言译,商务印书馆1995年版,第72页。

了布伦塔诺的哲学首先表现为一种心理学体系，而且也决定了他对待哲学的心理学态度。——这个态度的历史意义在于，通过布伦塔诺对现代哲学所产生的广泛影响，他关于哲学的心理学理解赋予了现代哲学以特色：现代哲学是在经受了布伦塔诺所追求的那种心理学形态的洗礼之后来塑造它的内容和形式的。

关于布伦塔诺的心理学，首先必须明确，虽然在关于心理学作为哲学以及心理学必须与自然科学相结合等方面，布伦塔诺与冯特的态度是相同的，但在关于这种心理学的学术性格及其实质内容的构想和分析等方面，二人是相互对立的。实际上，从上述关于二人各自与哲学的关系的背景讨论，并结合二人各自在哲学史中的地位，便不难把握，他们之间的差异，不是两个并行体系在具体观点上的对立，而是两个时代、两种逻辑之间的对立。这一点是无疑的。然而，由于布伦塔诺一贯谨慎的思想态度，关于他所构想的心理学究竟是什么，他著述不多。这虽然在我们能够具体地说布伦塔诺的心理学是什么的意义上构成一个严重的限制因素，但同时也在我们可以设想他的心理学的可能性的意义上给我们提供了一个巨大的思想空间。在这个空间中，我们将更易于把握到胡塞尔的发展与布伦塔诺之间的连续性。

从布伦塔诺的著述中，我们可以看到，在他的理解中，他所倡导的那种心理学，不仅是"一项真正的哲学事业"，[①] 而且，正是这一事业为所有的哲学问题（包括认识论的、逻辑学的、伦理学的、美学的等）以及文化、教育、政治、法律等人类事业提供了"基础"。[②] 通过这种心理学，特别是其描述部分的研究，布伦塔诺不仅试图为作为一门独立经验科学的心理学提供一个稳固的基础，而且也试图将哲学建设成科学的哲学。这种心理学在理论内容方面所拥有的历史意义，一方面表现在布伦塔诺在理论观点上对作为心理现象之区别特征的"意向性"概念的阐发，另一方面表现在他在方法论上对严格以明证性为标准的直观描述的强调。就前一个方面而言，他"把意向性强调为意识的特征，便使对意识内容

[①] M Kusch, *Psychologism: A Case study in the sociology of philosophical knowledge*, London: Routledge, 1995, p.122.

[②] Brentano F., *Psychology from an empirical standpoint*, London: Routledge, 1995, pp.19—27.

的理解发生了决定性的转变"①，这个"转变"的意义就在于，通过胡塞尔关于"事物"在意识的直接被给予中的"呈现"而揭示出意识的"意义授予"功能，并由此引出意义的根源问题；就后一个方面而言，他意味着穷根究底式的对"根源"的诉求，从而预示了以"还原"为基本特征的整个现象学方法，并被胡塞尔发展成为"一切原则之原则"。②

事实证明，关于冯特和布伦塔诺各自代表的心理学及其发展趋势以及它们之间的对立等，胡塞尔无疑拥有他自己清晰的自我判断。所以，当胡塞尔在标志他的思想正向先验现象学突破的1907年的讲座即《现象学的观念》中明确区分"自然的思维态度"和"哲学的思维态度"时，他关于心理学的这个自我判断，一定构成他据以进行这个区分的思考背景之一，虽然他进行这个区分的理论动机无疑远远超出了心理学的范围。同时，这个区分也意味着，胡塞尔终于在他的思考中获得了明晰性：既在否定的意义上明确了他要反对的是什么，又在肯定的意义上明确了他要追求的是什么。

二　胡塞尔与心理学的关系

胡塞尔终身保持着与心理学的密切关系，这个历史的事实似乎是显而易见的。如所周知，胡塞尔是学数学出身的，在布伦塔诺的影响下改治哲学。他的第一个正式的研究成果，是利用布伦塔诺的描述心理学研究数的概念的心理学起源。他在这个时期的学术身份，完全可以认定为描述心理学意义上的心理学家。虽然《逻辑研究》第一卷的发表及其完成的对心理主义的系统批判，普遍被认为标志着胡塞尔对心理学的远离或抛弃，但《逻辑研究》第二卷中以描述心理学的名义完成的对意识诸活动样式的详细的描述现象学分析，却又意味着他与心理学之间的难分难解之缘。在他趋向于，并完成向先验现象学过渡的文献如《现象学的观念》，特别是《现象学的观念》第一卷中，有关心理学的思考和阐述，

---

① [德] 施太格缪勒：《当代哲学主流》上卷，王炳文等译，商务印书馆2000年版，第44页。

② [德] 胡塞尔：《纯粹现象学通论》，李幼蒸译，商务印书馆1995年版，第84页。

证明是他发展并说明先验现象学的必要的辅助手段。随着他的思想的进展，这种必要性日渐突出，甚至发展成为一种急迫性，乃至于20世纪20年代时他必须就心理学进行专门研究，包括1925年的"现象学心理学"讲座、1927—1928年间为大英百科全书写的"现象学"条目，以及在此基础上补充完善的"阿姆斯特丹讲座"。特别是结合现象学运动史的国际背景，就对于揭示胡塞尔与心理学的关系的意义而言，大英百科全书的"现象学"条目的写作及其内容，是尤其耐人寻味的。在他晚年的著述，特别是《危机》一书中，胡塞尔还暗示着，纯粹的、先验的，或现象学的心理学，与先验现象学是内在地"同一"的，它们之间的差异，取决于我们把先验现象学是当作心理学来对待还是当作哲学来对待的态度的细微变化。所以，施皮格伯格认为，在与心理学的关系上，胡塞尔走了一大圈之后"完成了一个轮回（have come full circle）"①——虽然不是平面意义上，而是螺旋式上升意义上的轮回。

然而，特别是从心理学角度看，上述事实的可能的理论意义却远不是那么显而易见的。通过对胡塞尔终身保持的与心理学的密切关系的动机、性质、结构、内容等的深入分析，尽可能完全地解释这个历史事实的理论意义，无论是对于理解胡塞尔的现象学还是对于理解心理学及其历史，都将是大有裨益，甚至是必不可少的。施皮格伯格在从哲学角度研究胡塞尔时洞察到："对于理解胡塞尔哲学来说，最重要的必要条件之一是要阐明他的现象学与心理学之间的关系。"② 笔者在长期钻研心理学及其历史，并为心理学的目的阅读胡塞尔的基础上，深受施皮格伯格的启发，并坚信，可以套用他的话说，对于理解心理学而言，最重要的必要条件之一是要阐明心理学与胡塞尔现象学之间的关系。无疑地，对这个关系的阐明，必将反过来有助于对胡塞尔现象学作为哲学的理解。

在一定程度上可以说，胡塞尔的事业发端于心理学，即对数的概念起源的描述心理学研究，并由此与心理学结下不解之缘。因此，必须在与上文讨论的心理学历史发展之一般趋势的最紧密的背景联系中，才能有效地理解胡塞尔。我们可以把对这个背景的若干特征的分析，作为理

---

① Spiegelberg H., *Phenomenology in psychology and psychiatry*: *A historical introduction*, Evanston, Northwest University Press, 1972, p. 8.

② ［美］施皮格伯格：《现象学运动》，王炳文、张金言译，商务印书馆1995年版，第199页。

解胡塞尔的线索或切入点。

首先必须指出，在那个时代，虽然关于心理学作为一门独立科学的信念普遍兴起，并在实践上主要由以冯特为代表的自然科学家的努力而"实现"并塑造其内容和性质，但以类似波林的眼光不难看出，在这个过程中，有一个关键的，甚至对心理学的未来而言命运攸关的问题，却没有得到认真而系统的讨论：心理学按其本性必然是什么？换句话说，心理学究竟在何种意义上是或能够是一门科学？在这里，必须区分历史地实现了的心理学的现实形态和按照心理学就其本性而言必然是什么的追问可以设想的心理学的可能形态，从而获得据以理解这里所讨论的主题的一个自由的思想空间。只有在这个思想空间中才可能看到，以冯特的名义实现的心理学以及由此引导的所谓主流心理学在历史中获得的诸心理学形态，原来是心理学作为科学的伪形式。——詹姆斯在系统考察那个时代的心理学之后所作出的一个独立的和值得信赖的判断，可以与这个结论相互印证。他指出，"目前"还"不存在所谓心理学这样一门科学"；"目前"的心理学"尚处于伽利略时代以前的物理学的状态"。[①]——也只有在这个思想空间中才能理解，在胡塞尔的现象学追求中，就包含着对心理学按其本性必然是的那种科学形态的构想，因而他所构想的心理学才能够与他的现象学内在地相"同一"。

其次，如前所述，处于形成之中的心理学从一开始就表现为两个分离的，甚至是对立的发展趋势，即以冯特为代表的科学主义的或自然科学的心理学传统，和由布伦塔诺开创的、其性质尚未得到系统阐述的那种心理学形态。其中，冯特的心理学不曾在积极的意义上对胡塞尔产生过影响。事实上，早在胡塞尔开始接受布伦塔诺的影响若干年前，在他求学于莱比锡的学生时代，他就系统听过冯特的心理学，但如果不是布伦塔诺的影响，他大概永远不会与这种心理学发生关系。另外，正是布伦塔诺的影响使他意识到，真正科学的心理学尚未建立。这种意识不仅为他自己提供了发展的方向，而且迫使他不得不面对冯特意义上的心理学，从而在否定的意义上建立与冯特心理学的关系，冯特心理学也因此构成他思想的张力空间中对立的一极。特别是，就历史的表象而言，冯特意义上的心理学不仅在当时盛极一时、声势浩大，而且可以预期，如

[①] Allen G. W., *William James: A biography*, New York: The Viking Press, 1967, p. 315.

后来历史证明的那样，它将可能演化为心理学作为科学的主流形式。这种预期更激发了胡塞尔要为这种心理学奠基的深沉的使命感。从这个角度说，他所构想和发展的现象学及现象学心理学，就是他追求实现这种使命感的个人的和历史的形式。

最后，在肯定的意义上，无论是就人格还是就思想而言，胡塞尔与布伦塔诺之间的继承关系或连续性，比很多人所想象的要更加密切得多。施皮格伯格将"严格科学的理想""哲学上的彻底精神""彻底自律的精神气质""一切奇迹中的奇迹：主体性"描述为"胡塞尔哲学构想中的不变项"，以图揭示胡塞尔全部思想探求的最内在的冲动和动机。[①] 但凡同时了解胡塞尔和布伦塔诺的人，都不能不对施皮格伯格的描述产生深刻的印象，其中包含的人格因素和思想因素，都可以在布伦塔诺身上看到或明或暗的影子。德布尔在他的独立研究中深有感触地说："在研究胡塞尔的这些年里，我日益确信布伦塔诺对胡塞尔的影响具有决定性的意义。"[②] 胡塞尔自己也评述说，布伦塔诺"为我们提供的哲学体系所产生的非同寻常而至今仍然十分广泛的影响作用，其原因通过最后的分析乃在于这样一个事实，即他自己作为一个原创性的思想家，通过回溯到直观的根源而为到1870年已退化为无所事事的德国哲学提供了一系列新的、富有生命力的研究主题。他的方法和理论在未来多长的历史时期内仍将经久不衰，我们目前尚无法判定"[③]。其中透露的，是胡塞尔因为在思想和精神上受惠于布伦塔诺而表达的对他的感激之情。

要从实质内容方面具体阐述胡塞尔的思想发展对布伦塔诺的连续性，无疑是一项细致且内容丰富的系统性工作，不能在这里展开。上文已经指出，布伦塔诺关于心理学的主题和方法的一般洞察，在胡塞尔的现象学中结出丰硕果实。这里想补充论证一点。亦如上文所已暗示，布伦塔诺有一个关于心理学的理想，这种心理学不仅将是真正的哲学，而且将为所有的哲学问题及全部人类事务提供基础。胡塞尔确信，他的现象学就是

---

① ［美］施皮格伯格：《现象学运动》，王炳文、张金言译，商务印书馆1995年版，第123—136页。
② ［荷］德布尔：《胡塞尔思想的发展》，李河译，生活·读书·新知三联书店1995年版，第3页。
③ Husserl E. , "Reminiscence of Franz Brentano", in L. L. McAlister, ed. *The philosophy of Brentano*, London: Gerald Duckworth, 1976, pp. 47–55.

作为严格科学的哲学，这种哲学还兼具为其他科学奠基的理论职能。结合胡塞尔深受布伦塔诺影响的事实，我们或可以认为，他的现象学就是对布伦塔诺心理学理想的一个历史的实现，虽然关于他的现象学或其中包含的现象学心理学，是不是按其本性必然是的那种心理学，尚需深入探讨。

三 心理学的现象学道路

前文论证意在说明：冯特的心理学及其导引的主流心理学在后来历史中所取得的诸心理学体系，都不是对心理学按其本性必然是的那种科学形态的实现；布伦塔诺以其学识之渊博、态度之严谨、思想之敏锐及直观之明证，得以对心理学按其本性必然是什么获得初步洞察；胡塞尔尝试以体系的形式实现布伦塔诺的洞察，这个体系就是他毕生殚精竭虑加以发展的现象学，或具体从心理学角度说，是其中蕴含的现象学心理学及关于心理学的现象学的思想态度。结合后来的历史还可以发现，很多人接受胡塞尔的影响，利用现象学的基本概念和思想态度，开展具体论题的研究工作，并将自己的研究称为现象学心理学。

这里意欲将由布伦塔诺开创，又由胡塞尔尝试发展并产生相应后续效果的关于心理学的这个思想趋势及其成就，称为心理学的现象学道路，以与主流心理学的那个或可称之为科学主义的道路相对峙，并在这个对峙关系中更全面地把握其意义。

首先，关于心理学的现象学道路本身，必须公正地指出，在开拓并形塑这条道路的历史过程中，胡塞尔居功至伟。虽然以实质内容对此加以论证同样是一项独立的系统性工作而不能在这里展开，但这里可以总体地指出，胡塞尔毕生在他的著述中对意识的内容、结构，及其活动的样式和成就所进行的那种极其细致的系统分析工作，是无与伦比的，如《逻辑研究》英译者芬德莱评述的那样，这种分析工作无论是就规模还是就深度而言，都堪称是"前无古人，后无来者"的，从而得以勘定"意识经验的基本文法"[①]。事实上，从某种意义上可以说，现象学原本不是

[①] Findlay J N, Translator's introduction (abridged), in Husserl E. *Logical investigations*, Vol. I, New York: Routledge, 2001, p. lxxviii.

胡塞尔的私人拥有物，而是普遍地内在于人的生命或存在之中的一个维度，即真诚地对待生活的生活态度，或用胡塞尔的话说，"面向事实"的理论态度。但确是胡塞尔以一种非进入他的生活和思想之中不能体验的不屈不挠的精神和近乎苦行的毅力所完成的系统分析工作，才赋予了"现象学"以生命，并在理论上走向自觉。若没有胡塞尔的努力，人们尽可以使用"现象学"这个词，但却不能产生同样的意义。

其次，当我们思考或讨论心理学的现象学道路时，同样必须区分包括布伦塔诺和胡塞尔的思想成就在内的历史地实现了的现象学心理学的理论内容，和现象学作为一般思想态度所隐含的可能的理论空间。有了这个区分，我们便可以理解，虽然对于确定并形塑心理学的现象学道路而言，布伦塔诺和胡塞尔所已完成的工作具有决定性的意义，但他们二人在这条道路上的进程是有限的。即使就胡塞尔1925年的讲座来说，其中的论述依然是纲领性的，而不是对现象学心理学或心理学的现象学道路的实质内容的具体展现。——从这个意义上说，完全地培育心理学的现象学道路，尚继续需要类似布伦塔诺和胡塞尔那种规模和深度的工作。——从另一个角度来说，这个区分同时揭示了他们据以工作的现象学的思想态度的永恒价值。如前所述，现象学原本不是某个人的私人拥有物，而是内在于人的生命或存在之中的那个真诚地面对生活的态度维度。具体落实在心理学中，这个态度维度就表现为紧密地以关于心理学按其本性必然是什么的追问为关切点而展开的那种工作方式及其成就。

再次，如前文所已暗示，从一个方面来说，心理学的现象学道路，是在与由冯特开创并引导的自然科学心理学传统的对峙关系中形成并塑造自身的。因此，还必须在由这个对峙关系构成的心理学作为整体的发展史背景中来理解它的意义。作为这个理解的出发点，首先要就这个背景指出，在心理学作为整体的全部发展中，占绝对主导地位的是它的自然科学传统，而不是它的现象学传统。换句话说，自心理学诞生以来，塑造人们通行的关于心理学的理解方式的，是它的自然科学传统及其历史成就，而不是它的现象学传统及其历史成就，乃至于在现在的心理学中，在占绝对数量优势的心理学家的理解中，把心理学当作自然科学似乎是理所当然的，而且，这种心理学似乎就是心理学本身和它的全部。他们完全意识不到，心理学能否是一门自然科学居然还是一个问题，并想当然地认为心理学的创始人冯特已经完成了对这个问题的论证——但我们知道，冯特事实上远未完成这个历史的任务——由此不幸地决定了心理学及心理学家个人的历史的和理论的盲目性。黎黑曾以一种颇隐晦的方式揭示了这个盲目性及其背后的意义。他指出，"英国文学"作为一个"研究领域"拥有完全正当的学术合法性，但"没有人把英国文学作为一项学术事业称为一门科学"，并按照"科学"来发展它；如果心理学"像英国文学那样不能是一门（自然）科学"，那么对心理学实际追求"科学"的历史及其产物而言，这将意味着什么呢?!①

在这个背景中，我们可以看到，一方面，自认为构成心理学之全部的主流的科学心理学，虽然它同样经历了一个内容丰富的历史过程，但正是它的理论的和历史的盲目性决定了：如果我们把心理学按其本性必然是的那种科学形态称为心理学的理论原点，那么，主流心理学所经历的历史过程，就不是对这个原点的逐步接近，而是对它的日益远离。由此造成的历史效果是，在现代心理学中，关于心理学按其本性必然是什么的追问已成为遥远的过去，并因而丧失了它作为心理学理论思维最内在动力的效力。这正如英国心理学家乔因森指出的那样，"现代心理学作为一部历史，它所记录的，不是科学的进步，而是人类理智的退化"②。他据以得出这个结论的论证思路之一就是，虽然19世纪的心理学不是心理学本身，但20世纪的心理学经过行为主义和认知主义的发展，却更加远离了心理学本身。相反，在现象学态度中，关于心理学的几乎每一个思考步骤，都发生于关于心理学按其本性必然是什么的追问空间。所以，由此形成的心理学的现象学道路，就既把这个追问作为心理学理论思维的最内在动力，又把心理学最终实现为真正科学的希望，都包含在它自身之中。

从另一个方面来看，亦如前文所已暗示，冯特意义上的主流的科学心理学，从一开始就疏于理论基础的思考和建设，并因而既可以预期，它由于其"理论基础的失当"③ 而将是一门"（历史地）危机的科学"④，

---

① T H Leahey, *A history of psychology: main currents in psychological thought*, NJ: Prentice - Hall, 1980, p.384.

② Joynson, R. B., "The breakdown of modern psychology", in M. H. Marx and F. E. Goodson, eds. *Theories in Contemporary Psychology*, MacMillan Publishing Co., Inc, 1976, pp.104 – 117.

③ Gibson, J. J., "*Autobiography*" in E. G. Boring and G. Lindzey, eds. *A history of psychology in autobiography* (*Vol.5*), New York, NY: Appleton - Century - Crofts, 1967, p.142.

④ T H Leahey, *Ahistoryofpsychology: main currents in psychological thought*, NJ: Prentice - Hall, 1980, p.385.

又不难理解，与它追求"科学"的发展趋势密切交织在一起的，是各种形式的对它的理论基础及其历史发展的批判性反思。对这个批判史的专门考察同样超出了本文的范围，但可以指出，这些批判工作，就其根本而言，都是以或自觉，或朴素的现象学的思想态度为基础的，并因而才能在（对主流心理学的）否定的意义上获得颇具效度的结论，如前文引述的乔因森的结论。特别耐人寻味的是，这些批判工作主要发生在主流心理学内部，并且往往是由那些在主流心理学内部做出杰出贡献的心理学家完成的。从本文主题背景看，这个批判史趋势，既在否定的意义上是对心理学的科学主义道路的质疑和挑战，又在肯定的意义上是对心理学的现象学道路的呼吁和追求，从而更突显了现象学作为思想态度对真正科学的心理学的内在价值。

最后想要指出的一点是，同样由于上述心理学作为整体的发展史背景决定了，在现时代，倡导并坚持心理学的现象学道路，既是艰难的，也是需要勇气的。对此，在当代心理学背景中倾力倡导现象学的美国心理学家吉尔吉有着最深刻的体验。他指出，"心理学的那些敏锐的观察家们看得很清楚：关于心理学的真实意义是什么，以及它在科学群体中的地位如何，依然得以一种由占主流地位的大多数心理学所认可并接受的方式来加以判定"①。所以，虽然"在关于心理学最终实现它的真实存在的问题上"，吉尔吉"坚持他一贯的乐观主义态度"，但"在心理学立即实现它所急迫地需要的"向现象学或人文科学的"转换"方面，他又觉得"希望是越来越渺茫"。② 这也是前文所说的，现代背景中的心理学的现象学道路，尚继续需要类似布伦塔诺和胡塞尔那种规模和深度的工作的思考背景之一。

[该文刊于《南京师大学报》（社会科学版）2012 年第 1 期]

---

① Giogi A, "Towards the articulation of psychology as a coherent discipline", in S. Koch & D. E. Leary, eds. *A century of psychology as a science*, New York, NY: McGraw–Hill, 1985, pp. 46 – 59.

② Wertz F J & Aanstoo C M, "Amedeo Giorgi and the project of a human science", in D. Moss, ed. *Humanistic and transpersonal psychology: A historical and biographical sourcebook*, Westport, CT: Greenwood Press, 1999, pp. 287 – 300.

詹姆斯心理学的现象学转向及其理论意蕴

一 引言

了解胡塞尔的人在阅读詹姆斯的时候，不能不对后者的心理学思想与前者的现象学之间的相似性产生深刻的印象，并倾向于参照胡塞尔的现象学来解读詹姆斯，同时确立詹姆斯在现象学发展史背景中的地位和意义，从而形成相当规模的研究成果，如 Wilshire（1968、1969）、Linschoten（1968）、Wild（1969）、Gobar（1970）、Stevens（1974）、Edie（1987）等。[1][2][3][4][5][6][7] 对此，施皮格伯格总括地指出，詹姆斯与胡塞尔之间的这种相似性肯定不是一种偶然的巧合，他并同样也主要地是从詹姆斯对胡塞尔的影响关系的角度阐明了这种相似性在现象学运动背景中的意义。[8]

在以对詹姆斯与胡塞尔之间的相似性的理论洞察为基础而形成的几

---

[1] Wilshire B, *William James and phenomenology*: *A study of The Principles of Psychology*, Bloomington, IN: Indiana University Press, 1968.

[2] Wilshire B, Protophenomenology in the psychology of William James, in Charles S. Peirce Society, *Transactions*, 5 (1), 1969.

[3] Linschoten H, *On the way toward a phenomenological psychology*: *The psychology of William James*, Pittsburgh, PA: Duquesne University Press, 1968.

[4] Wild J, *The radical empiricism of William James*, Westport, CT: Greenwood Press, 1969.

[5] Gobar A, "The phenomenology of William James", *Proceedings of the American Philosophical Society*, 1970.

[6] Stevens R, *James and Husserl*: *The foundation of meaning*, The Hague, Netherlands: Martinus Nijhoff, 1974.

[7] Edie J. M., *William James and phenomenology*, Bloomington, IN: Indiana University Press, 1987.

[8] 参见［美］施皮格伯格《现象学运动》，王炳文、张金言译，商务印书馆1995年版。

乎全部研究文献中，占主导地位的被讨论的基本主题是现象学，而不是心理学。换句话说，从心理学的学科同一性及其理论构建的角度看，詹姆斯的心理学与胡塞尔的现象学之间的相似性究竟是否意味着什么，这个问题尚未引起人们的注意和讨论。事实上，詹姆斯和胡塞尔都是心理学初创时期与心理学具有虽然性质不同，但无论如何是密切的关系的两个极富原创性的思想家，而且都对心理学的学科同一性有着深刻而富有成效的思考。虽然就二人的关系而言，胡塞尔确定无疑地在肯定的意义上接受了詹姆斯的影响，但亦如施皮格伯格所指出的那样，"在像胡塞尔这样的思想家那里，这样的影响从来也不会仅仅是一种被动的接受，这是不用说的"①。所以，从心理学作为主题的角度看，两个原创性的思想家通过各自独立的思考路线趋向于或达到了相同的目标，并暗示着心理学的某种必然的发展趋势。本文写作目的就是试图通过对詹姆斯的心理学思想的现象学转向的考察，揭示心理学的这种必然的发展趋势，从而有助于推动关于心理学的学科同一性的理论思考。

二　詹姆斯心理学的出发点

詹姆斯心理学的出发点似乎是明确而坚定的。这个出发点的理论内涵，包括以下逐步递进的三个层次的内容。

首先，心理学是一门自然科学。在詹姆斯据以进入心理学的任何文本如《心理学原理》《心理学简编》等的引论中，他都明确而坚定地表达出他关于心理学的这种自然科学态度。他关于心理学的这种自然科学态度的概念起源，主要在于他关于世界作为整体的真理观。在他的理解中，世界作为整体是多元的，并拥有无限丰富性的内容。对世界作为整体的认识，是人的永无止境的追求，这种追求的结果，只能是理想中的、将来有可能完成的哲学或形而上学。然而，在人的生活实践中，一方面，关于世界作为整体的完成了的认识是可望而不可即的；另一方面，我们又拥有关于整体世界中各分离的局部领域的暂时的知识或知识的开端。

---

① ［美］施皮格伯格：《现象学运动》，王炳文、张金言译，商务印书馆1995年版，第162页。

这种关于世界的局部领域的知识就是自然科学。① 自然科学与理想中完成了的哲学或形而上学之间的这种关系决定了，每一门自然科学对它自己的前提必然是盲目的。换句话说，"任何一门自然科学，都不加批判地将一定的资料（作为前提）承诺下来，进而获得它关于这些（资料）要素之间的'定律'，并由这些（资料）要素展开它的推论，而不对这些（资料）要素本身加以批判的反思"②。至少就心理学在成为上述完成了的形而上学知识体系之前，它就是这样一门自然科学。

其次，心理学作为前提承诺的资料。心理学作为关于有限个体的心灵的自然科学，将以下三项资料承诺下来："（1）思想和感觉；（2）与这些思想和感觉共存的、处于时空之中的一个物理世界；（3）思想和感觉对这个物理世界有所知。"③ 詹姆斯所谓"思想和感觉"，就是意识经验，是泛指主观意识及其各种状态本身的一个类名，在《心理学原理》第七章中有详细的术语讨论；所谓"思想和感觉对这个物理世界有所知"，是指"思想和感觉"作为认识主体与物理世界作为认识对象之间的认识关系的事实。至于心理学把它们作为资料承诺下来的"思想和感觉"和"物理世界"各自本身是什么，以及"思想和感觉"如何和为什么"对这个物理世界有所知"的事实等，则不属于心理学，而是哲学或形而上学的问题。

最后，在这个理解的背景中，詹姆斯将心理学的任务明确规定为确定或发现意识的活动与脑的活动之间的"对应（correspondence）"、"共生（concomitance）"或"共存（coexistence）"的经验关系或法则："我……将把思想与脑的活动状态之间的共存法则作为我们心理学的最高法则"；"心理学，当它确定了各思想或感觉与脑的具体条件之间的经验关系之后，它就不能再有所作为了——也就是说，作为一门自然科学，它就不能再有所作为了。一旦它超出了这个界限，它便转而成为形而上学。"④

---

① James W, *Psychology: A briefer course*, New York, NY: Henry Holt and Company, 1892, pp. 1 - 2.
② James W, *The Principles of psychology*, (Vol. I.), New York, NY: Macmillan and Co., Ltd, 1890/1907, p. v - vi.
③ James W, *The Principles of psychology*, (Vol. I.), New York, NY: Macmillan and Co., Ltd, 1890/1907, p. v - vi.
④ James W, *The Principles of psychology*, (Vol. I.), New York, NY: Macmillan and Co., Ltd, 1890/1907, p. vi - vii.

三 詹姆斯心理学的探索与突破

但凡熟悉心理学作为一门独立科学的历史的人,都不会对詹姆斯关于心理学的这个出发点的上述说明感到陌生,因为主流形态的科学心理学正是从这个出发点得以发展的。然而,如果詹姆斯的心理学是对上述出发点逻辑地隐含的潜在内容的系统发挥,那么,不仅本文据以写作的主题失去了根据,而且,詹姆斯也就不会成就为历史上实现了的詹姆斯,如有学者所已指出的那样,詹姆斯在自然科学态度的心理学研究中所取得的"实际结果,即使不是令人困惑的,也是令人失望的"[1]。例如,他将心理学的任务规定为确定或发现意识活动与脑活动之间的共存法则,但是,这样一种心理学究竟能否被实行呢?且不说关于脑的活动状态的知识不仅在当时、就是到现在也还远未达到完善的程度,因而想"确定"意识活动与脑活动之间的经验关系或共存法则是不可能的,所以心理学作为一门自然科学也就成为不可能的了;即使我们完全掌握了脑的活动状态的知识,并把心理学规定为"确定"意识活动与脑活动之间的经验关系或共存法则,那么,《心理学原理》绝不是这种意义上的"作为自然科学"的心理学,詹姆斯便以他自己的著作否定了他关于心理学的"规定"而陷入自相矛盾。对此,詹姆斯本人是有着最清醒的自我意识的,因为在完成《心理学原理》的写作之后,他不仅认识到目前还"不存在所谓心理学这样一门科学",目前的心理学"尚处于伽利略时代以前的物理学的状态"[2],而且还痛切地感受到,心理学乃一门令人生厌的"难以应付的小科学"[3]。

事实上,在詹姆斯的心理学思想中,最富有特色、给他带来荣誉和地位,并最终规定詹姆斯之所以是他自己的,恰恰不是那些对上述出发点加以阐述,或以上述出发点为前提所取得的理论内容,而是那些体现

---

[1] Wilshire B, *William James and phenomenology: A study of The Principles of Psychology*, Bloomington, IN: Indiana University Press, 1968, p. 13.

[2] Allen G. W., *William James: A biography*, New York: The Viking Press, 1967, p. 315, p. 318.

[3] [美] 舒尔茨:《现代心理学史》,杨立能等译,人民教育出版社1981年版,第137页。

着对上述出发点的思想逻辑的突破,或是在突破了这个思想逻辑之后才能进行思考的理论内容。细读詹姆斯的著作可以发现,他关于心理学的上述出发点的每一个论题的阐述都不是最后的、决定性的,而是为相反论题的可能性预留了逻辑的和理论的空间,并由此为超越这些正题—反题的对立而达到某种统一提供了可能。例如,在阐述他关于心理学作为自然科学及其与形而上学相分离之后,他紧接着指出:"当然,这种观点绝不是最后的观点。人总要不断地进一步去思考;心理学承诺的资料,恰如物理学及其他自然科学承诺的资料一样,必须在(将来的)某一时间被彻底检查(而得到澄清)。对这些资料进行清晰而彻底的检查,就是形而上学。"[①] 所以,在心理学作为自然科学和它作为形而上学之间,是不能划出一条明确的界线的,二者互相融通、合二为一。

那么,詹姆斯试图加以突破的那个思想逻辑究竟是什么呢?他在突破这个思想逻辑之后据以进行思考的思想逻辑又是什么?关于第一个方面,问题的答案是明确的,那就是近代哲学历史地形成的以心—身关系或心—物关系为基础的二元论的思维方式及其不同形式的形而上学体系。所以,在消极的意义上,整个《心理学原理》就是对这些无论是以理性主义官能心理学形式,还是以经验主义联想心理学形式表现出来的传统形而上学体系的否定,詹姆斯将这些形而上学体系称为"片面的、不负责任的、糊里糊涂的以及意识不到她自己是形而上学的形而上学",并指出,当这种形而上学"侵入自然科学中之后,必将(同时)毁坏自然科学和形而上学这两样各自原本美好的事物"[②]。换句话说,这种形而上学不足以担当起为心理学奠基的理论职责,他将心理学作为自然科学与之相分离的,就是这种形式的形而上学。

但是,对传统形而上学的否定,绝不意味着要在完全的意义上否定形而上学;相反,任何理论的或思想的体系,就它们作为体系而言,必须以某种思想逻辑为基础,对这种思想逻辑的系统展开就是形而上学。事实上,詹姆斯对传统形而上学的上述否定的评述,是在与对形而上学作为形而上学,亦即真理形态的形而上学的肯定评述的对比关系中进行

[①] James W, *The Principles of psychology*, (Vol. I.), New York, NY: Macmillan and Co., Ltd, 1890/1907, p. vi.

[②] James W, *The Principles of psychology*, (Vol. I.), New York, NY: Macmillan and Co., Ltd, 1890/1907, p. vi.

的:"形而上学,只有当她清醒地意识到它的广阔的领域之后,才能很好地完成她自己的任务。"对这种形而上学的追求,在起点上是詹姆斯全部思想冲动最内在的核心,在终点上又是詹姆斯全部思想探索最后的目标,只是在其生命中专门研究心理学的早期阶段,他关于这种形而上学还远未思考清楚并把它表达出来,而是表现为对这种形而上学的渴求和探寻。所以,虽然詹姆斯将心理学作为自然科学与形而上学相分离,并明确表态说不考虑形而上学,但事实上我们发现,整个《心理学原理》却充满了形而上学冲动,同时又处处遭遇着思想不清的困苦、尴尬和犹疑不定。例如,在关于心—物关系问题的讨论背景中,他指出,在形而上学意义上,"我们不能摇摆不定。我们必须要么是无偏见地朴素的,要么是无偏见地批判的"[1]。虽然詹姆斯因为尚未拥有"无偏见地批判的"形而上学而只是单方面地讨论了在"无偏见地朴素的"情况下对心—物关系的全部问题及其结构采取常识意义上的平行论的二元论的把握方式,但他对问题的表述方式却透露出他的这样一个强烈的理解的欲望,即终有一天,当我们能够在形而上学上是"无偏见地批判的"时,全部问题及其结构又将如何? 所以,他在指出"心理学家作为心理学家"必须"承诺"关于"客体与主体之间的二元论及其前定和谐"的同时又限定说,"不管他因为作为个人同样拥有成为一个形而上学家的权利而在内心隐藏着什么样的一元论哲学"[2]。特别是,在詹姆斯"完成"他的心理学研究工作之后,他最终总结说:"所以,当我们说'心理学作为自然科学'时,我们一定不要认为这话意味着一种终于站立在稳固基础之上的心理学。恰恰相反,它意味着这样一种特别脆弱的心理学,在它的每一个连接点上,都渗透着形而上学批判的水分;它的全部基本假定和资料,都必须在一个更加广阔的背景中重新加以审视,并被转换成另一套术语。"[3] 这个总结即使不说是对心理学作为自然科学的否定,也明确无误地指出了它的未完成性:它尚未被奠基;能够为心理学作为心理学奠基的,乃其批判

---

[1] James W., *The Principles of psychology*, (Vol. I.), New York, NY: Macmillan and Co., Ltd, 1890/1907, p. vi., p.137.

[2] James W., *The Principles of psychology*, (Vol. I.), New York, NY: Macmillan and Co., Ltd, 1890/1907, p. 220.

[3] James W., *Psychology: A briefer course*, New York, NY: Henry Holt and Company, 1892, pp. 467–468.

的水分渗透于心理学作为自然科学的每一个连接点上的那种形而上学；这种形而上学作为更加广阔的思想背景，必将促成心理学的整体转换。那么，这种形而上学究竟是什么呢？由此促成其整体转换之后的心理学又将是什么？这就涉及上述提问的第二个方面，即詹姆斯在突破传统形而上学的思想逻辑之后据以进行思考的思想逻辑。对这个问题的理解是我们据以把握全部詹姆斯心理学思想之秘密的关键所在。

从詹姆斯的思想作为整体及其历史发展的趋势来看，他终身追求的那种"无偏见地批判的"形而上学，他作为思想家个人在《心理学原理》写作时期于内心隐藏着，并对《心理学原理》的写作产生实际影响的那种"一元论哲学"，就是他虽然致死未能建立起来，但无论如何在晚年给出了清晰的轮廓描述的彻底经验主义。关于这种经验主义，他指出："一种经验主义，为了要彻底，就必须既不要把任何不是直接所经验的元素接受到它的各结构里去，也不要把任何所直接经验的元素从它的各结构里排除出去。对于这样的一种哲学来说，连结各经验的关系本身也必须是所经验的关系，而任何种类的所经验的关系都必须被算作是'实在的'，和该体系里其他任何东西一样"；"如果我们首先假定世界上只有一种原始素材或质料，一切事物都由这种素材构成，如果我们把这种素材叫做'纯粹经验'，那么我们就不难把认识作用解释成为纯粹经验的各个组成部分相互之间可以发生的一种特殊关系。这种关系本身就是纯粹经验的一部分；它的一端变成知识的主体或负担者，知者，另一端变成所知的客体"；"我把直接的生活之流叫做'纯粹经验'，这种直接的生活之流供给我们后来的反思与其概念性的范畴以物质材料。"①

彻底经验主义作为形而上学，潜在地是一个巨大的理论思考的空间，这里不能详述。但可以指出的是，它为我们提供的，是一个彻底超越二元论的全新的思维方式，是一个与传统的二元论相隔绝、相对立的一元论的世界观。所以，詹姆斯在心—身关系问题上坚持心—身同一论，在这种同一论中，那"同一"的根基既不是心，也不是身，而是某种原初的"同一"（亦即后来在理论上逐渐成型的"纯粹经验"），心和身倒是这原初的"同一"在两个发展方向上的不同表现。结合本文主题，我们

---

① ［美］詹姆斯：《彻底的经验主义》，庞景仁译，上海人民出版社1965年版，第22、2—3、49—50页

可以这样来设想：詹姆斯的形而上学探索是一个翻越山岭的过程；在翻越山岭之前，他所面对的是他所不能接受的二元论的世界和他对尚未遇见的山岭对面的世界的预想，所以，他在这里对心理学宁愿采取常识的态度；当他翻越过这个山岭之后，他所面对的就是彻底经验主义的世界；《心理学原理》所记录的，是詹姆斯正处于作为形而上学历史分水岭的这个山岭顶峰时的思想。以这个隐喻为基础，我们可以进一步设想，降落到这个分水岭顶峰的雨水，将同时有可能流向山岭的两侧而有完全不同的命运。换句话说，对于理解以《心理学原理》为文本所体现的詹姆斯的心理学思想而言，必须前瞻地以彻底经验主义作为形而上学为立足点，在回顾的方式中加以理解，才能把握其真意，如 McDermott 所告诫的那样，"不管要从哪一种意义上来理解詹姆斯，若是低估了彻底经验主义在其中的重要性，都必将冒险完全不知詹姆斯为何许人物"[①]。亦如 Wilshire 在对詹姆斯作现象学解读之后所指出的那样，在现象学的视域中，"两大卷《心理学原理》中的几乎每一个问题都发生了倒转"，但"整个著作却因此显示出了它以前从未显示出的意义来"[②]。相反，若缺失彻底经验主义作为形而上学的视野，那么，对詹姆斯的理解便易于向后滑落为他所摒弃的传统的形而上学，从而只能看到其心理学思想的"不成体系"和"充满矛盾"的性质。詹姆斯之后的美国心理学从机能主义向行为主义过渡的历史发展轨迹，正是这种理解方式的结果；[③] 任何试图对詹姆斯的心理学思想作出行为主义或内省主义解释的尝试，也都是以这种理解方式为基础的。[④]

　　将彻底经验主义作为形而上学引入心理学思考之中，绝不只是为心理学添加某种特殊的色彩或内容，而是以类似于格式塔转换的方式将彻底改变心理学的面貌。如前所述，詹姆斯心理学的出发点的形成，是他在尚未构想出彻底经验主义作为形而上学的同时拒绝传统形而上学的结果，这个结果的合理形态只能是向常识的回归。前面在评述詹姆斯对他

[①]　McDermott J J (Ed), *The writings of William James*, Chicago, IL: University of Chicago Press, 1977, p. xlii.

[②]　Wilshire B, *William James and phenomenology: A study of The Principles of Psychology*, Bloomington, IN: Indiana University Press, 1968, p. 16.

[③]　参见高申春《心灵的适应——机能心理学》，山东教育出版社 2009 年版。

[④]　Wilshire B, *William James and phenomenology: A study of The Principles of Psychology*, Bloomington, IN: Indiana University Press, 1968, pp. 7–8.

自己的心理学研究工作的总结时，在指出只有彻底经验主义作为形而上学才能担当起为心理学奠基的理论职责的同时引出了一个提问，即由彻底经验主义促成其整体转换之后的心理学将会是什么。虽然詹姆斯因为终于远离了心理学而未能就此给出明确的回答，但由上文论证，我们不难把握其方向，即在拒绝传统形而上学的同时超越常识，从而将心理学推进到一种先验研究的水平；只有这样，心理学才能在完全的意义上获得其独立的存在。

四　詹姆斯心理学的转向及其现象学阐释

毫无疑问，詹姆斯的心理学思想在探索和澄清的过程中经历了一个根本的转向，因为他明确地拥有一个出发点，但他对心理学的探索却是一个不断地突破和超越这个出发点的过程，而他最终所预示的未来的心理学则是对这个出发点的否定或扬弃。从根本上说，这个转向的实质就是要确立心理学作为心理学的人文性质，并以此为心理学作为自然科学或经验科学奠定基础。

然而，由于几个方面的原因，这个转向的事实是不易觉察的，其意义因此也是不易把握的。第一，在某种意义上，即限于詹姆斯自己的思想王国的范围内而言，似乎可以说不曾有过这个转向。这是因为，甚至在詹姆斯开始他的思想探索之前，他就已经拥有了他后来追求的那种一元论哲学的朦胧观念构成他的一般精神气质，他的思想探索的历程无非是使这个朦胧观念渐趋清晰的过程。正是在这个意义上，詹姆斯心理学的出发点只具有对他个人而言的思想史的传记意义，是他对自己的思想作为整体的各部分之间还没有达到互相融通的进展状况的一种托词式的自我辩解。[①] 因此可以说，在他的出发点和他的目标之间构成一个连续的此消彼长的关系：他的目标清晰了多少，他的出发点必将相应地退却多少。第二，正因为如此，詹姆斯心理学思想的转向表现为一个连续的渐进过程，而不具有"转向"这个词在通常情况下所意味的那种突然性。第三，如上文论证所已指出的那样，不仅彻底经验主义作为詹姆斯追求

[①] 高申春：《心灵的适应——机能心理学》，山东教育出版社2009年版。

的形而上学世界观，他终身未能在体系的意义上建立起来，而且，关于在这个世界观中加以审视，心理学将经历怎样的变故，他自然也未能提供明确的说明，而只是给出一个理解方向的暗示。换句话说，"转向"之前的詹姆斯的心理学思想似乎是明确的，但"转向"之后的詹姆斯的心理学思想却不那么明确，因此，只有在这个对比关系中才能凸显其意义的"转向"，在詹姆斯心理学思想内部似乎是不明显的。第四，与上述第三个方面密切相关的是，与譬如胡塞尔的现象学相比，詹姆斯的彻底经验主义终于未能在 20 世纪思想史脉络中构成一个传统或主流。因此，无论是它作为尚未完成的体系，还是由它潜在地隐含的世界观和方法论的意义，都逐渐远离了 20 世纪的思想家。第五，如果按照詹姆斯自己的术语体系试图给他转向之后的心理学思想以一个名称并固定其意义，那么，如历史上已有人尝试过的那样，只能称之为彻底经验主义的心理学（a psychology that is radically empirical）。[1] 与胡塞尔的现象学心理学这个名称相比，像"彻底经验主义的心理学"如此笨重的名称自然难以流传开来，由它所固定的意义因而也就难以在社会的水平上得到实现。

虽然詹姆斯因为年长的缘故不曾关注胡塞尔的思想进展，但历史证明，无论是从詹姆斯的角度说，还是从 20 世纪以后的思想家的角度说，胡塞尔都是值得尊敬、值得感激的，因为正是他的现象学不仅使詹姆斯的思想在 20 世纪中叶以后重获新生，而且为我们提供了思想的框架和概念的工具，据以把握詹姆斯心理学思想的潜在意义，如前文引述的 Wilshire 的研究结论所指出的那样，只有在现象学的视域中，詹姆斯的心理学思想才能显现出它本来隐含着的丰富的意义来。换句话说，借用胡塞尔现象学的思想框架和概念工具来解读詹姆斯，我们可以有双重的收益：一方面，从詹姆斯的角度说，可以更有效地把他的心理学思想的真实意义揭示出来；另一方面，从胡塞尔的角度说，由此解读的詹姆斯的心理学思想，为现象学的心理学方案提供了一个独立的历史的证明。

对此，我们可以概略地指出（详细的讨论将远远超出本文的范围），詹姆斯所追求的彻底经验主义与胡塞尔终身殚精竭虑地构想的现象学，

---

[1] Crosby D. A. & Viney W., "Toward a psychology that is radically empirical: Recapturing the vision of William James", in M. E. Donnelly, Ed. *Reinterpreting the legacy of William James*, Washington, DC: American Psychological Association. 1992.

无论是从世界观、本体论还是从方法论等各个角度说，都是同质的，并因而是可以互相融通的，他们之间的相似性也必须由此得到说明。例如，前文引述的詹姆斯关于彻底经验主义之"彻底性"的描述，立即使人联想到胡塞尔"面向实事"的思想态度；作为彻底经验主义基础范畴的"纯粹经验"，与胡塞尔现象学还原的"剩余物"，几乎可以说是同一个世界；詹姆斯在意识流的描述中，通过确认"事物的同一性"，几乎达到了关于"意向对象"与"实在对象"的区分，从而暗示着胡塞尔对"实在对象"的"悬置"和"加括号"；詹姆斯以"意义"为基础对"概念"的分析及其关于经验片段在与其他经验片段的关系脉络中"呈现"为"事物"的说明，几乎可以说是胡塞尔以"赋义"活动为基础的构造理论的詹姆斯版本；如此等等，虽不能在此详述，但足以显示二人思想的同质性和可通约性。正因为如此，当胡塞尔的现象学终于被世人理解之后，自20世纪中叶以来，很多人抑制不住要尝试对詹姆斯的思想进行现象学阐释，并认为詹姆斯通过他自己的道路独立地达到了现象学。例如，20世纪60年代初，哈佛大学心理学家奥尔波特对他专门研究现象学的朋友、耶鲁大学哲学家威尔德评述说，如果詹姆斯的《心理学原理》得到恰当理解的话，它"本当在美国引起一场本土的现象学运动"；受此启发，威尔德在系统钻研《心理学原理》的基础上写出《威廉·詹姆斯的彻底经验主义》，并在完成这本书的写作后在序言里写道："我希望本书将能更稳固地确立这样一个很多人疑虑不定的历史事实，即：在上个世纪之交，一个本土的美国哲学家就已开始按存在主义的方式进行思考，并在广义上对现象学运动做出了重要的贡献。我们现在开始认识到，这对于理解现象学运动作为整体而言是必不可少的。"[1] Edie 也通过对詹姆斯的独立研究认识到，"早在现象学这个词出现之前很久，詹姆斯就已经有了对现象学方法的理解"[2]。

---

[1] Wild J, *The radical empiricism of William James*, Westport, CT: Greenwood Press, 1969, p. vii, pix.

[2] Edie J. M., *William James and phenomenology*, Bloomington, IN: Indiana University Press, 1987, p. viii.

五　结论与启示

在西方世界主要的现代思想家中，詹姆斯和胡塞尔是认真地探寻过心理学是什么的两个人，并以各自独立的方式开辟了关于心理学作为心理学的共同的思想气质和理解方向。这个共同的气质或方向，可以有效地用胡塞尔的语言表述为现象学的心理学。其中，胡塞尔从一开始就明确地区分了关于心理学的两种思维态度，即自然思维和哲学思维或现象学思维，他坚信并论证了，只有哲学的或现象学的思维才能澄清心理学作为自然科学或经验科学的基本概念，并为之奠基。[①] 关于心理学的这种哲学的，亦即现象学的思维态度，在体系上的实现，就是现象学心理学。而詹姆斯则因为对作为一门独立科学之兴起的"新心理学"的熟悉和精通的缘故，顺势采取自然科学态度作为他的心理学的出发点，因此，在一定意义上说，他的出发点就是历史地实现了的、作为一门独立科学的心理学的出发点。但是，与譬如冯特等人以独断论的方式坚持心理学作为自然科学不同，詹姆斯以类似胡塞尔直观描述的方法在系统钻研心理学的基本主题之后，逐渐远离了关于心理学的自然科学态度，而趋向于"彻底经验主义的心理学"，这种心理学的潜在意义，只有借用胡塞尔现象学的思想框架和概念工具，才能得以揭示，并有可能得到进一步的发展。

然而，正因为詹姆斯和胡塞尔对心理学作为心理学的思考之严谨和认真的态度，他们实际"完成"的工作，是对那种能够为心理学奠基的形而上学的阐明，至于对詹姆斯而言在彻底经验主义世界观中、对胡塞尔而言在现象学方法论中加以审视的心理学是什么，二人都未能给出具体的说明，成为他们终身未竟的事业，并给我们留下一个巨大的理论思考的空间和一个艰巨的继续探索的任务。这个历史的事实是很耐人寻味的，它一方面意味着对心理学作为心理学的思考，其困难的程度是任何未曾认真思考过心理学是什么的人所难以设想的；另一方面又为批判地反思历史地实现了的心理学及其成就提供了怀疑论的基础。这正如墨菲

[①] ［德］胡塞尔：《现象学的观念》，倪梁康译，上海译文出版社1986年版，第19—27页。

和柯瓦奇在评述詹姆斯与心理学作为心理学及历史地实现了的心理学之间的复杂关系时所指出的那样:历史地实现了的、作为一门独立自然科学的心理学,是一个技术主宰的世界,詹姆斯对待这个世界的态度是,"甚至在他的权威极盛的时期他仍然抵制美国心理学中最风靡的思潮";虽然对所有那些独断论地坚持心理学作为自然科学的人来说,"忘掉詹姆斯,人们可能会觉得自己的科学良心可以得到安宁了",但詹姆斯对心理学作为心理学的艰难探索及其结果却告诫我们,"很需要一般的科学史作者告诉我们,当科学摒绝个人经验的丰富内容和直接意义时将会如何"[①]。

(该文刊于《心理科学》2011年第4期)

[①] [美]墨菲、柯瓦奇:《近代心理学历史导引》,林方、王景和译,商务印书馆1987年版,第282—284页。

卡西尔哲学思想的概念探微

自 20 世纪 80 年代中期以来，主要因为《人论》一书中译本的出版，也包括诸如《语言与神话》《启蒙哲学》《神话思维》等中译本的出版，我国学者开始了解卡西尔和他的文化哲学。但总体而言，因为各种极其复杂的原因，我们对卡西尔的了解还远未达到系统化，甚至因此产生一些望文生义的误解和牵强附会的演绎。比如说，《语言与神话》一书的译者，将《符号形式的哲学》第一卷的"导言"译出汇入其中出版，译者对其中最能体现卡西尔思想的特征和精髓的一段话的误译，读起来令人费解，就典型地体现了我们理解卡西尔的窘境："我们思考意识的一个具体片段，不是绝对地置于这个片段之中，而是利用确定的空间时间和性质的整理功能，通过超越这个片段而进入各种互相关联的维度，才能理解这个片段。只是因为用这种方法我们才能在意识的实际内容中确认没有什么东西，在给定的东西中确认没有给予什么东西，对我们来说才存在这样一种统一性，我们一方面把它规定为意识的主观统一性，在另一方面把它规定为对象的客观统一性。"① 卡西尔说这一段话，是在以时间分析为例阐释意识的结构的背景中，在说明"现在"作为时间的瞬间通过向前后的延伸而与时间作为连续不息的过程融为一体的统一性关系时，进一步说明意识作为一个连续流动的过程，其中每一个"瞬间"及其内容，只有在与意识流作为整体的融合关系中才是可理解的。参照英译本，他的意思是："假如我们设想意识（流）的一个特定的横截面，那么，我们就不能完全拘囿于这个横截面之中，而只有根据确定的空间、时间或性质的秩序安排功能（ordering functions），（前后）穿越这个横截面而进入（意识流的）各种相互关联的方向，才能理解这个横截面。正是通过

---

① ［德］卡西尔：《语言与神话》，于晓等译，生活·读书·新知三联书店 1988 年版，第 234 页。

这种方式，我们才得以在意识的实在内容中确认未在其中的某物、在（意识的）被给予（材料）中确认未在其中被给予的某物——只是因为如此，才存在对我们而言的那样一种统一性，我们一方面将它认定为意识的主观统一性，另一方面将它认定为对象的客观统一性。"① 这个论述立即就使我们联想到胡塞尔的现象学和詹姆斯的彻底经验主义；只有参照思想发展的这个方向，才能真实而有效地理解卡西尔。

本文尝试通过对卡西尔哲学思想的基础范畴即"符号形式"的分析，粗线条地刻画卡西尔思想的基本轮廓及其致思取向，从而有助于推进对卡西尔的理解，因为他的内容丰富的哲学体系，无非是对这个范畴潜在地指向的思想空间的具体展现。

一 符号形式的概念内涵

毫无疑问，"符号形式"（symbolic form）这个概念是卡西尔全部思想的核心性基础范畴，但不幸的是，他未曾对这个术语的概念内涵给出简明的、直截了当的、让人易于理解的阐述，从而也制约了人们对他思想的深度和意义的把握，如他后来在《人论》一书"作者序"中就《符号形式的哲学》"忘记了或忽视了这个文风的准则"而向读者表达歉意所暗示的那样。② 当然，这绝不意味着，在卡西尔那里，"符号形式"的概念内涵是不清晰的，而只意味着这个概念所承载的理论内涵极端的丰富性和复杂性，其中还蕴含了对人类思维方式的根本变革。对于像卡西尔这样的思想家来说，自然不能满足于给出一个定义式的解说；只有结合全部人类思维的历史及其成就并以之为基础，才能系统地阐明这个概念兴起的理论必要性和历史必然性。

结合本文主题，我们不妨从语义分析入手揭示这个概念可能的内涵，然后确认并洞察卡西尔的意思。就其字面含义而言，我们可以从"符号形式"引出两种不同的理解方式或思想路线，正是在这两种理解方式或

---

① Cassirer E, *The Philosophy Of Symbolic Forms*（*Volume One：Language*）, New Haven：Yale University Press, 1953, p. 99.

② ［德］卡西尔：《人论》，甘阳译，上海译文出版社1985年版，第1页。

思想路线的对立中,隐藏着卡西尔思想的秘密。

其一,它可以意味着"符号"所拥有的"形式"。在这种理解中,符号作为历史或文化的事实首先得到确认,并由此进一步断言,符号的存在不是杂乱无章的,而拥有它自己的"形式"或规律、逻辑等。因此,"符号形式"构成一种自成一体的存在,就其语法形式而言,"符号"是主词,"形式"是谓词。这种理解方式不仅是富有意义的,而且符合我们经验的常识和语言理解的习惯。事实上,在卡西尔之前,普遍流行的就是这种理解方式,并由此兴起诸如语言学、神话学、民俗学等研究传统,试图理解各自领域内的"符号"及其体系的存在和发展的规律。在这种理解方式中,一个更深层次的问题,即"符号"及其存在的性质是什么,尚未被明确意识到,因而也未曾得到系统的追问,却以各种或明或暗的方式受制约于真理的符合论,或与之纠缠不清。我们将发现,正是对这个问题的系统追问,必然构成对这种意义上的符号形式概念当孤立地看它时的那种理解方式的否定;也正是这种否定的力量,构成卡西尔思想发展的最内在的动力之一。

其二,这个概念也可以意味着"形式"以各种"符号"为媒介而得到实现的存在,即"被符号化了的形式"或"形式的符号性质的存在",而不是"形式"的其他性质的存在;其中还特别蕴含着这样的思想空间,即"形式"自有其本质,而它的本质是不能由它的"符号"得到规定的,相反,它的"符号"作为它实现的媒介或手段,倒应该决定于并服务于它的本质。在这种理解中,就其语法形式而言,"形式"是主词,"符号"是谓词;若强调语法形式的纯粹性,那么,"符号"甚至连谓词都算不上。与上文指出的第一种理解方式不足以把符号及其存在的性质这一更深层次的问题突显出来不同——这是因为,诸如语言等符号体系作为事实的存在是无疑的,并因而为语言学探究作为语言之"形式"的它的规律提供了本体论保障,其中,语言作为"符号"构成了它的规律作为"形式"的逻辑主题,在这第二种理解方式中,"形式"被光秃秃地突显了出来,从而造成一种理解上的缺位:换句话说,"形式"的逻辑主词是什么尚不清楚。正是对这个问题的追问,不仅动摇了上述第一种理解方式所确认的"符号"的本体论地位,而且根本地改变了我们全部思考的方向:因为"形式"作为形式,不能是抽象的、空的存在,而必须有其逻辑主词,只有当我们找到了它的逻辑主词时,我们的思想才能完成;

既然"形式"的逻辑主词不能是"符号",那么,它的逻辑主词是什么呢?一言以蔽之:(原初的)意识或精神。由此,我们得以突破上述第一种理解方式及其狭隘性,不再局限于各种"符号"作为既成事实的前提下尝试理解它们的"形式",而是以意识或精神的内在形式为主题,通过阐明它创造各种"符号"以实现它自己的内在的、动力的必然性,来理解它的本质。同时,这个思考方向还把作为既成事实的各种"符号"及其体系的历史突显出来了,从而得以消解它们作为事实的"既成性",又通过这个历史的维度指示了意识或精神的令人意想不到的深度。

经由这个分析,我们就不难把握到,在卡西尔的体系中,"符号形式"的概念内涵只能是上述第二种含义;只有在第二种含义的背景中并以之为前提,第一种含义才成为可理解的,并构成第二种含义的题中应有之意。所以,卡西尔把他的符号形式的哲学或称文化哲学的任务规定为"意在理解并展示,文化的每一种内容,就其不只是彼此孤立的内容而言、就其奠基于一个普遍的形式原理而言,如何以人类精神的原初活动为前提"[①]。正是意识或精神的这种原初活动,构成了全部文化现象或符号体系的本体论基础,也是多元文化形态作为整体的统一性基础。

二 符号形式概念的思想史起源

上文提到,并结合"符号形式"的概念分析初步阐释了:卡西尔的以符号形式概念为基础的哲学体系蕴含了对人类思维方式的根本变革;正是在关于符号形式概念的两种理解方式的对立中,隐藏着卡西尔思想的秘密。其实,这两个方面是内在地相互关联的:孤立地理解的第一种含义,与变革之前的人类思维方式具有某种不甚明了的呼应性,并只有在其中才是可行的;第二种含义与变革之后的思维方式直接地相呼应,实际上是促成这种思维方式兴起的本质力量。对此,还必须结合卡西尔思想发展的历史背景加以阐明:我们发现,卡西尔对"符号形式"的概念内涵的阐释,是紧密地以人类思维方式或世界观及其转换为背景,同

---

① Cassirer E, *The Philosophy Of Symbolic Forms*(*Volume One*:*Language*), New Haven: Yale University Press, 1953, p. 80.

时从（对上述第一种含义的）否定的方面和（对第二种含义的）肯定的方面相互穿插地展开的。

如所周知，卡西尔是经由新康德主义马堡学派的道路成就其哲学事业的。纵观卡西尔思想的发展和成就，应该指出，这条道路对卡西尔的意义，与其说是将他转变成新康德主义者，不如说是将他引导到康德的世界，因为他的观点很快就超越了马堡学派的立场。正是康德在科学认识论中实现的"哥白尼革命"开启了卡西尔的思想，并引导着他思想发展的方向。从这个意义上说，卡西尔思想的发展，就是要将康德"哥白尼革命"的认识论意义彻底地系统化。

康德"哥白尼革命"的要义，是通过现象与物自体的划分，将科学限定在现象界之内，从而得以确立一个新的认识论路线：与人们向来认为"我们的一切知识都必须依照对象"相反，我们不妨假定"对象必须依照我们的知识"，因为这一假设"将更好地与所要求的可能性、即对对象的先天知识的可能性相一致，这种知识应当在对象被给予我们之前就对对象有所断定"；① 换句话说，"不是我们的观念符合对象，而是对象符合我们的观念"，因为"对象本身是由我们的观念所建立起来的"。② 当以康德为背景理解卡西尔时，必须明确并牢记这样一个历史事实，即直到康德的时代，包括认识论在内的世界观的主导趋势，是首先确认所谓不依赖于人的意识的客观的对象世界的存在。这几乎可以说是人类有史以来最根深蒂固的一个传统观念，其本体论的表现就是作为世界终极基础的"存在"概念，其认识论表现就是各种形式的符合论真理观。甚至康德本人也未能摆脱这个观念的束缚，他的"物自体"的设定及其引导出的不可知论，就是明证。所以，康德的革命是很不彻底的，其意义也很难真正得到实现。

关于康德的局限性及其体现的上述那个根深蒂固的传统观念，卡西尔是有清晰认识的。按卡西尔的解释，"（康德的）先验分析论为我们揭示出来的对象，（只）是知性的综合统一性的相关物，是由纯逻辑特性所决定的对象。因此，它不足以描述作为整体的全体的对象性本身（all ob-

---

① ［德］康德：《纯粹理性批判》，邓晓芒译、杨祖陶校，人民出版社2004年版，第15页。
② 邓晓芒：《德国古典哲学讲演录》，湖南教育出版社2010年版，第68—69页。

jectivity as such)", 而只描述了一种特殊的对象性。① 但人类精神作为整体的生活, 除了知性统一性和以之为基础的科学活动外, 还有其他不同形式, 这些形式各有其特殊的对象化的途径和结果: 它们创造自己的符号, 构建自己的对象。所以, 认识论研究的纲领必须得到扩展, 以包容全体的对象性。在这个方向上, 他一方面具体地针对康德指出, "只要哲学思维局限于对纯认知的分析, 素朴实在论的世界观就不可能被完全驳倒。虽然毫无疑问, 认知的对象是由认知通过它自己的本源法则以某种方式规定成型的——但无论如何, 它似乎又必须被置于与知识的基本范畴的关系之外、以独立的某物得到显现和被给予"②。另外, 针对当时以(自然)科学为主题的传统认识论的研究现状及其局限性, 他又一般地指出, 这种认识论以这样的世界观为前提并强化着这个世界观, 即(自然)科学所揭示出来的, 是世界本身的结构, 因此, 其他的知识形式如神话、宗教等, 就失去了作为"知识"、作为"科学"存在的权利和根据。简而言之, 在卡西尔的时代, 全部认识论研究, 甚至在一般意义上包括哲学世界观, 都被笼罩在关于"存在"作为世界终极基础这个信仰的阴影之中, 并因而在真理观问题上迟早要必然地陷入不同形式的符合论困境。要将认识论或一般而言哲学的研究从这种困境中拯救出来, 就必须首先消解如此理解的"存在"概念及其作为世界终极基础、作为我们全部思想的前提的意义。事实上, 卡西尔构建符号形式的哲学体系, 就包含了这样的否定的动机, 乃至于很难设想, 如果没有这个否定的方面, 他还能不能, 甚至会不会构建他自己的这个哲学体系。

符号形式的哲学作为体系的构建, 当然以作为它的基础范畴的符号形式概念的兴起为前提。卡西尔自己将他哲学思想的起源追溯到早期关于科学的研究, 其结果就是1910年出版的《实体概念与功能概念》。这个研究工作及其结果的意义是多方面的, 结合本文主题, 可以指出以下几点。首先, 正是通过对数学及数学—自然科学的研究, 他得以洞察到科学的符号性质: 每一门科学都是由它所特有的符号体系支撑起来的, 这个体系所内涵的"逻辑"的展开, 就是这门科学的历史发展, 由此兴

---

① Cassirer E, *The Philosophy Of Symbolic Forms* (*Volume One: Language*), New Haven: Yale University Press, 1953, p. 78.

② Cassirer E, *The Philosophy Of Symbolic Forms* (*Volume One: Language*), New Haven: Yale University Press, 1953, p. 80.

起将对科学的这个洞察推广到其他知识形态，从而潜在地形成后来的符号形式的哲学的思想空间。其次，以康德认识论革命为背景，他得以在"科学"的范围内否定"实体"或"事物"、"对象"的本体论优先性，而突显了"功能"的本体论优先性作为"批判思维的根本原理"。① 对卡西尔思想的历史发展而言，"实体"和"功能"这两个概念的对峙及其意义，与上文通过语义分析揭示出来的"符号"与"形式"之间的关系具有等价性：在对"实体"的否定的意义上，他的思想可以说是完成了；但在对"功能"的肯定的意义上，他的思想远未完成，因为他同样必须找到"功能"的逻辑主词。最后，正是在这个问题上，他的思想显示了黑格尔的"深刻影响"。事实证明，黑格尔对他的影响也是多方面的：经由黑格尔，特别是他的《精神现象学》，卡西尔得以洞察到并确信，"真理作为（具体的）整全性不是一蹴而就的，而必须经过思想的（辩证的）自我运动而逐步展现出来"，他在这个时期关于科学的研究的"主导性目标"是要证明，"思想从所谓直接经验的资料逐步获得解放的过程正体现于这些科学的历史发展"②，而"思想"或"精神"在它获得解放之前"似乎被囚禁于单纯印象作为被动世界之中"③。这一切似乎意味着，卡西尔是将黑格尔意义上的"绝对精神"确认为他的"功能"的逻辑主词，从而赋予他自己的思想以某种"完成"的形式。确实，在阅读卡西尔特定时期的著作时，我们经常可以在这个问题上感受到黑格尔影响的痕迹，但这种影响关系不是有助于，而恰恰是阻碍着我们理解卡西尔借黑格尔的术语所表达的他自己的思想。特别是，黑格尔意义上的"精神"概念因为他的阐释而获得的特定的理论内涵，远不足以引导甚至不利于卡西尔将作为他自己思想发展的最为关键的一个环节、一个步骤的"符号形式"概念创造性地构建出来。总之，卡西尔的"符号形式"概念的起源不在黑格尔这里，而另有其他的起源。

在相关传记材料里，有明确记载说"符号形式"这个概念是卡西尔

---

① Cassirer E，*The Philosophy Of Symbolic Forms*（*Volume One：Language*），New Haven：Yale University Press，1953，p. 79.

② Kaufmann F.，"Cassirer's Theory of Scientific Knowledge"，in Schilpp P A，ed. *The Philosophy Of Ernst Cassirer*，Evanston，Illinois：The Library Of Living Philosophers，Inc，1949，p. 188.

③ Cassirer E，*The Philosophy Of Symbolic Forms*（*Volume One：Language*），New Haven：Yale University Press，1953，p. 81.

于1917年某日"突然"想到的。① 这只是对历史事实的客观记载,虽有助于间接理解这个概念的有关背景,但无助于理解它的思想史起源。在美国力倡卡西尔研究的亨代尔,按照他自己的理解,在综合介绍卡西尔思想及其历史的背景中,主要参照如康德的影响等,附带解释"符号形式"的概念意义和有关背景,② 但若严格地就这个概念的思想史起源来说,他的解释是很不能令人满意的。笔者在系统研读和讲解卡西尔著作的这些年里,在很多关键的地方由卡西尔的论述不由自主地联想到布伦塔诺的意向性概念,抑制不住要用对后者的解读来理解或解释卡西尔的论证思路而获得意外的收获:只有这样,卡西尔的论证才能系统地获得它的清晰性,并得以克服或澄清前面提到的因黑格尔的影响而造成的各种混淆。笔者因此日益确信,正是在这种相似性中,蕴含着卡西尔"符号形式"概念的思想史起源。虽然由于学术传统的差异性,卡西尔不曾主动地认同于布伦塔诺的思想和胡塞尔由此发展的现象学,但可以设想,以他百科全书式的视野和学识,他不可能不注意并阅读他们的著作而受到影响。事实上,在《符号形式的哲学》第三卷的一个论证背景中,为了给康德先验方法论可能遭到误解的不彻底性提供辩护,他肯定地援引由布伦塔诺开创,又由胡塞尔系统发展的意向性主题;③ 这个论证,与其说是在为康德辩护,不如说是构成了他自己在康德基础上的发展。若要详细举出材料以明示卡西尔与布伦塔诺及胡塞尔的相似性,并论证正是意向性主题为卡西尔提供了在其中得以构想"符号形式"这一概念工具的背景,已超出本文范围;同时熟悉卡西尔和布伦塔诺及胡塞尔著作的人,不难由这里提示的这种"相似性"联想到丰富的具体材料,如本文引言例示的那段被误译的论述。

布伦塔诺论证的目的是心理学的,即通过揭示心理现象区别于物理现象的根本特征以阐明心理学是什么。其中,最主要的就是关于"意向性"的那一段反复被引证的论述:"每一种心理现象,都是以中世纪经院

---

① Gawronsky D., "Ernst Cassirer: His Life and His Work", in Schilpp P A, ed. *The Philosophy Of Ernst Cassirer*, Evanston, Illinois: The Library Of Living Philosophers, Inc, 1949, p. 25.

② Hendel C. W., *Introduction to Cassirer E. The Philosophy Of Symbolic Forms* (Volume One: *Language*), New Haven: Yale University Press, 1953.

③ Cassirer E, *The Philosophy Of Symbolic Forms* (Volume Three: *The Phenomenology of Knowledge*), New Haven: Yale University Press, 1957, pp. 196 – 198.

哲学家所说的某一对象的意向的（或心理的）内存在为特征的，是以我们或可称之为——虽然这个说法不是完全没有歧义的——对某内容的指涉、对某对象（这里所谓对象，不应被理解为意指一个真实存在的事物）的指向为特征的，或简而言之，是以内在的对象性为特征的。每一种心理现象都将某种事物作为对象包含于自身之中，虽然不同种类的心理现象不是以相同的方式将这些事物各自作为对象包含在自身之中。"① 关于这一段论述，如果我们以其中"对象"为理解的主词、首先确认"对象"的存在，那便陷入前面已经指出的、卡西尔要否定的那个根深蒂固的传统的思维方式；相反，如果我们以其中的"意向"为主词、首先确认"意向"的存在，那么，这一段论述便预示了一个全新的思想空间：一切形式的"对象"都是由"意向（性）"为了实现它自身而必然地构建出来的。胡塞尔正是因为甚至比布伦塔诺本人更加深切、更加系统地洞察到了这个思考的方向及其预示的思想空间而执意发展他的现象学。按卡西尔对这一段论述的解释，他同样洞察到了其中预示的这个思想空间："心理内容并非首先自在地存在、然后才进入到各种关系之中，相反，关系恰恰属于对它们的存在的规定。它们之所以存在，只是因为，只有通过它们的存在，它们才能超越自身而指向另外的某物。"② 在这个意义上，胡塞尔的现象学与卡西尔的符号形式的哲学几乎可以说是孪生兄弟，二者的差异仅仅是思想气质方面的：前者的分析是逻辑的，后者的分析是功能的。

按卡西尔的理解，意向性作为原初的意识或精神、作为纯粹的主观性，只构成一种潜在性，而不具有现实性，因此尚未达到自我意识；正是出于追求自我实现的必然性，原初的意识或精神才利用各种恰当的机缘创造出不同的符号（体系），其中，意识或精神创造或利用符号以实现它自己的能力，就是其符号化功能。不仅如此。在传统的经验主义与理性主义的对立中，单纯的感觉资料是一切经验主义命题或观点的最后堡垒，也是一切理性主义努力最难以攻克的；现在，通过布伦塔诺的论述和卡西尔的解释，连"心理内容"作为感觉资料的"自在存在"也被消

---

① Brentano F, *Psychology from an Empirical Standpoint*, London: Routledge, 1995, p. 88.
② Cassirer E, *The Philosophy Of Symbolic Forms（Volume Three: The Phenomenology of Knowledge）*, New Haven: Yale University Press, 1957, p. 196.

解了,被消解为原初的意识或精神实现它自己的"符号""媒介"或"手段",因而它的存在不是"自在"的,而是"次生"的,服务于意识或精神的自我实现。由此,理性主义在与经验主义的对立中获得全胜,并赋予经验主义以新的意义和性质。总而言之,只有在意向性主题及其预示的思想空间内,卡西尔以"功能"为主题的全部思想才适得其所并获得其作为体系的秩序,在其中,"符号形式"概念作为他思想发展的必然步骤才得以顺其自然地形成。

三 符号形式的哲学的致思取向

符号形式的哲学作为卡西尔系统哲学的构想,远不是一个完成了的体系;其未完成性主要体现在相互关联的两个方面,即领域的整全性和逻辑的系统性。——稍微展开一点地说,这里所谓领域的整全性,是指共时性理解所把握到的整体性,逻辑的系统性是指只有历时性理解才能把握到的发展的连续性,二者共同构成一个时空统一体。从这个角度可以说,他后续的研究都是对他的符号形式的哲学在体系上不断的完善和补充。结合前面对符号形式概念的双重含义的分析,以他在这两个方面的发展为线索,我们可以把握他的系统哲学思想的基本框架和致思取向。

如前所述,卡西尔的早期工作是在新康德主义马堡学派的背景中进行科学认识论的研究,并得以洞察到科学的符号性质。但是,与马堡学派的正统观点局限于关于科学所揭示的乃世界本身的结构这一认识论狭隘性不同,卡西尔由此得以超越科学而达到对符号形式的普遍认识,在这个认识背景中,"科学"反过来转而成为普遍的符号形式的一个特例。——顺便指出,卡西尔思想的这个进展,与胡塞尔同样通过对科学的研究得以将"科学"与它的"对象"之间的关系主题化为"自然的思维态度",并由此实现向先验现象学突破的思想进展,是极相类似而令人深思的。在胡塞尔的思想中,"科学"作为自然的思维态度构成现象学作为哲学的思维态度的一个特例,并只有以后者为背景才是可理解的。——随着符号形式概念的兴起及其内涵的逐步清晰,他的思想获得了新生:不仅在研究的具体内容上由"科学"上升到"符号形式",并经由后者扩展到诸如语言、神话、宗教、艺术等具体文化形态,而且通过对符号形式的本体论基础的追问实现世界观的根本转换：世界的基础不在科学所揭示的"世界本身的结构"、不在传统形而上学所设定的作为终极实在的"存在"概念，而在于意识或精神的原初活动，由此获得关于语言、神话等具体研究工作的统一的指导原则。所以，卡西尔将他自己的任务描述为："（认识论）不应只研究对世界的科学认知的一般前提，它也必须区划人'理解'[understanding（知性）]世界的各种不同的基本形式，并按照它们各自特定的方向和独特的精神形式尽可能界限分明地理解它们。只有当人类精神的这样一个'形态学'至少在其一般轮廓上得以建立之后，我们才有希望获得研究每一门个别的文化科学的更清晰、更可靠的方法论道路。在我看来，关于科学的概念和判断的理论——正是这个理论通过它的构成性特质规定了自然'对象'，并将认知'对象'理解为依赖于认知功能——，必须有关于纯粹主观性的类似的细致分析加以扩展。这种主观性决不仅仅由对自然和实在的认知所构成，而是普遍起作用的：只要现象世界作为整体被置于某一特殊的精神视野，它就在起作用；正是这个精神的视野规定了现象世界（在其中）的构型。在我看来，必须展示每一种这样的构型如何在人类精神成长的过程中执行它自己的功能，以及每一种构型如何服从于一个特殊的法则。"① 其中，关于"主观性"开展在规模和细节上堪与"科学"对"自然世界"的分析相媲美的"细致分析"，立即让人想起胡塞尔对意识及其活动的那种几乎可以说是"前无古人、后无来者"的现象学分析，虽然在这个问题上，卡西尔实际完成的，远不如胡塞尔那么细致、那么系统化。

三卷本的《符号形式的哲学》分别以语言、神话和科学为主题，并构成卡西尔自我规定的哲学任务的成规模的初步实现。确实，对这些表面看来各不相同甚至彼此无关的文化形态的研究，是以符号形式概念及其蕴含的符号化功能为共同的立足点或统一的指导原则的，它们因此才能合乎逻辑地构成一个整体，并由这个整体将其中蕴含的卡西尔的系统哲学思想体现出来而独树一帜。事实上，到卡西尔生活的年代，不仅关于科学，而且关于语言和神话的研究，都已经在可以说是蔚为壮观的规模上得到开展，并形成巨大数量的研究文献。但是，这些文献及其结论，

---

① Cassirer E，*The Philosophy Of Symbolic Forms*（*Volume One：Language*），New Haven：Yale University Press，1953，p. 69.

不仅在科学和语言及神话作为不同主题之间是互相隔绝的，就是关于同一个主题如语言的研究，由于缺乏统一的基础或原则而显得像是无政府主义的各自为政，即使对同一个现象或事实，不同研究者的结论往往也是各不相干甚至彼此对立的。简言之，这种研究工作基本上发生在与上文分析的符号形式概念的第一层含义当孤立地理解时相对应的思维方式中。仅从这个角度就可以认定，卡西尔的贡献是历史性的，他不仅赋予不同文化形式以统一的基础或原理，即使关于"界限分明"的个别文化现象及其"特殊法则"的研究，也因为符号形式概念的第二层含义的背景而获得全新的结构和意义。

卡西尔作为哲学家的全部努力的主导动机，是要系统地建立起一个唯心主义的观念论体系，他关于语言、神话、科学等主题的研究，无非是构建这个体系作为"形式"的"符号""媒介"或"手段"。只要洞察到并拥有了符号形式概念的第二层含义作为统一性原理，那么，对于任何一种可以分辨出来的文化形式，都可以展开类似的研究或解释。因此，我们发现，《人论》一书研究的具体主题不仅包含了语言、神话和科学，而且扩展到宗教、艺术、历史等。紧随其后，他又撰写了《国家的神话》（于死后出版）。所以，亨代尔合理地设想，假使卡西尔得以延年益寿，他会不会续写诸如"伦理生活的符号形式"等，亦未可知。①

然而，无论是日常经验还是语言或科学，也无论是艺术还是神话或宗教等，都是已经实现了的高度发达的现实意识的不同形式、都已经远离了作为纯粹活动性的那原初的、直接的意识生活，所以，以它们作为符号为线索来说明原初意识的活动原理，难免带有间接性和抽象性。同时，以它们为主题亦难以摆脱它们作为事实的既成性对我们理解的制约性，从而易于将我们引导到符号形式的第一种含义之中。甚至卡西尔本人也因为上述写作策略而未能幸免，因为在这个写作策略中，他将这些文化形式比喻为"人性"的"圆周"的"各个扇面"，② 似乎局限于上文提到的共时性思维。当然，在事实上，他对此是有清晰认识的，所以在《人论》的导言中，他解释并告诫说："我在这里所作的更多的是对我的

---

① Hendel C. W., *Preface* to Cassirer E. *The Philosophy Of Symbolic Forms*（Volume One： Language），New Haven：Yale University Press，1953，p. xi.

② ［德］卡西尔：《人论》，甘阳译，上海译文出版社1985年版，第87页。

理论的解释和说明，而不是一种论证。如果要对这里涉及的各种问题作更为周密的讨论和分析的话，我必须要求他们回顾我的《符号形式的哲学》中所作的详细讨论。"①

《符号形式的哲学》的文本结构是很耐人寻味的。其中，第一卷《语言》包含一个长篇导言，专论符号形式的概念及其蕴含的思想空间，几乎可以与正文主题相分离。第三卷《知识现象学》的长篇导言继续在一般意义上讨论符号形式的哲学，而全书前三分之二的篇幅几乎可以独立成书为一部"知觉现象学"。卡西尔自己也指出，正是这里关于知觉的研究为他的思想作为体系奠定了"基础"、划定了"范围"。②确实，如果不参照他以不同文化形式为主题的那些宏观研究，而仅仅参照这里提到的这三个文本，我们几乎可以把他认定为一个胡塞尔意义上的现象学家，虽然有他自己的特色。在这三个文本中，他的思想在逻辑上系统地深入到了原初的、直接的意识生活作为纯粹活动性之中，并只有在这里才能直观到符号化功能作为意识的最内在本质：这种纯主观的仍局限于其潜在性之中的原初活动，必须通过某种"感性地具身"（sensuously embodied）③的途径作为其符号化功能才能具体地实现为现实的意识经验。

以胡塞尔的现象学为参照系统地展开比较研究，不仅是饶有趣味的，而且其理论的效果将不是单向的，而是双向的：不单是用胡塞尔的现象学来解释卡西尔的符号形式的哲学，反过来也同样有效，从而在相互补充的理解中达到对他们共同表达的思维方向的把握。这个工作超出了本文范围，不能在这里展开。这里仅以卡西尔在这三个文本中完成的工作为基础，从以下三个紧密相关的主题线索给出概括的说明，以呈现卡西尔思想的框架和方向。

作为卡西尔全部思想最后基础的那原初的、直接的意识生活，就其字面含义而言更易于让人联想到詹姆斯的意识流理论，就其论证的逻辑而言更似布伦塔诺的意向性。我们知道，意向性主题在布伦塔诺那里尚未得到理论的展开，而且，从一个方面来说，由于人只能生活在现实的

---

① ［德］卡西尔：《人论》，甘阳译，上海译文出版社1985年版，第3页。
② Cassirer E, *The Philosophy Of Symbolic Forms* (*Volume Three：The Phenomenology of Knowledge*), New Haven：Yale University Press, 1957, p. xv.
③ Cassirer E, *The Philosophy Of Symbolic Forms* (*Volume One：Language*), New Haven：Yale University Press, 1953, p. 106.

意识经验之中，所以，要洞察或理解意向性主题绝非易事，如胡塞尔几乎可以说是痛彻心扉地感慨的那样，"这个名称涉及到由极难达到的论断，尤其是本质论断所组成的广泛领域，这一情况甚至在今天也不为大多数哲学家和心理学家所了解"①；但从另一个方面来说，无论如何，只要洞察到意向性，必然导致对现实的意识经验的彻底颠覆性的全新理解，因为如前面刚刚指出的那样，只有意向性作为纯粹的活动性才能将意识的最内在、最本质的结构揭示出来。如果将现实的意识经验和原初的意向性作为相互对峙的两个极来理解它们之间的关系，我们立即就发现，胡塞尔和卡西尔是分别地以其中不同的极为出发点相向而行而生活在同一个世界。胡塞尔的工作主题之一，是从现实的意识经验出发，通过不同的路径进行（现象学的）还原，从而系统地将原初的意向性必然地揭示出来，而卡西尔则直接从原初活动开始，通过符号化功能进行建构，以理解现实的意识经验。在这个意义上说，胡塞尔的道路是还原，卡西尔的道路是建构。

当然，从卡西尔方面来说，虽然他在符号形式的哲学中不关心胡塞尔的还原，但一方面，如前所述，他通向符号形式的哲学的道路、他据以形成符号形式概念的背景之一，是早年科学认识论意义上的科学批判，这个批判的过程，若参照现在在这里突显出来的他们共同的思想逻辑来看，其实质就是胡塞尔意义上的还原；另一方面，同样在这个共同的思想逻辑中，他的建构与胡塞尔的还原实质上是同一个过程的两个反向的进程，所以，如果他注意胡塞尔的还原，他自然会是满心接受的。事实上，在一段关于科学的评述中，他就不经意地表现出了胡塞尔的还原思想，虽然采取的道路是贝克莱式的："因为关于自然的'科学'走得越远，它就越纠缠于这些符号之中而丧失它自己，所以，一切真正的哲学反思的基本任务，就是像贝克莱说的那样消除这个幻象。因为科学，如其所是，必然困于语言及语言学概念的媒介之中，所以相比而言，哲学得以获得单纯的科学所无法获得的：它将纯粹经验的世界以其直接的存在和事实展现在我们面前，这个纯粹经验的世界尚未被任何异己成分所

---

① ［德］胡塞尔：《纯粹现象学通论》，李幼蒸译，商务印书馆1992年版，第221页。

污染、尚未被任何任意的意谓活动所遮蔽。"① 同样，从胡塞尔方面来说，否定性的还原本身不是目的，而只是为肯定的建构执行清理地基的职能。所以，当胡塞尔实现向先验现象学突破之后，特别是在《观念》第一卷中，他得以建构起"意向作用"对"意向对象"（noesis vs noema）的世界结构。当我们阅读卡西尔的"知觉现象学"时，他关于知觉的两种基本类型的划分及其内容的几乎同样细致的分析，即"表达的知觉"与"事物的知觉"（perception of expression vs perception of things），不能不让我们联想到胡塞尔的世界结构，虽然这一对范畴及其对峙的逻辑意涵，远不如胡塞尔的"意向作用"与"意向对象"那么厚重。

最后，如我们所知，胡塞尔通向先验现象学的道路之一，是生活世界的还原。生活世界作为现实的，并因而是既成的意识经验，不仅因为它的现实性决定了这条道路之艰难，而且还特别因为它相对于人生苦短的历程而言的既成性，使得其中蕴含的历史的维度同样难以被洞察到，如关于《危机》一书之历史主题普遍引起的争议所暗示的那样。相反，卡西尔的思想路线使他得以规避这个困难，并能将胡塞尔"生活世界"主题所蕴含的历史维度直观地显现出来。他直接地从原初的意识活动出发，因而不仅能直观到"感性地具身"的符号化功能，而且意识到上文指出的不同文化形式作为现实意识经验对原初意识活动的逐步远离的过程；正是在这个历史的维度和视野中，他才能洞察到，不同的文化主题各自作为符号体系，并非都是由原初的意识生活分别地以各自不同的符号形式在第一阶功能活动的意义上直接兴起的，而是在这个逐步远离的过程中，在距离原初的意识生活或近或远的历史中既在符号上相互嵌套，又在意义上连续过渡和变形而渐次兴起的，如科学语言以日常语言为基础，最初的语言又与神话意象紧密相关，等等。所以，若对胡塞尔的"生活世界"和卡西尔的"符号形式"作相互参照、相互补充的理解，必将有助于同时推进这两个理论主题的可理解性，并丰富其内涵。

（该文刊于《吉林大学社会科学学报》2018年第5期，第二作者杜艳飞）

---

① Cassirer E, *The Philosophy Of Symbolic Forms*（*Volume Three*：*The Phenomenology of Knowledge*），New Haven：Yale University Press，1957，p. 3.

卡西尔与心理学的现象学道路

一 引言

1874年，冯特和布伦塔诺分别出版他们各自的代表作《生理心理学原理》和《从经验的观点看心理学》，由此开创了现代意义上的科学心理学的两个传统及其追求实现的两条道路。为论证方便起见，可以一般地称这两个传统或两条道路为自然主义的和现象学的。系统的分析已经证明，自然主义传统原来是心理学作为科学的观念的伪形式；只有现象学的传统或道路，才是心理学作为科学的观念及其实现的必然形式。[①] 因此，我们发现，只要不是游离于人类思想作为整体及其历史之外，而是以之为背景，那么，任何关于心理学作为科学的观念的思考，不管其出发点如何，最终都必将走上现象学的道路，如詹姆斯心理学思想的历史转向所暗示的那样。[②] 这个关系反过来说是同样有效的：类似詹姆斯心理学思想的转向，为心理学的现象学道路提供了一个相对独立的历史的证明。在卡西尔的思想中，我们又一次获得了这样的一个证明。

卡西尔不曾以心理学为专业，并因而不曾自觉而独立地提出或倡导一种心理学体系，但系统的分析证明，在他的思想中，必然地，虽然同时也是潜在地蕴含着一种系统化的关于心理学的思考。从肯定的方面说，正是这种心理学（思考），才赋予了他的思想以特色和基础；但从否定的方面说，这种心理学作为主题的缺位，却也决定了他的思想的不彻底性或未完成性。因此，并概而言之，将他的思想中潜在地蕴含着的心理学

---

① 高申春、刘成刚：《科学心理学的观念及其范畴含义解析》，《心理科学》2013年第3期。
② 高申春：《詹姆斯心理学的现象学转向及其理论意蕴》，《心理科学》2011年第4期。

明确地揭示出来，不仅从哲学方面说是系统地理解他的哲学体系的内在要求，而且从心理学方面说亦有其独立的科学价值。我们将发现，虽然在卡西尔自己已经实现了的思想内容的范围内，这种心理学几乎是不可言说的，但只要我们洞察到他的思想与布伦塔诺、胡塞尔及詹姆斯等人心理学思想之间内在的同质性、一致性，并反过来以之为背景来理解他，那么，在他的著作文本的字里行间，这样一种心理学几乎可以说是呼之欲出、触手可及的。这个事实暗示着，潜在地蕴含于卡西尔思想中的心理学，若得到理论的实现，就只能是现象学的，并因而与詹姆斯的转向相比，为心理学的现象学道路及其必然性提供了一个更具独立性的历史证明。

二　卡西尔其人及其思想的概述

德国哲学家卡西尔（Ernst Cassirer，1874—1945）确乎是一个在现代世界尤其罕见的百科全书式的思想家，他的研究和思考，几乎涉及了人类文化的所有领域，如科学、语言、神话、宗教、艺术、历史等，并在几乎所有这些领域都取得了令人惊叹的成就。据他学生的记述，他不仅读书异常勤奋，记忆力超群，而且思维缜密，情感细腻，常能置身于作者的处境感受作者思想和情感的脉动。[①] 唯其如此，他才能真实地体验人类思维的广度，又在他自己的思考结果中展现出特有的历史深度，他的思想作为体系，也才能承接全部人类文化的历史内涵，并潜在地包含着其未来发展的方向。

纵观卡西尔学术的一生，他所追求的，是这样一种关于"人"的哲学："它能使我们洞见这些人类活动（作为不同的文化形态）各自的基本结构，同时又能使我们把这些活动理解为一个有机整体"，并在这个有机整体中阐明这些相互不同的活动或文化形态的"一个共同的起源"。[②] 在卡西尔生活的时代，这样一个研究纲领必然是惊世骇俗的，因为其中蕴

---

① Gawronsky D., "Ernst Cassirer: His Life and His Work", in Schilpp P A, ed. *The Philosophy Of Ernst Cassirer*, Evanston, Illinois: The Library Of Living Philosophers, Inc, 1949, pp. 1–37.

② ［德］卡西尔：《人论》，甘阳译，上海译文出版社1985年版，第87页。

含了一个相对于历史而言全新的思想冲动，或不如说，这个纲领是这个冲动追求实现的理论形态，它也因此易于遭到普遍的怀疑，甚至被批评为"是许多根本不相同的异质事物的一种七拼八凑"①。更进一步地说，这个思想冲动蕴含了对世界结构的根本颠覆、赋予世界理解以全新的本体论基础。概言之，直到卡西尔的时代，包括认识论在内的世界观的主导趋势，是首先确认人及其意识和活动以外的所谓"客观世界"的存在；在这个世界观中，包括科学在内的各种文化形态作为人类认识的结果，其真理性只能以"客观世界"为准绳加以检验和判定，这就是认识论中根深蒂固的"符合论"真理观；诸如神话、宗教、科学等文化形态作为人类"精神"发展的阶梯，即使在历史的维度上表现出某种进步的线索，但在与"客观世界"的关系中，这种进步不是连续的过渡，而是跳跃式的断裂，从而决定了它们之间的异质性。因此，相对于被颠覆的旧的世界结构而言，上述批评意见是可理解的甚至是必然的。事实上，在卡西尔之前，孤立地、分别地对包括科学在内的各种不同的文化现象如语言、神话、宗教、艺术等开展的经验研究，其规模蔚为壮观，并取得了令人望而生畏的巨大数量的研究成果，其数量之大甚至连卡西尔也怀疑自己能否驾驭。② 这些研究工作无疑在各自狭隘的范围内亦揭示了它们所关心的文化现象的某种内在规律或"基本结构"，但彼此之间却不可通约，甚至对同一个文化现象形成相互对立的解释，因而在整体上陷入无政府主义状态，从中绝无可能把这些不同的文化形态各自作为人类活动整合为一个有机整体。特别是，关于科学自近代以来发展的历史和成就，新康德主义马堡学派——卡西尔就是从这个学派中走出来的——逐步形成这样一个具有世界观意义的结论或论断，即只有科学所揭示的才是世界本身的结构。在这样一个世界观中，相对于科学所揭示的"世界本身的结构"，则语言必然是不准确的，而神话只能是梦呓或谵语；诸如神话或宗教等作为人类精神发展史的内在环节及其必然性，就成了无解之谜。

这就是卡西尔意识到的人类自我认识的困境，他的上述思想冲动的兴起，正是以此为背景并因此才得以突破这个困境的，而他为此付出的

---

① [德] 卡西尔：《人论》，甘阳译，上海译文出版社1985年版，第2页。
② Cassirer E, *The Philosophy Of Symbolic Forms* (*Volume One：Language*), New Haven：Yale University Press, 1953, p.71.

全部努力最终暗示了，这个困境原来是先天地内在于人类生命的最本质条件所决定的人类思想的必然命运：只有当同样是内在于动物生命的某种力量作用于作为动物生命的原初内容自在地兴亡更迭的流变过程，乃至于某种性质的相对稳定的"对象"从中兴起时，人类生命才经由动物生命的自我超越而获得其起源。因此，对象意识，并因而自我意识——这两种意识及其发展从根本上说原来是同一个过程的兴起，乃人的存在的先决条件，而且，正因为它作为条件是先天的，所以构成人类思想的目光在回顾时难以企及、难以穿透的极限。换句话说，人类的思想必然以"对象"为中心、因"对象"而转移。历史地看，人类思想的发展，恰恰表现为以各种相对于它自身的历史处境而言为本质的方式或途径，实现对"对象"的越来越精细的规定，而这些规定却因此反过来使"对象"显得对"思想"而言越来越具有外在的强制力和必然性，这就是以"事物""世界""实在""存在""自然"等基础范畴所表达的对象化思维所决定的人的世界观。正是以这个认识为背景，卡西尔才得出结论说，"世界的起源问题与人的起源问题难分难解地交织在一起"。①

因此，为了突破上述困境，就必须系统地消解作为对象化思维之"结果"的"存在"或"自然"等基础范畴的本体论优先性，并在上述"回顾"的过程中依思想的历史处境体验地直观到它实施对象化的具体的途径或方式，从而得以回溯到思想作为对象化过程的"起点"：只有在这里，才能普遍地、必然地洞察到以下两个方面。其一是作为人类生命起源之基质的、作为动物生命的那自在地兴亡更迭的原初内容之流变性及其无意识性；其二是内在于原初内容流变过程之中、使其中的局部内容得以"固定"而对象化的那种力量，从而确认这种内容，特别是其中蕴含的这种力量相对于"对象"而言的本体论优先性。这就是卡西尔思想发展的本质和方向：通过本真地确认作为人类生命基质的原初内容和内在于其中的作为意义意向的原初精神的本体论优先性，并阐明意义意向如何作用于原初内容从而实现为现实的人类意识经验，得以既从否定的方面消解诸如"客观世界"等"对象"的本体论优先性，又从肯定的方面揭示不同的文化形态作为同一的意义意向在不同"方向"上的"构型"而阐明它们的共同起源。

---

① ［德］卡西尔：《人论》，甘阳译，上海译文出版社1985年版，第5页。

三 心理学在卡西尔思想体系中的位置

　　以上对卡西尔思想冲动的性质及其发展的说明,是高度概括而抽象的。事实上,卡西尔思想的兴起有着极其复杂的背景,其发展经历了极艰难的过程,其线索亦远不如这里给出的说明这般清晰。这一切,限于篇幅,不能展开。结合本文主题,我们可以通过分析他的哲学观,进一步相对具体地说明他的思想的一般气质,并由此揭示其思想作为体系赖以成立的心理学基础。

　　在卡西尔的全部著作文本中,《符号形式哲学》第一卷的"导言"最具纲领性意义,其中不仅蕴含了他的思想作为体系的雏形,而且初步阐明了这个体系的基础。在这个导言的开篇,他指出:"哲学思维以'存在'概念为开端。一旦这个概念兴起、一旦人类意识觉醒到这样的程度乃至于意识到作为既存事物之杂多性的对立面的存在统一性时,哲学这种特殊的探索世界的方式就诞生了。"① 因此,一方面是"意识"或"思维",另一方面是"既存事物"或"存在",二者的关系构成了(传统)哲学的前提。但是,如果我们仅仅停留在这个意义上理解卡西尔,那是远不得其思想之要领的;其中还蕴含了这样两个(或三个)逐步递进地深入的思考。其一,"存在"作为哲学的基础范畴,乃理智的高度抽象的产物,是以杂多的个别的"既存事物"为前提的——这个抽象的过程和结果,若借用胡塞尔的话来说,就是高阶的范畴直观。因此,"存在"便失去了其作为"终极基础"的逻辑地位。事实上,从这个方面来说,卡西尔的全部论证的主旨之一,就是要消解无论是素朴实在论的,还是胡塞尔的术语"自然的思维态度"必然以之为前提的"存在"范畴,他并反复强调,这种意义上的"存在",不是"科学"、"理智"或总而言之"人类精神"的"前提",而是其"产物"和"结果"。其二,由此进一步,杂多的个别的"既存事物"是如何获得其存在的? 显然,按卡西尔的理解,任何个别的"既存事物",同样是随着"人类意识的觉醒"而被

---

① Cassirer E, *The Philosophy Of Symbolic Forms* (*Volume One : Language*), New Haven: Yale University Press, 1953, p. 8.

"意识到"的。如果说哲学（以及科学）不是直接以杂多的个别的"既存事物"，而是以作为"既存事物"之"对立面"的"存在统一性"为开端，那么，反过来，"存在统一性"兴起之前的"人类意识"及其"觉醒（的程度）"是什么呢？与之相对应的思想的形式又是什么呢？一言以蔽之："神话"和"语言"。正是通过这种还原地回溯的、逐步递进地深入的思考，卡西尔不仅得以洞察到"科学""语言""神话"等各自作为符号体系及其以人类精神的历史为主线暗示的相互间极其错综复杂的交迭关系，而且还从对象方面揭示了，作为它们各自"对应物"的"既存事物"，就其"存在"的具体质料和性质而言是根本地异质的，如"自然"及其概念作为科学思维的产物是神话思维全无所知的。[1] 因此，不仅抽象的"存在"范畴，而且在传统思维中一直以来几乎是绝对地被当作显而易见地明证的、感性地具体的"既存事物"及其"实在性"，亦得到了消解。

在这里，如果卡西尔无论如何得以将他的思想逻辑系统地贯彻到底，那么，他就不得不深入一个更基础层次的思考或追问：当无论何种形式或性质的"既存事物"逐层得到消解之后，最后剩余下来的又是什么呢？或换言之，在"神话"或"语言"及其对象方面的"对应物"作为"既存事物"兴起之前的那"人类意识"——如果为了方便起见可以称之为"人类意识"的话——又是什么呢？正是在这里，隐藏着卡西尔思想的全部秘密：一方面，他作为哲学家的思想似乎以已经存在的"人"为前提；但另一方面，如上文论述所已暗示，"已经存在的人"作为前提不是绝对的，甚至在这个意义上可以说，卡西尔全部思想发展的最内在动机，正是要消解"已经存在的人"及其作为人类思想的前提，而且，无须说，否定意义上的对"已经存在的人"的消解，与肯定意义上的对"已经存在的人"如何获得其存在的事实的阐明，必然是相辅相成地紧密相关的。同样无须赘言的是，就这两个方面之间的关系而言，第一个方面必然以第二个方面为基础：任何以"已经存在的人"为前提的哲学思考，都必须以关于"已经存在的人"如何获得其存在的理论解释为基础，并以这个基础为准绳判定其真理性。

---

[1] Cassirer E, *The Philosophy Of Symbolic Forms* (*Volume Three*: *The Phenomenology of Knowledge*), New Haven: Yale University Press, 1957, p. 15.

当我们以这样的思想结构作为理解的框架进入卡西尔的著作文本时，我们才发现，他的思想就其逻辑而言是完成了的，并在惊叹于他的思想的广度和深度的同时，得以理解他的思想建构的特殊的历史价值。也正因如此，我们才能将他的思想的逻辑结构整理为上述图式，以描述他的思想作为整体的全部特征，包括其理论的和发展的特征及其进展和困惑等。

然而，无论是在卡西尔自己的著作中还是在有关卡西尔研究的学术背景中，上述思想的逻辑结构却远不是如此一目了然的清晰可辨的。原因很复杂，主要原因之一在于，在卡西尔的著作中，上述两个方面各自作为主题在理论上得到实现的程度是严重地不对等的，二者的关系也因此处于隐而不显的状态。对这个问题的深入研究必将涉及卡西尔思想作为体系的定性。概而言之，在"人"已经存在的前提下，他的思想可以合理地标定为"文化哲学"，并因此得到明确的主题化：诸如"科学""语言""神话"等文化形态，无非是"精神"赖以实现它自己的"方向""构型"等。在这个背景中，似乎"精神"构成了卡西尔思想的第一原理；虽然这个现象决定于并反映了卡西尔受黑格尔影响之深，但不是事实的全部。所以，他又反复强调，文化哲学只构成他的符号形式哲学的应用或解释，并因而以之为基础。这个强调当然是以"文化哲学"在后来如《人论》等著作中得到明确地主题化，并因而从符号形式哲学作为整体中分离出来获得相对独立性之后才是可能的。事实上，在《符号形式哲学》的文本中，二者的界限是模糊不清甚至可以说是融为一体的："符号形式哲学"首先是作为"文化哲学"提出并得到论证的。但无论如何在这里可以设想，"符号形式哲学"本身作为体系是需要自我奠基的；从这个角度说，《符号形式哲学》第一卷的"导言"就是尝试系统地阐述这个哲学作为体系的基础。所以，在这个导言的最后，卡西尔至少是表面看来满怀自信地指出，"我们已经获得了一个全新的基础"[1]，以统一地研究如"语言""神话""科学"等不同的符号体系或文化形态。

当我们转而细究这个"全新的基础"究竟是什么时，一方面我们不无困惑和沮丧地发现，他关于这个基础的论证，总体而言是语焉不详的。

---

[1] Cassirer E, *The Philosophy Of Symbolic Forms* (*Volume One: Language*), New Haven: Yale University Press, 1953, p. 105.

在文本的水平上说,他是通过对"符号形式"这个概念的系统分析展开这个论证的。事实证明,受错综复杂的思想史背景的制约,这个概念是易于引起误解的,并因而难以将他以这个概念为工具意欲表达的思想动机明白无误地表达出来,也因此制约了读者对他的思想动机的领会。比如说,前面指出的以"已经存在的人"为前提的关于无论是"科学"还是"语言"或"神话"作为符号体系或文化形态的研究,也满足"符号形式"概念的一个特定的含义;即使卡西尔自己亦有条件地在这个意义上使用这个概念;但如果在这个意义上使用这个概念同时却忽略这个条件,那便违背了卡西尔的本意。① 也正因此,有人甚至将"符号形式"概念仅仅解释为一个"操作性概念"②,几乎要将卡西尔用这个概念意欲表达的最内在的思想动机根除掉。但与此同时,从另一个方面说,在卡西尔的论证中,我们却又明确无误地感受到一股异样的、几乎是不可名状的、清新的气息,而且正是这股气息在规定着符号形式哲学是什么,乃至于必须以明确的概念体系具体地阐明这股气息并使之上升为理论而得到主题化,只有这样,才能决定性地揭示符号形式哲学的实质及其基础。事实上,《符号形式哲学》第一卷导言的写作,其理论动机是紧密相关地多元化的;从对这个"基础"的态度来说,赋予他以自信的,是其中获得的一个初步的关于"意识"的本质结构的理论洞察。如果我们暂时不考虑他的术语体系并得以摆脱上文分析的他的实际文本对我们的束缚,我们便易于理解,正因为它是关于"意识"的"本质结构"的,这个洞察及其在理论上的实现必然是心理学,而且是本来意义上的心理学,亦即心理学按照它的内在本性必然是的形态。换句话说,只有将这个"基础"作为关于"意识"的"本质结构"的初步理论洞察明确地主题化为心理学,并进而以心理学本身作为主题的丰富内涵来补充理解卡西尔,那么,隐藏在他实际完成的著作文本背后的全部意义,才能系统地呈现出来。

结合文本来说,卡西尔在这里将这个洞察概念化为意识的"代显功能":意识的某一个内容,替代地显现着另一个内容,或反过来说,在意识的某一个内容中并(只有)通过这个内容,另一个内容才能得到(替

---

① 高申春:《卡西尔哲学思想的概念探微》,《吉林大学社会科学学报》2018 年第 5 期。
② 石福祁:《"符号性孕义"与卡西尔的符号形式哲学》,人民出版社 2016 年版,第 12 页。

代的）显现。① 用"符号"概念来说，代显功能就是"符号化功能"：在意识中，替代地显现另一个内容的那个内容，因为这种代显关系而成为相对于被代显内容而言的"符号"。这确乎是对意识结构的一个全新的本质洞察，例如，在言语活动或音乐欣赏中，我们具体听到的，无非是那声音作为意识的内容，但在"声音"中，并通过它，"语义"或"旋律"作为意识的另一项内容却得到了显现。与胡塞尔一样，卡西尔也称这个现象为一个"奇迹"；② 事实上可以说是所有奇迹当中的奇迹。在这个意义上可以说，符号形式哲学及其作为文化哲学的全部发展，就是试图系统地消解这个"奇迹"而使之成为可理解的。

只有放在心理学作为主题的视野中，这一段论述的含义才能得到澄清，它所确立的"符号形式哲学"的"基础"才是系统地可理解的：它不仅可以在建构的方向上对于在"意识"已经实现，亦即在"人"已经存在的前提下"精神"发展的历史给出系统的说明，而且还特别暗示了在还原的方向上揭示"意识"或"精神"的历史发展的内在动力或必然性：被替代地显现的"内容"，首先是作为尚未具体的意义意向兴起的；正是为了使这个意义意向具体化而得到实现，才利用已经拥有的某个内容作为它赖以实现的"符号"。还原的方向在逻辑上意味着，对于系统地理解"意识"或"精神"及其历史而言，必须追溯到那第一个"意义意向"的兴起以及它作为"符号"加以利用的第一个"内容"，但在这里，无论是那"意义意向"还是那"内容"，都失去了它们的"存在"而沉降到无意识之中。这里所涉及的一切问题，都不是"文化哲学"所处理和能够处理的；相反，若以心理学作为主题，并由此引入一方面是布伦塔诺和胡塞尔关于"意向性"，另一方面是詹姆斯关于"意识流"的概念以及它们的理论资源，这些问题才能得到适得其所的处理。换句话说，只有将卡西尔所说的那"全新的基础"主题化为心理学，他的思想作为整体才能得到清晰而系统的合理的描述和表达：符号形式哲学作为统一整体，既包含向上关于诸符号形式的研究作为文化哲学，又包含向下关于意识本质结构的分析作为心理学。卡西尔自己曾结合关于"知觉"的

---

① Cassirer E, *The Philosophy Of Symbolic Forms*（*Volume One：Language*），New Haven：Yale University Press，1953，p. 105.

② Cassirer E, *The Philosophy Of Symbolic Forms*（*Volume One：Language*），New Haven：Yale University Press，1953，p. 93.

当代心理学发展趋势的评述，批评传统的"感觉主义知觉理论"，认为这种理论"只抓住了知识之树的僵死的树干——它既无视其树冠，亦看不到其根系，而它的树冠自由地向空中、向纯思的以太伸展，它的根系则伸入土壤的深层"①。这个批评意见反过来肯定地透露了他自己的理解和他思想的结构和框架：借用这个隐喻来说，"符号形式"概念就是知识之树的树干，"文化哲学"就是其树冠，而"心理学"则是其根系，并因而成为其生命之源。

四　卡西尔的心理学理想及其现象学表达

但凡熟悉卡西尔著作的人，都不能不对心理学在他的著作和思想中所占的分量和重要性产生很深刻的印象，乃至于很难设想，如果没有这些心理学的材料和讨论，他的思想还能否成型、他的论证将如何展开；如上文分析所已暗示的那样，只有以心理学作为主题的视野加以透视，他的思想的逻辑结构才能得到澄清和揭示。这里需强调的是，这个思想的逻辑结构不是外在地强加给卡西尔的，而是隐含地内在于他的思想的实际内容和成就之中，并因而普遍地影响和制约着他的思想的发展。实际上，卡西尔终其一生也未能将符号形式哲学作为他独树一帜的思想体系的基础以决定性的方式阐释清楚，究其根本原因，亦如上文所已暗示，乃在于，一方面，无论就其性质还是就其内容而言，这个基础必然是心理学的；但另一方面，在卡西尔的思想中，心理学终于未能上升为主题而得到理论上的实现。换句话说，符号形式哲学作为体系的基础及其理论论证，与心理学作为主题或一门独立科学及其在理论上的实现，原来是同一个问题。因此，在否定的意义上，我们发现并可以理解，一方面，依卡西尔夫人的记述，他曾设想把《人文科学的逻辑》作为《符号形式哲学》的第四卷，②但终于没有这样做；另一方面，虽然后人将他生前一

---

① Cassirer E, *The Philosophy Of Symbolic Forms* (*Volume Three*: *The Phenomenology of Knowledge*), New Haven: Yale University Press, 1957, p. 66.
② ［德］卡西尔：《人文科学的逻辑》（"译者序"），关之尹译，上海译文出版社 2004 年版，第 16 页。

些未发表的文稿编辑成书,并名之为《符号形式哲学》第四卷,[①] 但这显然不是卡西尔的理论意向在本意上的实现。但与此同时,在肯定的意义上,如果我们系统考察卡西尔反复不断地从不同角度、以不同方式尝试地对符号形式哲学的基础的论证,我们就可以发现,这些论证几乎可以说是无限地趋近于对心理学作为主题的揭示,或反过来说,在这些论证中,心理学作为主题即使是被动地,却无论如何也是不得不越来越清晰地呈现出来。对于这个关系,我们或可以这样来设想:假设这样一种心理学已经实现在那里,可以让卡西尔真正心满意足地加以利用,构成他在符号形式哲学作为文化哲学意义上开展的研究工作的基础,那么,他一生从不同角度、以不同方式展开的关于符号形式哲学之基础的论证,便成为多余的。这一切是极其耐人寻味的,简而言之,它不仅从哲学方面意味着,正是在这种心理学中隐藏着卡西尔思想的全部秘密,揭示这种心理学是什么乃系统地理解他的思想作为哲学的内在要求,而且还从心理学方面意味着,正因为,而且只有这种心理学,才构成人类自我理解事业作为整体的一个必然的,甚至是奠基性的环节,所以,也只有这种心理学,才是心理学按照它自身的内在本性必然是的形态。

　　当我们从后一个方面来理解卡西尔思想体系的心理学意义时,我们面临着一个更加复杂得多的理论局面,因为如上文全部论证及其基调暗示的那样,在卡西尔思想的范围内,肯定地理解的那尚未实现的心理学,乃心理学的理想的和必然的,并因而是唯一的形态,但当我们将卡西尔的思想放入心理学中加以考察时,其中蕴含的心理学理想,只构成有史以来众多心理学理想中的一种。但也正因为如此,在由这些不同的,甚至相互对立的理想构成的心理学思想的张力空间内,阐明卡西尔心理学理想的性质、内容、方向等,必将反过来有助于批判地理解心理学作为主题或一门独立科学的性质和历史。

　　卡西尔著作中包含的心理学材料的广度,特别是他对这些材料的使用、处理和讨论等,处处都表明,对于心理学作为一门独立科学的历史和成就,甚至与专业心理学家相比,他都有更加熟悉的了解和更加深刻的把握。虽然结合他的百科全书式的学术背景来看,这个事实是可以理

[①] 参见 Cassirer E., *The Philosophy of Symbolic Forms* (*Volume Four*: *The Metaphysics of Symbolic Forms*), J. M. Krois and D. P. Verene, ed. New Haven: Yale University Press, 1996.

解的，但结合上文论证的主旨，即虽然（在他的思想中蕴含的那种）心理学构成他的思想作为体系的基础，但无论如何，在他实际完成的著作和思想中，心理学终于未能上升为主题并因而决定了他的思想的未完成性，从这个角度看，上述事实却又似乎要将我们置于一个十分尴尬的处境；如果我们一定要以作为一门独立科学的心理学及其历史为背景来理解卡西尔，那我们必将要冒险给予他的思想以过度的解释，这显然是不可行的。这个事实和这种处境同样是很耐人寻味而又发人深省的：概而言之，以其实际的历史得到实现的作为一门独立科学的心理学，是不能让卡西尔心满意足的；就与这种心理学的关系而言，卡西尔是一个清醒的旁观者而不是一个盲目的参与者。所以，为了澄清他的思想作为体系的基础，他不得不，而且就此而言是不甚自觉地采取了上述论证策略，其实质就是逐步逼近，但终于未能达到或实现他的心理学理想。对此，或可以以一个隐喻给出更加形象的说明：他作为一个严肃的思想家，出于他的思想作为整体及其发展的必然性，独立地开创了一个心理学的历史。因此，当我们尝试以心理学为背景来理解卡西尔时，就必须谨慎地在作为一门独立科学的心理学与卡西尔潜在的心理学理想之间采取一种间距化的态度，而且可以设想，这种比较研究，虽然当然有助于推进对卡西尔思想的理解，但相比而言，心理学作为一门独立科学将从中获益更多。

无疑地，系统地展开这种比较研究，远不是单篇论文的篇幅所能允许的。这里将满足于给出原则性和方向性的论证，并以对心理学作为主题本身、卡西尔的心理学理想、心理学作为独立科学实际发生的历史以及它们关系的综合考虑为背景，分以下三个步骤提示这个论证的一般思路。首先是关于心理学及其与人类思想作为整体之关系的原则态度。我们知道，心理学作为科学的观念普遍兴起于19世纪中叶的思想史背景，而且，相对于此前的思想史，这个观念在那个时代的兴起具有思想史的必然性，而相对于此后的思想史，则这个观念构成了引导人类思想历史发展的最具主导性的思想史力量之一。在这个背景中，几乎可以说，哲学史意义上的从近代哲学及其思维方式向现代哲学及其思维方式的历史转换，正是这个观念追求自我实现必然地促成的：现代哲学所确立的，是心理学作为科学的观念能够在系统的合理的意义上加以理解所必然要求的那种思维方式和思想逻辑。① 由此，我们不得不进入并考察作为一门独立科学的心理学的历史，因为总体而言，这个历史恰恰是以具体的理论内容追求实现心理学作为科学的观念的全部努力。在这个历史中，广义而言，如前所述，形成了一方面是由冯特开创的自然主义传统，另一方面是由布伦塔诺、胡塞尔及詹姆斯等人所代表的现象学传统。但在这里尚需特别强调这样一个事实，即在狭义而言的心理学史中，后一个方面，即由任何人表达出来的关于心理学的现象学理解，甚至被排除在心理学之外。这个事实本身既复杂且重要，虽不构成这里要讨论的主题，但却是这里进行的讨论不能遗忘的背景。总之，通过考察卡西尔对这两个传统的理论态度，必将同时有助于阐明卡西尔的心理学理想和作为一门独立科学的心理学的历史和性质。

以这个框架为背景线索，我们就不难把握到，在第一个问题上，即关于心理学及其对于人类思想作为整体的甚至是奠基性的作用，卡西尔的态度是明确的肯定的。在《符号形式哲学》第一卷的带有思想自传性质的前言中，他指出为了系统地说明各种不同性质的"对象"及其有效性，就必须对"纯主观性"展开深入细致的分析，类似康德在科学范围内针对"科学"的"对象"及其有效性展开的那种对"知性"的深入细致的分析，以扩展认识论研究的纲领。② 这一段论述不仅立即使我们联想到胡塞尔对意识的现象学分析，而且，如果我们把这种分析广义地理解为心理学，那么，在这里，卡西尔实际上是独立地对心理学作为主题的兴起提出了必然的要求。又比如说，在《人论》中，在进一步论证符号形式哲学的基础的背景中，他指出："在描述语言、神话、宗教、艺术、科学的结构时，我们总是感到经常需要心理学的专门术语：我们谈论着宗教的'情感'、艺术或神话的'想象'，以及逻辑或理性的'思维'。而没有一个坚实的科学心理学的基础，我们就不可能进入所有这些领域。"③ 在这个意义上来说，正因为卡西尔是以人类思想作为整体为背景，并在与这个背景的水乳交融的同一性中形成他关于心理学的理想，所以，他的这个理想若得到理论的实现，必将是心理学作为科学的观念必然是

---

① 高申春、邱赤宏：《自然主义心理学的困境与思考》，《华中师范大学学报》2016年第6期。
② Cassirer E, *The Philosophy Of Symbolic Forms（Volume One：Language）*, New Haven：Yale University Press, 1953, p.69.
③ ［德］卡西尔：《人论》，甘阳译，上海译文出版社1985年版，第77—78页。

的形态。

在第二个问题上，即对于心理学作为独立科学之"主流"的自然主义传统，卡西尔的态度是明确地否定的。例如，在《人论》的开篇，他在利用"心理学知识的进展"否定"近代哲学"的"开端"的同时指出，"但是，一种始终如一的彻底的行为主义是不足以达到科学的心理学这个目标的。它能告诫我们提防可能的方法论错误，却不可能解决关于人的心理学的一切问题"①。在《符号形式哲学》第三卷的导言中，在进一步论证他的哲学体系的基础时，结合对赫尔德语言哲学的评述，卡西尔甚至在心理学作为独立科学诞生之前，就已经在原则上否定了它的自然主义传统。在这里，他将赫尔德的思想基调解释为心理学思想史及文化科学发展史中的一个"转折点"，因为他的思想基调暗示了一种全新的心理学及其与自然主义心理学之间的斗争："这是两种心理学之间的斗争，其中一种心理学，其本质特征来自自然科学，试图尽可能忠实地模仿自然科学的观察与分析的方法，而另一种心理学，其研究的目标首先在于为诸文化科学提供一个基础。"②

在第三个问题上，即对于由布伦塔诺、胡塞尔、詹姆斯所代表的心理学的现象学传统，卡西尔的态度总体而言是同情的友好的，具体而言是同质的、一致的，细究其实质则同样是明确的肯定的。这个问题实质是对第一个问题的自然的逻辑延伸，即进一步地努力以具体的概念体系和理论内容阐明对人类思想作为整体具有奠基作用的那种心理学是什么。对卡西尔来说，只有这样才能最终实现他的哲学理想：把不同的文化形态作为人类活动整合为一个有机整体并阐明其共同起源。从一定程度上说，这个动机模式同样是布伦塔诺的，也是胡塞尔的和詹姆斯的。当然，对于这里涉及的这些原创性思想家当中的每一个人来说，若一定要纠缠于他们思想的相似性或同质性究竟是主动的还是被动的，那无疑是没有意义的；重要的是从他们各自作为人类思想整体中独立的思想力量及其发展中洞察到其共同的方向，从而把握人类思想发展的历史必然性。细心的读者或许已经注意到，本文的写作，就其主题而言，没有广泛地依

---

① [德]卡西尔：《人论》，甘阳译，上海译文出版社1985年版，第3—4页。
② Cassirer E, *The Philosophy Of Symbolic Forms* (*Volume Three*: *The Phenomenology of Knowledge*), New Haven: Yale University Press, 1957, p. 33.

赖卡西尔的著作文本，这不仅是因为篇幅的限制，更主要是由主题决定的：任何局部的偶然征引，都不足以描述和表达，却反而易于歪曲卡西尔思想最内在、最本质的气质。这里毋宁总体地指出，只要带着心理学的背景进入卡西尔的文本，那么，他的很多具体的论证都将让我们不由自主地联想到布伦塔诺，或胡塞尔，或詹姆斯，而且，如果我们因此反过来以他们的思想来解读卡西尔，我们将获得很多若没有这样的参考就意想不到的效果。事实上，本文的写作，无论就主题或思路说，都正是因此才得以兴起、得到完成的。

当然，这里结合思想和学术在现时代条件下的实际处境，为方便起见将这种心理学统一地称为"现象学"的，这不要引起误解，如上文已经暗示，似乎要将卡西尔的思想被动地解释为现象学的。亦如上文已经暗示，这里提到的这些著作家，他们的思想是可以，而且必须互相解释的：实际上，在这个背景中，若以卡西尔的思想来补充理解布伦塔诺，或胡塞尔，或詹姆斯，同样获得了若没有这个参考也是意想不到的效果。只有在由这些相互解释支撑起来的思想空间中，我们才得以洞察以下事实的思想史意义：不仅对卡西尔来说，他的思想作为体系因心理学终于未能上升为主题而处于未完成状态，就是在胡塞尔那里，他也是终其一生未能"一劳永逸地确定他对于心理学的态度"①。从长远的观点看，将这种心理学按照它自身的内在必然性明确地建立起来，依然是人类思想作为整体共同面临的一项可以设想其艰巨性的历史任务：无论是布伦塔诺、胡塞尔或詹姆斯，还是卡西尔，他们各自的个人努力和思想发展，都是以这个任务为目标并逐步趋向于对这个任务的完成。回到心理学作为主题或独立科学来说，这一切都意味着，卡西尔以他独立发展的思想，更具有说服力地证明了心理学现象学道路的思想史必然性；若以此为背景来反观狭义而言心理学和生活于其中的专业心理学家们的生活，那么，这一切则当然是尤其耐人寻味而意味深长的。

[该文刊于《华中师范大学学报》（人文社会科学版）2018年第6期，第二作者甄洁]

---

① [美] 施皮格伯格：《现象学运动》，王炳文、张金言译，商务印书馆1995年版，第200页。